大文字	小文字	読みかた	大文字	小文字	読みかた
P	ρ ϱ	ロー Rho	Φ	ϕ φ	ファイ，フィー Phi
Σ	σ	シグマ Sigma	X	χ	カイ Chi
T	τ	タウ Tau	Ψ	ψ	プサイ，プシー Psi
Υ	υ	ウプシロン Upsilon	Ω	ω	オメガ Omega

ギリシャ文字については，

- 岩崎　務 著，『ギリシアの文字と言葉』，小峰書店（2004 年）
- 谷川 政美 著，『ギリシア文字の第一歩』，国際語学社（2001 年）
- 山中　元 著，『ギリシャ文字の第一歩』（新版），国際語学社（2004 年）
- 稲葉 茂勝 著，こどもくらぶ 編『世界のアルファベットとカリグラフィー』，彩流社（2015 年）

を参考にさせていただいた．興味のある読者は参照されたい．

なお，ギリシャ文字はひとつに定まった正しい書き順があるわけではない．
ここでは書きやすいと思われる筆順を一例として掲載した．
綺麗で読みやすいギリシャ文字が書けるよう意識してみよう．

Fourier Analysis and Laplace Transform

手を動かしてまなぶ

フーリエ解析・ラプラス変換

山根 英司 著

裳 華 房

Fourier Analysis and Laplace Transform through Writing

by

Hideshi YAMANE

SHOKABO
TOKYO

序 文

本書はフーリエ解析とラプラス変換の入門書です．この分野を初めてまなぶ人の自習書・独習書として書きました．授業の教科書としても使えます．

本書の特徴

- 例を大事にしています．1 回計算して終わるのではなく，同じ例を後で応用して，だんだん理解が深まるようにしています．伏線をたくさん張って，しっかり回収します．
- 公式の証明をなるべく複数あたえるようにしています．公式が成り立つ理由をいろいろな角度から理解すれば記憶が定着し，応用が効きます．雑多なたくさんの公式は載せず，とくに重要な公式について念入りに解説します．
- 公式の覚え方のコツをこまめに説明しています．例えば $\cos bt$ の公式と $\sin bt$ の公式のどっちがどっちか迷ったときの対策などを書いています．
- 検算のコツについて述べています．
- $\displaystyle\lim_{n\to\infty}\int_a^b f_n(x)\,dx=\int_a^b \lim_{n\to\infty} f_n(x)\,dx$ のような計算の根拠となる使いやすい道具を紹介します．イプシロン・デルタ論法の知識は不要です．
- $\displaystyle\int_0^\infty \frac{\sin x}{x}\,dx=\frac{\pi}{2}$（ディリクレ積分），$\displaystyle 1-\frac{1}{3}+\frac{1}{5}-\cdots=\frac{\pi}{4}$（ライプニッツの級数），$\displaystyle\frac{1}{1^2}+\frac{1}{2^2}+\frac{1}{3^2}+\cdots=\frac{\pi^2}{6}$（バーゼル問題）などの有名な積分や級数を取り上げます．
- シュレーディンガー方程式を取り上げます．量子コンピュータが注目を集めるなど，量子力学の重要性が増している現代においては，シュレーディンガー方程式も扱うべきだと考えました．

「手を動かしてまなぶ」シリーズ共通の特徴

- 読者自身で手を動かして解いてほしい問題や，読者が見落としそうな証明や計算が省略されているところに「✍」の記号を設けました．
- 「⇨」という記号を使って，定義済の概念などを復習できるようにしたり，先のページの関連する箇所を参照できるようにしました．また，各節末の問題が本文のどこの内容と対応しているかを示しました．
- 例題や節末問題について，繰り返し解いて確認するためのチェックボックスを設けました．
- 省略されがちな式変形の理由づけを記号「☺」で示しました．
- 各節のはじめに「ポイント」を，各章の終わりに「まとめ」を設けました．
- 節末問題を「確認問題」「基本問題」「チャレンジ問題」に分けました．
- 巻末に節末問題の解答を載せました．さらに詳しい解答はサポートページで公開します．

本書の題材の順番： 易しいものから

最も易しいと思われるラプラス変換からはじめます．具体的な話が多いので，読者は自然と手を動かしながら勉強を進めることができるでしょう．次のフーリエ変換はラプラス変換に似ているので，読者は安心して読めるでしょう．最後にフーリエ級数について述べます．フーリエ変換とフーリエ級数の基本的な定理の証明は似ています．難しい方が後になるように配置しました．

なお，下記の「本書の理論構成」「5 通りの学習プラン」で述べるように，途中から読む人にも配慮しています．

本書の理論構成： 3 つの理論はほとんど独立

ラプラス変換の話，フーリエ変換の話，フーリエ級数の話は理論的にはほとんど独立です．ただし，例外が 2 つあります．まず，第 1 章のディリクレ積分をフーリエ変換とフーリエ級数のところで使います．次に，フーリエ変換のところでデルタ関数の考え方を導入してフーリエ級数のところでも使います．

5 通りの学習プラン： 途中からでも読めます！

授業の都合などにあわせて次のような使い方ができます．

- ラプラス変換： 第 1, 2, 3 章
- フーリエ変換の具体的計算： 第 4, 5 章（定理の証明除く）
- フーリエ変換の理論： 第 1 章のディリクレ積分（値のみ），第 4, 5 章
- フーリエ級数の具体的計算： 第 6, 7 章（定理の証明除く）
- フーリエ級数の理論： 第 1 章のディリクレ積分（値のみ），§15，第 6, 7 章

なお，必要に応じて付録（とくに複素数の指数関数）も参考にしてください．

学習アドバイス

わからなくなったら少し戻ってください．それとは逆に，きちんとわからなくてもとりあえず先まで読んで大づかみに理解することも有効です．例題の解答や定理の証明を要約してください．要約として 3 行にまとめねばならないとしたらどこを選ぶか考えてみましょう．まったく頭が働かないときは手を動かして本を書き写すことから始めるのも効果的な手段です．

サポートページ： 問題の詳細解答と本文の補足

`https://www.shokabo.co.jp/author/1594/index.htm`

執筆の機会をくださった関西大学の藤岡敦教授と（株）裳華房 編集部 の久米大郎氏に感謝いたします．また，本書の TEX 組版をご担当いただいた三美印刷（株）の本田知亮氏と，装丁をご担当いただいたデザイナーの真志田桐子氏にも深く御礼申し上げます．

2022 年 10 月

山根（やまね）　英司（ひでし）

目次

1 ラプラス変換 —— 1

§0 ラプラス変換で t の世界から s の世界へ …… 1
§1 基本的な関数のラプラス変換 …… 8
§2 ラプラス変換の最も頼りになる 6 つの性質 …… 17

2 ラプラス逆変換 —— 33

§3 ラプラス逆変換の定義と簡単な関数 …… 33
§4 ラプラス逆変換の最も頼りになる 6 つの性質 …… 35
§5 部分分数分解とラプラス逆変換 …… 44

3 常微分方程式 —— 64

§6 基本的な公式 …… 64
§7 初期値問題 …… 67
§8 一般解 …… 79

4 フーリエ変換・フーリエ逆変換 —— 83

§9 フーリエ変換でやりたいこと …… 83
§10 フーリエ変換 …… 85
§11 フーリエ逆変換 …… 95

§12 たたみ込み …… 104
§13 フーリエ変換が遠方で 0 に収束すること * …… 107
§14 元の関数とフーリエ変換の「大きさ」が等しいこと …… 110
§15 ディラックのデルタ関数 …… 113
§16 フーリエの反転公式とフーリエの積分公式の証明 * …… 123

5 偏微分方程式（その 1） —— *130*

§17 熱伝導方程式（その 1） …… 130
§18 ラプラス方程式 …… 136
§19 シュレーディンガー方程式（その 1） …… 139
§20 波動方程式（その 1） …… 144

6 フーリエ級数 —— *151*

§21 フーリエ級数でやりたいこと …… 151
§22 フーリエ級数とフーリエ係数 …… 153
§23 フーリエ級数と元の関数の関係 …… 160
§24 バーゼル問題など …… 163
§25 フーリエ余弦・正弦級数と複素型フーリエ級数 …… 171
§26 一般の周期をもつ関数 …… 179
§27 フーリエ級数が元の関数に一致することの証明 * …… 183
§28 線形代数：内積と正規直交基底，パーセヴァルの等式 * 186

7 偏微分方程式（その 2） —— *194*

§29 波動方程式（その 2） …… 194
§30 熱伝導方程式（その 2） …… 204
§31 シュレーディンガー方程式（その 2） …… 211

8 付録 218

§32 複素数の指数関数 218
§33 常微分方程式の解と検算 226
§34 微分・積分・極限の順序交換 230

問題解答とヒント 235 参考文献 248 索 引 250

* …… やや難易度が高い内容

全体像を早くつかみたい読者は * を飛ばしたショートコースをお勧めする．また，§15 の証明と 24・2 も飛ばしてよい．

基本事項の復習

• 関数の周期

$f(x+nL)=f(x)$ がどんな実数 x とどんな整数 n に対しても成り立つとき，$f(x)$ は**周期** L をもつという．典型的なのは $\cos x$ と $\sin x$（周期 2π）．

$0 \leq x < L$ で定義された関数は周期 L の関数として拡張できる．下図では $0 \leq x < L$ の部分を最初に描いてからコピー・アンド・ペーストした．

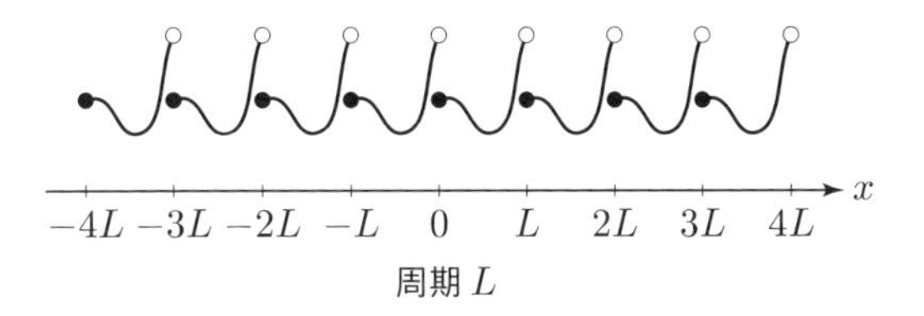

図　周期関数

• 偶関数，奇関数

$f(-x)=f(x)$ のとき，$f(x)$ は**偶関数**という．例は x^2, x^4, x^6, $\cos x$ など．$f(x)$ が偶関数ならば，$y=f(x)$ のグラフは y 軸に関して線対称である．また，$\int_{-a}^{a} f(x)\,dx = 2\int_{0}^{a} f(x)\,dx$ である．例えば $\int_{-1}^{1} x^2\,dx = 2\int_{0}^{1} x^2\,dx = \frac{2}{3}$.

$f(-x)=-f(x)$ のとき，$f(x)$ は**奇関数**という．例は x, x^3, x^5, $\sin x$ など．$f(x)$ が奇関数ならば，$y=f(x)$ のグラフは原点に関して点対称である．また，$\int_{-a}^{a} f(x)\,dx = 0$ である．例えば $\int_{-1}^{1} x^3\,dx = 0$.

• 指数関数

指数法則： $e^a e^b = e^{a+b}$.

微分，積分，極限： $(e^x)' = e^x$, $\int e^x\,dx = e^x + C$, $\lim_{x\to\infty} e^{-x} = 0$.

• 三角関数

$\cos\theta$ と $\sin\theta$ は周期 2π をもつ： $\cos(\theta+2n\pi)=\cos\theta$, $\sin(\theta+2n\pi)=\sin\theta$.

$\cos 0=1$, $\sin 0=0$. より一般に $\cos n\pi=(-1)^n$, $\sin n\pi=0$.

$\cos\theta$ は偶関数で $\sin\theta$ は奇関数： $\cos(-\theta)=\cos\theta$, $\sin(-\theta)=-\sin\theta$.

加法定理 1：

$$\cos(\alpha+\beta)=\cos\alpha\cos\beta-\sin\alpha\sin\beta$$
$$\sin(\alpha+\beta)=\sin\alpha\cos\beta+\cos\alpha\sin\beta$$

加法定理 2： 上の式の β を $-\beta$ に置き換えて偶関数，奇関数の性質を使うと，

$$\cos(\alpha-\beta)=\cos\alpha\cos\beta+\sin\alpha\sin\beta$$
$$\sin(\alpha-\beta)=\sin\alpha\cos\beta-\cos\alpha\sin\beta$$

積和公式： 加法定理 1 と 2 より，

$$\cos\alpha\cos\beta=\frac{1}{2}\left\{\cos(\alpha+\beta)+\cos(\alpha-\beta)\right\}$$
$$\sin\alpha\sin\beta=\frac{1}{2}\left\{\cos(\alpha-\beta)-\cos(\alpha+\beta)\right\}$$
$$\sin\alpha\cos\beta=\frac{1}{2}\left\{\sin(\alpha+\beta)+\sin(\alpha-\beta)\right\}$$

微分と積分：

$$(\sin\theta)'=\cos\theta,\ \ (\cos\theta)'=-\sin\theta.$$
$$\int\cos\theta\,d\theta=\sin\theta+C,\quad \int\sin\theta\,d\theta=-\cos\theta+C.$$

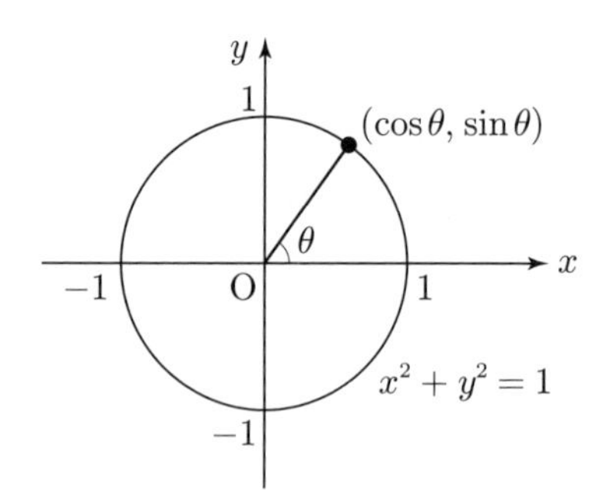

図　$\cos\theta$ と $\sin\theta$

• 複素数と極形式

$i^2 = -1,\ (a+ib)(x+iy) = (ax-by) + i(bx+ay).$

複素共役： $z = x + iy$（x, y は実数）のとき，複素共役 $\bar{z} = x - iy$.

$z\bar{z} = x^2 + y^2$.

実部 $\mathrm{Re}\, z = x = \dfrac{z+\bar{z}}{2}$，虚部 $\mathrm{Im}\, z = y = \dfrac{z-\bar{z}}{2i}$.

絶対値： $|z| = \sqrt{x^2+y^2} = \sqrt{z\bar{z}}$.

偏角： $x = |z|\cos\theta,\ y = |z|\sin\theta$ となる θ を偏角という.

極形式： $|z| = r$ とおけば $z = r(\cos\theta + i\sin\theta)$ である.

$e^{i\theta} = \cos\theta + i\sin\theta$ と略記すれば $z = re^{i\theta}$.

$re^{i\theta}\cdot\rho e^{i\varphi} = r\rho e^{i(\theta+\varphi)},\quad \overline{re^{i\theta}} = re^{-i\theta}$.

$\left|e^{i\theta}\right| = 1,\quad e^{i\theta}e^{-i\theta} = 1$.

複素数の指数関数については，付録の §32 参照.

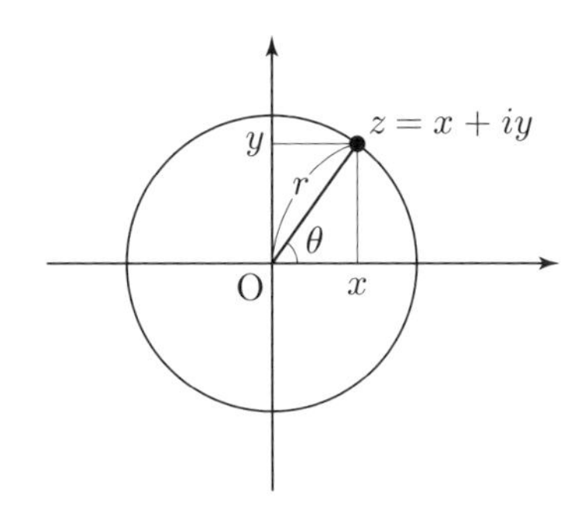

図　極形式

• 常微分方程式

このページと次のページを「基本事項の復習」に含めているが，常微分方程式と偏微分方程式を初めて見る読者でも本書は読める．知らない用語があったら，いまここで覚えていただければ十分である．

t の関数 $y(t)$ とその導関数の関係式を（**未知関数** $y(t)$ がみたす）**常微分方程式**という．$y=y(t)$ がある常微分方程式をみたすとき，$y=y(t)$ をその常微分方程式の**解**という．

ある常微分方程式が $y^{(n)}$ を含み，それ以上高次の導関数を含まないとき，その方程式は **n 階の方程式**であるという．例えば，$y'+ay=f$（a は定数，f は既知関数で y は未知関数）は 1 階の方程式であり，$y''+ay'+by=f$（a,b は定数，f は既知関数で y は未知関数）は 2 階の方程式である．

a が定数のとき，$y'+ay=0$ の形の方程式を**定数係数 1 階斉次常微分方程式**という．$y'+ay=f$ の形の方程式を**定数係数 1 階非斉次常微分方程式**という．右辺が 0 ならば斉次，0 でなければ非斉次である．

a,b が定数のとき，$y''-(a+b)y'+aby=0$ の形の方程式を**定数係数 2 階斉次常微分方程式**という．$y''-(a+b)y'+aby=f$ の形の方程式を**定数係数 2 階非斉次常微分方程式**という．

一般に，常微分方程式の解は 1 つとは限らない．例えば，$y=Ce^t$（C は任意の定数）は $y'-y=0$ の解であり，C が任意だから解は無数にある．ある常微分方程式のすべての解をその常微分方程式の**一般解**という．たくさんある解の 1 つを**特解**という．（一般解と特解については付録の §33 も参照せよ.）

例えば $y=Ce^t$（C は任意の定数）は $y'-y=0$ の一般解である．また，a が定数のとき，$y=Ce^{-at}$（C は任意の定数）は斉次 1 階方程式 $y'+ay=0$ の一般解である．また，代入してみればすぐわかるように，$y=t^2$ は $y'-y=-t^2+2t$ の特解である．なお，$y'-y=-t^2-2t$ の一般解は $y=t^2+Ce^t$ である．

a,b が定数のとき，斉次 2 階方程式 $y''-(a+b)y'+aby=0$ の一般解は $y=C_1e^{at}+C_2e^{bt}$（C_1,C_2 は任意の定数）である．例えば，$y''-5y'+6y=0$

の一般解は $y=C_1e^{2t}+C_2e^{3t}$（C_1, C_2 は任意の定数）である．$y''+y=0$ の一般解は $y=C_1\cos t+C_2\sin t$（C_1, C_2 は任意の定数）である．

$t=0$ における $y, y', \dots, y^{(n-1)}$ の値が $y(0)=a_0, y'(0)=a_1, \dots, y^{(n-1)}(0)=a_{n-1}$ であるとわかっているとする．このとき，常微分方程式と**初期条件** $y(0)=a_0, y'(0)=a_1, \dots, y^{(n-1)}(0)=a_{n-1}$ を組み合わせたものを**初期値問題**という．$y(0), y'(0), \dots, y^{(n-1)}(0)$ を**初期値**という．

初期値問題 $y'=y, y(0)=1$ の解は $y=e^t$ である．p が定数のとき，初期値問題 $y'+ay=0, y(0)=p$ の解は $y=pe^{-at}$ である．

初期値問題 $y''+y=0, y(0)=1, y'(0)=0$ の解は $y=\cos t$ である．初期値問題 $y''+y=0, y(0)=0, y'(0)=1$ の解は $y=\sin t$ である．

なお，付録の §33 も参照せよ．

• 偏微分方程式

x と t の 2 変数関数 $u(x,t)$ とその偏導関数の関係式を（**未知関数** $u(x,t)$ がみたす）**偏微分方程式**という．$u(x,t)$ がある偏微分方程式をみたすとき，$u=u(x,t)$ をその偏微分方程式の**解**という．偏微分方程式についても $u(x,0)=u_0(x), u_t(x,0)=u_1(x)$ のように $t=0$ における**初期条件**を課して**初期値問題**を考えることがある．$u(x,t)$ や $u_t(x,t)$ に $t=0$ を代入したものは x の関数であることに注意せよ．

本書では波動方程式の初期値問題 $u_{tt}=u_{xx}, u(x,0)=u_0(x), u_t(x,0)=u_1(x)$ や熱伝導方程式の初期値問題 $u_t=u_{xx}, u(x,0)=u_0(x)$ などについて述べる．波動方程式は t について 2 階なので初期条件 $u(x,0)=u_0(x), u_t(x,0)=u_1(x)$ を課し，熱伝導方程式は t について 1 階なので初期条件 $u(x,0)=u_0(x)$ を課す（これでうまくいくことは第 5 章と第 7 章で説明する）．

全体の地図

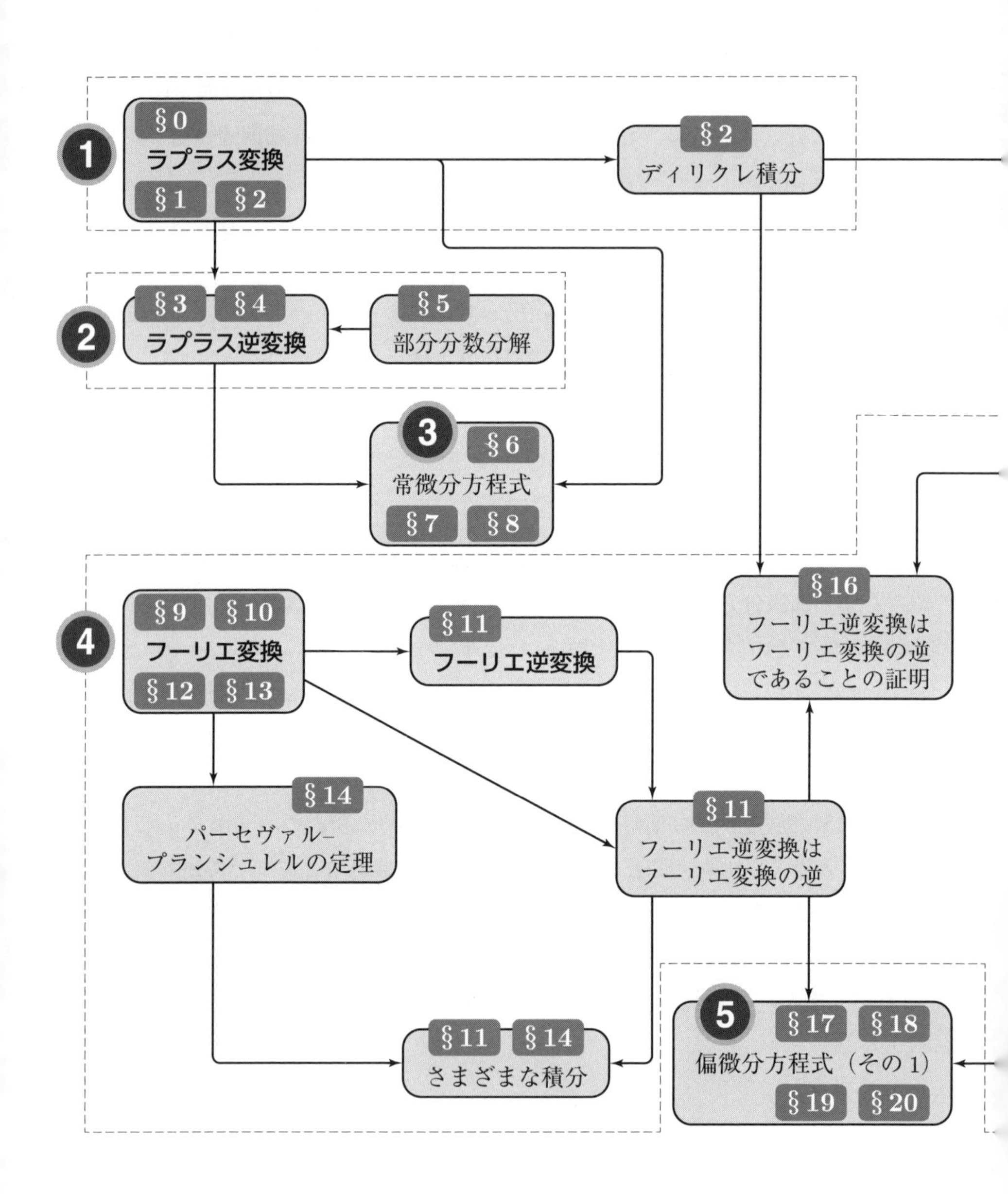

1
§0
ラプラス変換
§1
§2
§2
ディィリクレ積分
2
§3
§4
ラプラス逆変換
§5
部分分数分解
3
§6
常微分方程式
§7
§8
4
§9
§10
フーリエ変換
§12
§13
§11
フーリエ逆変換
§16
フーリエ逆変換は
フーリエ変換の逆
であることの証明
§14
パーセヴァル–
プランシュレルの定理
§11
フーリエ逆変換は
フーリエ変換の逆
§11
§14
さまざまな積分
5
§17
§18
偏微分方程式（その1）
§19
§20

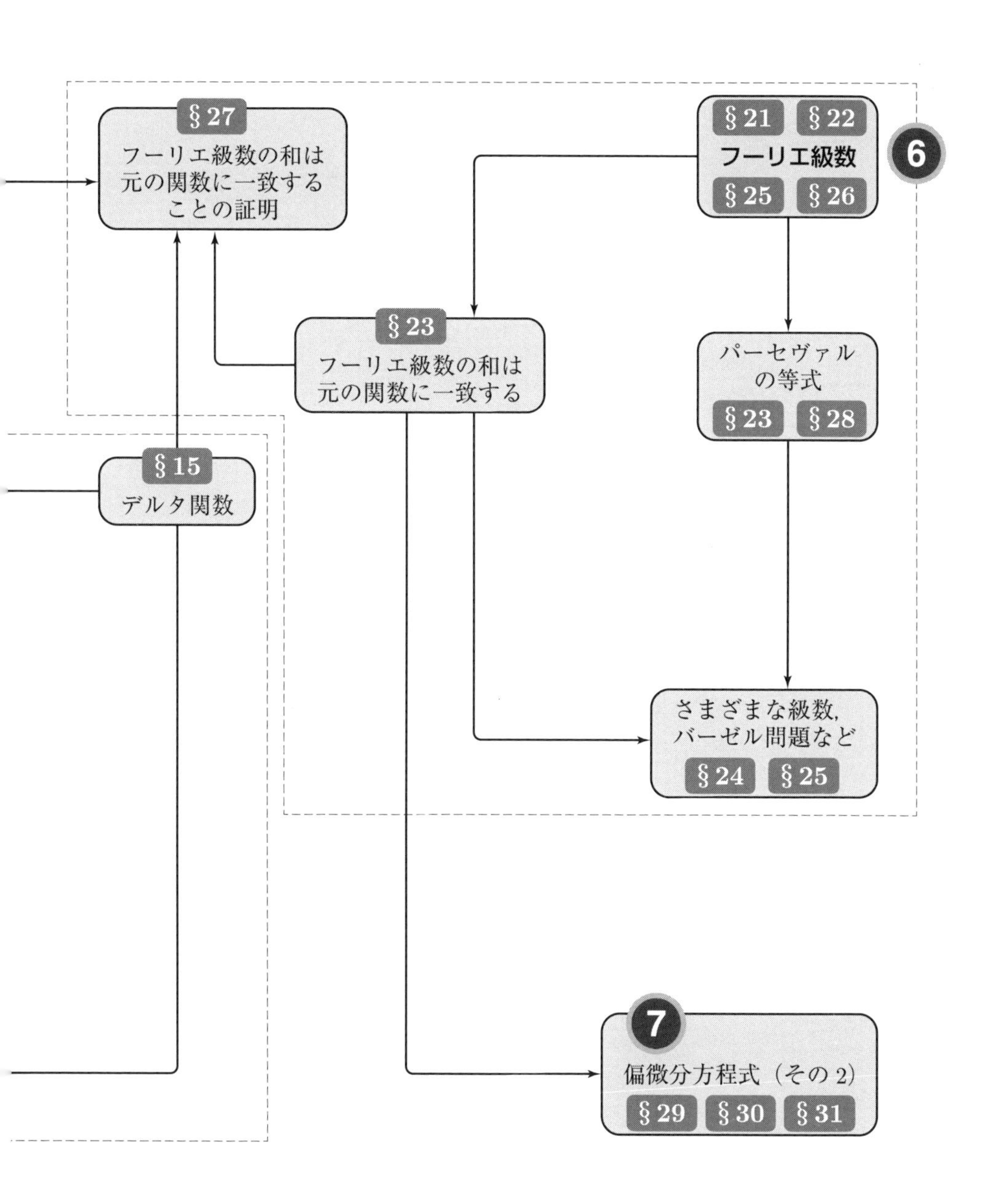
§27
フーリエ級数の和は
元の関数に一致する
ことの証明
§21 §22
フーリエ級数
§25 §26
6
§23
フーリエ級数の和は
元の関数に一致する
パーセヴァル
の等式
§23 §28
§15
デルタ関数
さまざまな級数,
バーゼル問題など
§24 §25
7
偏微分方程式（その2）
§29 §30 §31

ラプラス変換

§0 ラプラス変換で t の世界から s の世界へ

§0のポイント

- **ラプラス変換**は関数 $f(t)$ から関数 $F(s)$ を作る.
- ラプラス変換のスローガン：「変数 t の世界から変数 s の世界へ」
- ラプラス変換によって微分方程式を簡単に解くことができる.
- t の世界の難問も s の世界なら易しくなる.
- s の世界で解いてから t の世界に戻る.

ラプラス変換を使って常微分方程式を解こう. t の関数と s の関数をしっかり区別してほしい. ラプラス変換によって t の世界から s の世界へ行くと, 難問が簡単になる. 読者は t の世界と s の世界を何度も行き来することになる.

定義 0.1

$t \geq 0$ の関数 $f(t)$ に対して, その**ラプラス変換**を

$$F(s) = \mathcal{L}\big[f(t)\big](s) = \int_0^\infty e^{-st} f(t)\, dt$$

で定義する[1] (s には積分が収束するための条件を課す) [⇨**定義 1.1**].

1) アルファベット L の筆記体 $\mathcal{L}$ については, 裏見返しを参考にするとよい.

$e^{-st}f(t)$ は s と t の2変数関数だが，t に関する積分を計算し終わったときには t は消える．定義0.1の積分の結果は s だけの関数になるから $F(s)$ と表す．次の4つの例を見てみよう．

例0.1　C は定数とする．$f(t)=Ce^t$ のとき

$$F(s)=\int_0^\infty e^{-st}\cdot Ce^t\,dt=\int_0^\infty Ce^{-(s-1)t}\,dt=\lim_{T\to\infty}\int_0^T Ce^{-(s-1)t}\,dt$$

$$=C\lim_{T\to\infty}\left[-\frac{1}{s-1}e^{-(s-1)t}\right]_0^T=\frac{C}{s-1}.$$

ここで $s>1$ としている．そうすれば $\lim_{T\to\infty}e^{-(s-1)T}=0$ となって広義積分が収束する[2]．◆

例0.2　a,C は定数とすると，$\mathcal{L}[Ce^{at}](s)=\dfrac{C}{s-a}$ である（✍）．ただし，ここで $s>a$ としている．◆

例0.3　a,b を定数とすると，$\mathcal{L}[e^{at}\pm e^{bt}](s)=\dfrac{1}{s-a}\pm\dfrac{1}{s-b}$ である．ただし，ここで $s>\max(a,b)$[3] としている．このことは

$$\mathcal{L}[e^{at}\pm e^{bt}](s)=\int_0^\infty e^{-st}(e^{at}\pm e^{bt})\,dt$$

$$=\int_0^\infty e^{-st}e^{at}\,dt\pm\int_0^\infty e^{-st}e^{bt}\,dt=\mathcal{L}[e^{at}](s)\pm\mathcal{L}[e^{bt}](s)=\frac{1}{s-a}\pm\frac{1}{s-b}$$

からわかる．**和（差）のラプラス変換はラプラス変換の和（差）である．**◆

例0.4　$f(t)=t$ とすると $\mathcal{L}[t](s)=\dfrac{1}{s^2}\ (s>0)$ が成り立つ．

部分積分法 $\int f(t)g'(t)\,dt=f(t)g(t)-\int f'(t)g(t)\,dt$ [⇨ 参考文献［藤岡1］**定理9.6** (3)] を使って証明しよう．

$$\int te^{-st}\,dt \quad = \quad \int t\left(-\frac{1}{s}e^{-st}\right)'\,dt$$

---

2)　広義積分をはじめ微分積分の内容を復習したい読者は［藤岡1］,［杉浦］を参照されたい．

3)　$\max(a,b)$ は a,b のうち最大の値を表す．$a=b$ の場合は $\max(a,b)=a=b$ である．

$$\overset{\because \text{部分積分}}{=} t\left(-\frac{1}{s}e^{-st}\right) - \int t'\left(-\frac{1}{s}e^{-st}\right)dt$$

$$= \quad -\frac{1}{s}te^{-st} - \frac{1}{s^2}e^{-st} + C. \quad (C \text{ は積分定数})$$

$s > 0$ ならばロピタルの定理［⇨ 参考文献［藤岡 1］**定理 6.2**］より，

$$\lim_{t\to\infty} te^{-st} = \lim_{t\to\infty} \frac{t}{e^{st}} \overset{\because \text{ロピタルの定理}}{=} \lim_{t\to\infty} \frac{t'}{(e^{st})'} = \lim_{t\to\infty} \frac{1}{se^{st}} = 0$$

なので，$\mathcal{L}[t](s) = \displaystyle\int_0^\infty te^{-st}\,dt = \left[-\frac{1}{s}te^{-st} - \frac{1}{s^2}e^{-st}\right]_0^\infty = \frac{1}{s^2}$ である．◆

これらの例では s がある数より大きいという条件をつけているが，細かいことは気にしなくてよい．s が十分大きいときと理解しておけばよい．

ラプラス変換を使って常微分方程式を解くが，まずはその前にラプラス変換を使わずに解く計算をおさらいしよう（知らない人は無視してよい）．

例 0.5　初期値問題 $y' + 3y = 4e^t$, $y(0) = 0$ をラプラス変換を使わずに解こう．

斉次の場合，すなわち $y' + 3y = 0$ ならば易しく，一般解は $y = Ce^{-3t}$ である．

いまは非斉次なので難しい．**定数変化法**で解こう．斉次の場合の解 $y = Ce^{-3t}$ の定数 C を関数 $C(t)$ に置き換えて $y = y(t) = C(t)e^{-3t}$ とおく．$C(t)$ は新しい未知関数である．

$$y'(t) = C'(t)e^{-3t} + C(t)(e^{-3t})' = C'(t)e^{-3t} - 3C(t)e^{-3t}$$
$$= C'(t)e^{-3t} - 3y(t)$$

を $y' + 3y = 4e^t$ に代入すると

$$C'(t)e^{-3t} = 4e^t$$

である．よって $C'(t) = 4e^{4t}$ である．不定積分すれば $C(t) = e^{4t} + C'$（C' は積分定数）がわかる．ここで，初期条件 $y(0) = 0$ は $C(0)e^0 = 0$ だから $C(0) = 0$ である．以上より，$C' = -1$ で $C(t) = e^{4t} - 1$ を得る．したがって

$$y = y(t) = C(t)e^{-3t} = e^t - e^{-3t}.$$

◆

それでは**ラプラス変換を使って常微分方程式を解く方法**を見ていこう．t の世界における難しい常微分方程式が，ラプラス変換のおかげで s の世界の簡単な問題に変わることに注目してほしい．

例 0.6　初期値問題 $y' + 3y = 4e^t$, $y(0) = 0$（例 0.5 と同じ）を解こう．

いくつかの式を証明抜きで述べて用いる．それらの証明は後で注として述べよう[4]．いまは細かいことを気にせず，まずは「あらすじ」を理解してほしい．

$Y = Y(s) = \mathcal{L}\big[y(t)\big] = \mathcal{L}\big[y(t)\big](s)$ とおく．$y' + 3y = 4e^t$ の両辺のラプラス変換を考えると，後で示すように

$$sY(s) + 3Y(s) = \frac{4}{s-1} \tag{0.1}$$

となる．元の方程式 $y' + 3y = 4e^t$ の係数と (0.1) の係数はどちらも 1, 3, 4 であり，きれいに対応している．左辺では $'$ が s 倍に置き換わっている．右辺は例 0.1 を用いて計算した．このように，s の世界においては，元の初期値問題は

$$(s+3)Y(s) = \frac{4}{s-1}$$

となる．**難しかった微分方程式が易しい方程式に書き換えられた．** この方程式は**単なる割り算で解けて，**

$$Y = Y(s) = \frac{4}{(s-1)(s+3)}$$

である．**ラプラス変換の式を逆にたどって** t の世界に戻れば解 y がわかる．

$$Y = Y(s) = \frac{4}{(s-1)(s+3)} = \frac{1}{s-1} - \frac{1}{s+3}$$

と部分分数分解できる（✍）．すなわち，例 0.3 より

$$\mathcal{L}\big[y(t)\big](s) = \mathcal{L}\Big[e^t - e^{-3t}\Big](s)$$

である．ラプラス変換する前に戻ると

$$y = y(t) = e^t - e^{-3t}. \qquad ◆$$

---

4)　それらは次節以降で出てくる公式に含まれる．

いまやったことを大まかにまとめると次のようになる．

- t の世界で常微分方程式がある．
- ラプラス変換で s の世界に行くとただの割り算の問題になる．
- ラプラス変換を逆にたどって（**ラプラス逆変換**という）t の世界に戻ると，元の常微分方程式の解がわかる．

異世界で問題を解決してから帰ってくるのである．

注意 0.1　$y' + 3y = 4e^t$, $y(0) = 0$ から (0.1) を導こう．

まず，

$$\mathcal{L}[y' + 3y](s) = \mathcal{L}[4e^t]$$

であり，右辺は例 0.1 より $\dfrac{4}{s-1}$ に等しい．後は，左辺が $sY(s) + 3Y(s)$ に等しいことを示せばよい．このことは

$$\mathcal{L}[y' + 3y](s) = \mathcal{L}[y'](s) + 3\mathcal{L}[y](s) \tag{0.2}$$

$$\mathcal{L}[y'](s) = sY(s) \tag{0.3}$$

を証明すれば直ちにしたがう[5]．まず，(0.2) は例 0.3 と同様に，

$$\mathcal{L}[y' + 3y](s) = \int_0^\infty e^{-st}\{y'(t) + 3y(t)\}\,dt$$
$$= \int_0^\infty e^{-st}y'(t)\,dt + 3\int_0^\infty e^{-st}y(t)\,dt = \mathcal{L}[y'](s) + 3\mathcal{L}[y](s)$$

とすればよい．**積分が線形だからラプラス変換も線形**なのである．次に，(0.3) は

$$\mathcal{L}\big[y'(t)\big](s) = \int_0^\infty e^{-st}y'(t)\,dt \overset{\text{☺部分積分}}{=} \Big[e^{-st}y(t)\Big]_0^\infty - \int_0^\infty (e^{-st})'y(t)\,dt$$
$$= 0 - e^0y(0) + s\int_0^\infty e^{-st}y(t)\,dt = s\int_0^\infty e^{-st}y(t)\,dt = sY(s)$$

からわかる．ここで，初期条件 $y(0) = 0$ を用いた[6]．また，$\lim_{t\to\infty} e^{-st}y = 0$ が成り立つように s は十分大きいと仮定している．

---

[5] (0.2) と (0.3) はそれぞれ定理 2.1 と定理 6.1 の特別な場合である．

[6] $y(0) \neq 0$ ならばもう少し複雑な式になる［⇨ **定理 6.1**］．

以降では，いろいろな常微分方程式を解くための数学的道具を充実させていく．そのために行うべきことは次の2つである．

(ア) さまざまな t の関数のラプラス変換を求める．
(イ) さまざまな s の関数について，それは t のどんな関数のラプラス変換なのかを調べる．

こうやってできた公式をしっかり覚えておきたい[7]．そのためには，具体的な練習問題を**手を動かして繰り返し解く**ことの他に，**証明をよく理解する**ことも有効である．例えば，後で示すように $\mathcal{L}[t^n](s) = \dfrac{n!}{s^{n+1}}$ ［⇨ **定理 1.3**］であるが，分母をうっかり s^n としそうだし，分子の $n!$ はうっかり1としてしまいそうである．このようなミスを避けるためには，公式がそうなる理由を知っていれば心強い．

さらに，**複数の公式を関係づける**ことも有効である．例えば $\mathcal{L}[1](s) = \dfrac{1}{s}$ は $\mathcal{L}[t^n](s)$ の $n=0$ の場合でもあり，$\mathcal{L}[e^{at}](s) = \dfrac{1}{s-a}$ ［⇨ **定理 1.1**］の $a=0$ の場合，$\mathcal{L}[\cos bt](s) = \dfrac{s}{s^2+b^2}$ ［⇨ **定理 1.2**］の $b=0$ の場合でもある．そして，このように $\mathcal{L}[t^n](s)$, $\mathcal{L}[e^{at}](s)$ と結びつけて理解しておけば $\mathcal{L}[\cos bt](s)$ を $\mathcal{L}[\sin bt](s) = \dfrac{b}{s^2+b^2}$ ［⇨ **定理 1.2**］と取り違える心配はなくなる．また，複素数の指数関数［⇨ 付録 §32］を知っていれば，指数関数の公式から三角関数の公式を導くことができる．類書ではいろいろな公式をバラバラに書いていることが多いが，本書では公式と公式の関係を詳しく説明して，**知識のネットワーク**ができるように気を配っている．あれとこれがこんな風につながるのかと驚くことで忘れにくくなるので，意識してみてほしい．

---

7) 第1章のまとめの**ラプラス変換表**も役立つ．

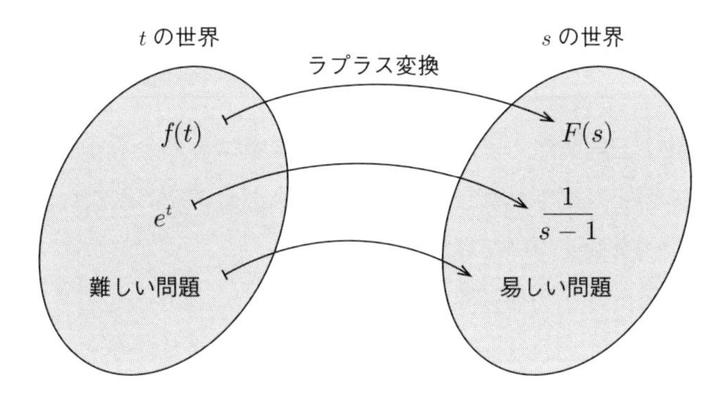

図 0.1　2つの世界

注意 0.2　ラプラスよりも先にオイラーがラプラス変換を使っていたことがわかっている．それならばラプラス変換ではなくてオイラー変換とよぶのが適切なようにも思うが，定着した名前をいまさら変えるのは難しい．それにオイラー変換という言葉は他の意味ですでに使われている．

数学では（他分野もそうかも知れないが）名前のつけ方を間違えている概念や定理がちらほらある．例えば，ロピタルの定理を発見したのは本当はヨハン・ベルヌーイだとされている（ベルヌーイ家には数学者が何人もいるので要注意）．

§1　基本的な関数のラプラス変換

§1のポイント

- **指数関数，三角関数，多項式**のラプラス変換は s の分数式になる．
- 公式の証明を（できれば複数）知っていれば公式を忘れない．
- 公式と公式を関連づけて理解し，覚えよう．
- 公式を覚えるコツが他にもいろいろある．
- **指数位数**とはラプラス変換が存在するための条件である．

1・1　ラプラス変換の定義

定義 1.1（ラプラス変換）

$0 \leq t < \infty$ の連続関数 $f(t)$ について，

$$F(s) = \int_0^\infty e^{-st} f(t)\, dt$$

が収束するとき，$F(s)$ を $f(t)$ の**ラプラス変換**という．

$$\mathcal{L}\big[f(t)\big](s) = F(s) = \int_0^\infty e^{-st} f(t)\, dt$$

と書く．t の関数を小文字で $f(t)$, $g(t)$, $y(t)$ のように表し，それらのラプラス変換を対応する大文字で $F(s)$, $G(s)$, $Y(s)$ のように表す習慣がある．

注意 1.1（異世界に転生）　$f(t)$ は t の関数，$F(s)$ は s の関数．t の世界（この世）から s の世界（異世界）に転生することをイメージせよ．

注意 1.2　$e^{-st}f(t)$ は t と s の関数だが，t について積分すると t は消えて s だけの関数になる．$\mathcal{L}\big[f(t)\big](s)$ は s の関数である．例えば $\mathcal{L}[e^t](s) = \dfrac{1}{s-1}$ だった．$\big[e^t\big]$ は「元は e^t」という意味であり，いまはもう t の関数ではない．

注意 1.3 s が複素数の範囲で考えれば $F(s)$ も複素数の値をとる．

注意 1.4 $s = p + qi\ (p, q \in \mathbb{R})$ の**実部** $\mathrm{Re}\, s$ とは p のことであり，**虚部** $\mathrm{Im}\, s$ とは q のことである．s が実数のときは $\mathrm{Re}\, s = s$ である．

$\mathrm{Re}\, s\,(= p)$ が十分大きいとき $\int_0^\infty e^{-st} f(t)\, dt$ が収束する（少し大ざっぱな説明である [⇨ 1・3]）．s が実数の場合に限って考えるならば，これは s が十分大きいときに他ならない [⇨ 5・6]．

1・2 指数関数，三角関数，多項式のラプラス変換

基本的な関数についてそのラプラス変換を求めよう．**証明を理解しておけば，公式を少しくらいど忘れしてもすぐに思い出せるようになるだろう．** 意識してみてほしい．

「$\mathrm{Re}\, s$ がある数より大きいとき」「(s が実数の場合に限るならば) s がある数より大きいとき」という条件が出てくるが，具体的にどれだけ大きければいいのか気にする必要はない．例外は定理 2.5 と問 2.5 のみである．

定理 1.1（指数関数のラプラス変換）

a は複素数の定数とする．$\mathrm{Re}\, s > \mathrm{Re}\, a$ のとき（s も a も実数とすると，$s > a$ のとき）

$$\mathcal{L}[e^{at}](s) = \frac{1}{s-a}.$$

証明 任意の複素数 $\alpha \neq 0$ について $\int e^{\alpha t}\, dt = \frac{e^{\alpha t}}{\alpha} + C$（$C$ は積分定数[1]）であり [⇨ 付録の**定理 32.1** (2)]，

$$\mathcal{L}[e^{at}](s) = \int_0^\infty e^{-st} e^{at}\, dt = \lim_{T\to\infty} \int_0^T e^{-(s-a)t}\, dt$$

---

1) 以下ではこの注意書きはしばしば省略する．

$$= \lim_{T\to\infty} \left[-\frac{e^{-(s-a)t}}{s-a} \right]_0^T = \lim_{T\to\infty} \frac{1}{s-a} \left(-e^{-(s-a)T} + 1 \right). \quad (1.1)$$

$\mathrm{Re}\,(s-a) > 0$ より $\lim_{T\to\infty} e^{-(s-a)T} = 0$ なので［⇨ 付録の**定理 32.1** (3)］，

$$\mathcal{L}[e^{at}](s) = \frac{1}{s-a}.$$

◇

定理 1.2（三角関数のラプラス変換）

b は実定数とする．$\mathrm{Re}\,s > 0$ のとき（s が実数とすると，$s > 0$ のとき）

$$\mathcal{L}[\cos bt](s) = \frac{s}{s^2+b^2}, \quad \mathcal{L}[\sin bt](s) = \frac{b}{s^2+b^2}.$$

（sin の式の分子は 1 ではない．）

証明　微分積分でまなんだように，

$$\int e^{-st} \cos bt\, dt = -\frac{s}{s^2+b^2} e^{-st} \cos bt + \frac{b}{s^2+b^2} e^{-st} \sin bt + C,$$

$$\int e^{-st} \sin bt\, dt = -\frac{b}{s^2+b^2} e^{-st} \cos bt - \frac{s}{s^2+b^2} e^{-st} \sin bt + C$$

である［⇨ 参考文献［藤岡 1］問 9.5，付録 **§32**］．ゆえに

$$\mathcal{L}[\cos bt](s) = \int_0^\infty e^{-st} \cos bt\, dt$$

$$= \lim_{T\to\infty} \left[-\frac{s}{s^2+b^2} e^{-st} \cos bt + \frac{b}{s^2+b^2} e^{-st} \sin bt \right]_0^T,$$

$$\mathcal{L}[\sin bt](s) = \int_0^\infty e^{-st} \sin bt\, dt$$

$$= \lim_{T\to\infty} \left[-\frac{b}{s^2+b^2} e^{-st} \cos bt - \frac{s}{s^2+b^2} e^{-st} \sin bt \right]_0^T$$

である．ここで，$\mathrm{Re}\,s > 0$（あるいは $s > 0$）なので

$$\left| e^{-sT} \cos bT \right| \le e^{-T\,\mathrm{Re}\,s} \to 0, \quad \left| e^{-sT} \sin bT \right| \le e^{-T\,\mathrm{Re}\,s} \to 0 \ (T \to \infty) \quad (1.2)$$

が成り立つから［⇨ 付録の**定理 32.1** (3)］，はさみうちの原理より

$$\lim_{T\to\infty} e^{-sT} \cos bT = \lim_{T\to\infty} e^{-sT} \sin bT = 0$$

である．これで定理 1.2 が証明された．なお，別証明もある［⇨ **例 2.4**］．◇

注意 1.5　定理 1.2 の 2 つの式でどちらがどちらかわからなくなったら，$b=0$ の場合を考えればよい．$\mathcal{L}[\cos bt](s)=\dfrac{s}{s^2+b^2}$ に $b=0$ を代入すると $\mathcal{L}[1](s)=\dfrac{s}{s^2}=\dfrac{1}{s}$ となる．また，定理 1.1 より $\mathcal{L}[1](s)=\mathcal{L}[e^{0t}](s)=\dfrac{1}{s}$ である．定理 1.1 と定理 1.2 のどちらからも $\mathcal{L}[1](s)=\dfrac{1}{s}$ が出てつじつまが合う［⇨ **注意 1.7**］．また，$\mathcal{L}[\sin bt](s)=\dfrac{b}{s^2+b^2}$ から $\mathcal{L}[0](s)=0$ という明らかに正しい式が出る．

定理 1.3（多項式のラプラス変換）

$\mathrm{Re}\,s>0$ のとき（s が実数の場合に限るならば，$s>0$ のとき）

$$\mathcal{L}[t^n](s)=\frac{n!}{s^{n+1}}.$$

（分子の $n!$ を忘れやすい．分母は n 乗ではない．）

証明　まず，$n=0$ のとき，

$$\mathcal{L}[t^0](s)=\int_0^\infty e^{-st}t^0\,dt=\int_0^\infty e^{-st}\,dt=\left[-\frac{1}{s}e^{-st}\right]_0^\infty=\frac{1}{s}$$

である．次に，関数列 $\left\{\mathcal{L}[t^n](s)\right\}_{n=0}^\infty$ に関する漸化式を導こう．$n\geq 0$ のとき，

$$\begin{aligned}\mathcal{L}[t^{n+1}](s) &= \int_0^\infty e^{-st}t^{n+1}\,dt=\int_0^\infty\left(-\frac{1}{s}e^{-st}\right)' t^{n+1}\,dt\\ &\overset{\because\text{部分積分}}{=} \left[-\frac{1}{s}e^{-st}t^{n+1}\right]_0^\infty-\int_0^\infty\left(-\frac{1}{s}e^{-st}\right)(n+1)t^n\,dt\\ &= \frac{n+1}{s}\int_0^\infty e^{-st}t^n\,dt=\frac{n+1}{s}\mathcal{L}[t^n](s).\end{aligned}$$

ここで $\displaystyle\lim_{t\to\infty}e^{-st}t^{n+1}=\lim_{t\to\infty}\frac{t^{n+1}}{e^{st}}=0$ を用いた．このことは $s>0$ ならばロピタルの定理を繰り返し使えば示せる（✍）．s が複素数でも，$\mathrm{Re}\,s>0$ なので，$\left|e^{-st}t^{n+1}\right|=\dfrac{t^{n+1}}{e^{t\mathrm{Re}\,s}}\to 0\ (t\to\infty)$ である［⇨ 付録の**定理 32.1**］．

漸化式 $\mathcal{L}[t^{n+1}](s)=\dfrac{n+1}{s}\mathcal{L}[t^n](s)$ が成り立ち，第 0 項は $\mathcal{L}[t^0](s)=\dfrac{1}{s}$ だから，一般項は $\mathcal{L}[t^n](s)=\dfrac{n!}{s^{n+1}}$ である［⇨ 別証明は **例 2.11**，**例 2.12**］．　◇

注意 1.6　上の定理で分母が $n+1$ 乗で 1 だけずれていて覚えにくい．覚えるために次の考察をする．$n=0$ の場合は $\mathcal{L}[1](s)=\dfrac{1}{s}$ である．一般に，後述の定理 1.6 より $\displaystyle\lim_{s\to\infty}\mathcal{L}\big[f(t)\big](s)=0$ であり，分母が s の 1 乗ならばつじつまが合うが，s の 0 乗ならばつじつまが合わない．

注意 1.7　$\mathcal{L}[1](s)=\dfrac{1}{s}$ は $\mathcal{L}[t^n](s)=\dfrac{n!}{s^{n+1}}$ の $n=0$ の場合であり，さらに，$\mathcal{L}[e^{at}](s)=\dfrac{1}{s-a}$ の $a=0$ の場合，$\mathcal{L}[\cos bt](s)=\dfrac{s}{s^2+b^2}$ の $b=0$ の場合でもある．**いろいろなことを関連づけて覚えると忘れにくい** [⇨ 注意 1.5]．

t^ne^{at}, $t^n\cos bt$, $e^{at}\sin bt$, $t^ne^{at}\cos bt$ のラプラス変換も s の分数式になる．このことは §2 以降で示す．

例題 1.1　次の関数のラプラス変換を求めよ．

(1) e^{5t}　(2) e^{-6t}　(3) $\cos 2t$　(4) $\sin 3t$　(5) t^6

解　定理 1.1，定理 1.2，定理 1.3 より，

(1) $\mathcal{L}[e^{5t}](s)=\dfrac{1}{s-5}$　　(2) $\mathcal{L}[e^{-6t}](s)=\dfrac{1}{s+6}$

(3) $\mathcal{L}[\cos 2t](s)=\dfrac{s}{s^2+4}$　　(4) $\mathcal{L}[\sin 3t](s)=\dfrac{3}{s^2+9}$

(5) $\mathcal{L}\big[t^6\big](s)=\dfrac{6!}{s^7}=\dfrac{720}{s^7}$　◇

1・3　ラプラス変換が存在するための条件（指数位数）

関数 $f(t)$ のラプラス変換 $F(s)=\displaystyle\int_0^\infty e^{-st}f(t)\,dt$ を定義する右辺の積分が収束してほしい（そのときラプラス変換が定義できる）．そのような s の範囲についてきちんと述べたい．そこで，$f(t)$ が**大きすぎない**という条件を導入する．

定義 1.2（指数位数）

$0\le t<\infty$ で定義された（複素数値）連続関数 $f(t)$ に対して，ある定数 $\delta\in\mathbb{R}$ と定数 $M>0$ が存在して，

$$\text{すべての } t\ge 0 \text{ に対して }\ \bigl|f(t)\bigr|\le Me^{\delta t}$$

が成り立つとき，$f(t)$ は**指数位数** δ をもつという．

注意 1.8　$f(t)$ が実数値の場合は $\bigl|f(t)\bigr|\le Me^{\delta t}$ は $-Me^{\delta t}\le f(t)\le Me^{\delta t}$ と同値である（**図 1.1**）．$\delta>0$ のとき $Me^{\delta t}$ はかなり速く増加する．$f(t)$ はそれに比べれば遅い（速くない）．また，$-Me^{\delta t}$ はかなり速く減少し，$f(t)$ はそれに比べれば遅い（速くない）．

$f(t)$ が複素数値の場合は，$\bigl|f(t)\bigr|\le Me^{\delta t}$ ならば $-Me^{\delta t}\le \operatorname{Re}f(t)\le Me^{\delta t}$，$-Me^{\delta t}\le \operatorname{Im}f(t)\le Me^{\delta t}$ が成り立つ（✍）．

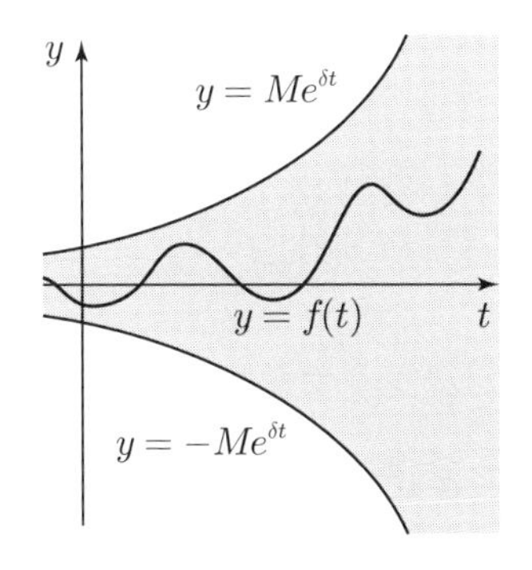

図 1.1　指数位数 δ

定理 1.4（基本的で重要な関数たちは指数位数をもつ）

指数関数，三角関数，多項式は指数位数をもつ．さらに，これらから積，スカラー倍，和で作った関数はすべて指数位数をもつ．

証明　本節の最後に述べる［⇨ **定理 1.8**，**注意 1.9**，**定理 1.9**］．◇

定理 1.5（指数位数をもつ関数のラプラス変換が定義できる）

$f(t)$ が指数位数 δ をもつならば，$F(s)=\int_0^\infty e^{-st}f(t)\,dt$ は $\mathrm{Re}\,s>\delta$ で収束する[2]．すなわち，$\mathrm{Re}\,s>\delta$ でラプラス変換が定義される．

証明　指数位数の仮定と付録の定理 32.1 (3) より

$$\bigl|F(s)\bigr|\le\int_0^\infty\bigl|e^{-st}f(t)\bigr|\,dt=\int_0^\infty\bigl|e^{-st}\bigr|\bigl|f(t)\bigr|\,dt\le\int_0^\infty e^{-t\mathrm{Re}\,s}Me^{\delta t}\,dt$$

$$=\int_0^\infty Me^{-(\mathrm{Re}\,s-\delta)t}\,dt=\left[-\frac{M}{\mathrm{Re}\,s-\delta}e^{-(\mathrm{Re}\,s-\delta)t}\right]_0^\infty \text{ (✍)}.$$

ここで，$\mathrm{Re}\,s>\delta$ より $\lim_{t\to\infty}e^{-(\mathrm{Re}\,s-\delta)t}=0$ なので，

$$\left[-\frac{M}{\mathrm{Re}\,s-\delta}e^{-(\mathrm{Re}\,s-\delta)t}\right]_0^\infty=\frac{M}{\mathrm{Re}\,s-\delta}<\infty.$$

よって，$F(s)$ を定義する積分は収束する．◇

定理 1.6（ラプラス変換は遠方で 0 に収束する）

s が実数の場合に限って考えれば，$\lim_{s\to\infty}F(s)=0$［⇨ **例 34.1**］．

証明　定理 1.5 の証明より，$\bigl|F(s)\bigr|\le\dfrac{M}{s-\delta}\to 0\ \ (s\to\infty)$．◇

例 1.1　e^{at}, $\cos bt$, $\sin bt$, t^n のラプラス変換である $\dfrac{1}{s-a}$, $\dfrac{s}{s^2+b^2}$, $\dfrac{b}{s^2+b^2}$, $\dfrac{n!}{s^{n+1}}$ はすべて $s\to\infty$ のとき 0 に収束する［⇨ **注意 1.6**］．◆

---

2) $F(s)$ は複素数の値をとる．

1・4　さまざまな関数が指数位数をもつこと *

定理 1.4 を証明する．読むのは後回しにしてもよい．

定理 1.7（和，スカラー倍，積）

$0 \le t < \infty$ で定義された（複素数値）連続関数 $f(t)$, $g(t)$ がそれぞれ指数位数 δ_1, δ_2 $(\delta_1 \ge \delta_2)$ をもつとする．このとき，次が成り立つ．

(1)　c は定数とすると，$f(t)+g(t)$ と $cf(t)$ は指数位数 δ_1 をもつ．

(2)　積 $f(t)g(t)$ は指数位数 $\delta_1+\delta_2$ をもつ．

証明　$\left|f(t)\right| \le M_1 e^{\delta_1 t}$, $\left|g(t)\right| \le M_2 e^{\delta_2 t}$ とする．

(1)　$\left|g(t)\right| \le M_2 e^{\delta_1 t}$ も成り立ち，$\left|f(t)+g(t)\right| \le \left|f(t)\right| + \left|g(t)\right| \le (M_1+M_2)e^{\delta_1 t}$ である．また，$\left|cf(t)\right| \le |c| M_1 e^{\delta_1 t}$ である．

(2)　$\left|f(t)g(t)\right| = \left|f(t)\right|\left|g(t)\right| \le (M_1 e^{\delta_1 t})(M_2 e^{\delta_2 t}) = M_1 M_2 e^{(\delta_1+\delta_2)t}$.　◇

定理 1.8（指数関数は指数位数をもつ）

a は複素数の定数とするとき，e^{at} は指数位数 $\mathrm{Re}\, a$ をもつ．

証明　$\left|e^{at}\right| = e^{\mathrm{Re}\,(at)} = e^{t \mathrm{Re}\, a}$ からわかる．　◇

注意 1.9（有界な関数は指数位数をもつ）　$f(t)$ は**有界**とする．すなわち，ある定数 $M > 0$ が存在して，任意の $t \ge 0$ について $\left|f(t)\right| \le M$ が成り立つとする．このとき，$f(t)$ は指数位数 0 をもつ．とくに，b を実定数とするとき $\cos bt$, $\sin bt$ は指数位数 0 をもつ．

定理 1.9（多項式は指数位数をもつ）

任意の $\delta > 0$ に対して，多項式は指数位数 δ をもつ．

証明　任意の $\varepsilon > 0$ について，$1 \le e^{\varepsilon t}$ $(t \ge 0)$ なので $\displaystyle\int_0^t ds \le \int_0^t e^{\varepsilon s}\, ds$ であり，$t \le \dfrac{1}{\varepsilon}(e^{\varepsilon t} - 1) \le \dfrac{1}{\varepsilon} e^{\varepsilon t}$. よって，$t$ は指数位数 ε をもつ．

定理 1.7 (2) より $1, t, t^2, \ldots, t^n$ はすべて指数位数 $n\varepsilon$ をもつ．定理 1.7 (1) より $a_j t^j \, (0 \leq j \leq n)$ も指数位数 $n\varepsilon$ をもつ．最後に，定理 1.7 (1) より $\sum_{j=0}^{n} a_j t^j$ も指数位数 $n\varepsilon$ をもつ．$\varepsilon = \frac{\delta}{n}$ とおけば証明が終わる（✍）．　◇

定理 1.4 は定理 1.7，定理 1.8，注意 1.9，定理 1.9 を組み合わせれば出る．特別な場合については次の例題 1.2 を参照せよ．一般の場合も同様に示せる．

例題 1.2　$t^5 \sin t$ と $e^t \cos t$ が指数位数をもつことを示せ．

□□□ ✍

解　定理 1.9，注意 1.9 より t^5, $\sin t$ は指数位数をもつので，定理 1.7 (2) より $t^5 \sin t$ は指数位数をもつ．

定理 1.8，注意 1.9 より e^t, $\cos t$ は指数位数をもつので，定理 1.7 (2) より $e^t \cos t$ は指数位数をもつ．　◇

§1 の問題

確認問題

問 1.1　ラプラス変換の定義を書け．また，次の各関数のラプラス変換を求めよ．

(1) e^{-4t}　(2) $\cos 3t$　(3) $\sin 3t$　(4) t^5

□□□ [⇨ 1・1 1・2]

§2 ラプラス変換の最も頼りになる 6 つの性質

§2 のポイント

- ラプラス変換は以下の性質をもつ.
  - **線形性**：和とスカラー倍を保つ.
  - **像の移動法則**：$e^{at}f(t)$ のラプラス変換は $F(s-a)$.
  - **像の微分法則**：$tf(t)$ のラプラス変換は $-F'(s)$.
  - **パラメータに関する微分法則**：$\mathcal{L}$ と $\dfrac{\partial}{\partial p}$ は入れ替えられる.
  - **相似法則**：$f(at)$ のラプラス変換は $\dfrac{1}{a}F\left(\dfrac{s}{a}\right)$.
  - **たたみ込み**：ラプラス変換して $F(s)G(s)$ になる.

2・1 線形性

$f(t)+g(t)$ のラプラス変換は，$f(t)$ のラプラス変換と $g(t)$ のラプラス変換の和である．また，c が定数のとき，$cf(t)$ のラプラス変換は，$f(t)$ のラプラス変換の c 倍である.

定理 2.1（ラプラス変換の線形性）

連続関数 $f(t)$, $g(t)$ が指数位数 δ をもち，c が定数ならば，$f(t)+g(t)$ と $cf(t)$ も指数位数 δ をもち，$\mathrm{Re}\, s > \delta$ において次が成り立つ.

- $\mathcal{L}\big[f(t)+g(t)\big](s) = \mathcal{L}\big[f(t)\big](s) + \mathcal{L}\big[g(t)\big](s)$.
- $\mathcal{L}\big[cf(t)\big](s) = c\mathcal{L}\big[f(t)\big](s)$.

証明　$\mathcal{L}\big[f(t)+g(t)\big](s) \overset{\because \text{定義 } 1.1}{=} \displaystyle\int_0^\infty e^{-st}\big\{f(t)+g(t)\big\}\,dt$

$$= \int_0^\infty e^{-st}f(t)\,dt + \int_0^\infty e^{-st}g(t)\,dt = \mathcal{L}\big[f(t)\big](s) + \mathcal{L}\big[g(t)\big](s),$$

$$\mathcal{L}\big[cf(t)\big](s) \overset{\because \text{定義 } 1.1}{=} \int_0^\infty e^{-st}cf(t)\,dt = c\int_0^\infty e^{-st}f(t)\,dt = c\mathcal{L}\big[f(t)\big](s).$$

◇

例 2.1 $\mathcal{L}[2\cos 3t - 5\sin 4t](s) \overset{\because \text{定理 } 2.1}{=} 2\mathcal{L}[\cos 3t](s) - 5\mathcal{L}[\sin 4t](s)$

$$\overset{\because \text{定理 } 1.2}{=} \frac{2s}{s^2+9} - \frac{20}{s^2+16}.$$ ◆

例 2.2

$$\mathcal{L}[5e^{3t} - 7e^{2t}](s) \overset{\because \text{定理 } 2.1}{=} 5\mathcal{L}[e^{3t}](s) - 7\mathcal{L}[e^{2t}](s)$$
$$\overset{\because \text{定理 } 1.1}{=} \frac{5}{s-3} - \frac{7}{s-2}.$$ ◆

例 2.3

$$\mathcal{L}[5t^3 + 7t^2 - 3t + 8](s)$$
$$\overset{\because \text{定理 } 2.1}{=} 5\mathcal{L}[t^3](s) + 7\mathcal{L}[t^2](s) - 3\mathcal{L}[t](s) + 8\mathcal{L}[t^0](s)$$
$$\overset{\because \text{定理 } 1.3}{=} \frac{30}{s^4} + \frac{14}{s^3} - \frac{3}{s^2} + \frac{8}{s}.$$ ◆

例 2.4 $\mathcal{L}[\cos bt](s) = \dfrac{s}{s^2+b^2}$, $\mathcal{L}[\sin bt](s) = \dfrac{b}{s^2+b^2}$ $(\mathrm{Re}\, s > 0)$（定理 1.2）の別証明をあたえよう．複素数の指数関数（付録 §32）を使う［⇨ 例題 5.16］．

線形性（定理 2.1）と $\mathcal{L}[e^{at}](s) = \dfrac{1}{s-a}$（定理 1.1）を用いて，

$$\mathcal{L}[\cos bt](s) \overset{\because \text{付録の定理 } 32.2}{=} \mathcal{L}\left[\frac{e^{ibt}+e^{-ibt}}{2}\right](s) \overset{\because \text{線形性}}{=} \frac{1}{2}\mathcal{L}\left[e^{ibt}+e^{-ibt}\right](s)$$
$$\overset{\because \text{線形性}}{=} \frac{1}{2}\left(\mathcal{L}\left[e^{ibt}\right](s) + \mathcal{L}\left[e^{-ibt}\right](s)\right)$$
$$= \frac{1}{2}\left(\frac{1}{s-ib} + \frac{1}{s+ib}\right) = \frac{s}{s^2+b^2},$$

$$\mathcal{L}[\sin bt](s) \overset{\because \text{付録の定理 } 32.2}{=} \mathcal{L}\left[\frac{e^{ibt}-e^{-ibt}}{2i}\right](s) \overset{\because \text{線形性}}{=} \frac{1}{2i}\mathcal{L}\left[e^{ibt}-e^{-ibt}\right](s)$$
$$\overset{\because \text{線形性}}{=} \frac{1}{2i}\left(\mathcal{L}\left[e^{ibt}\right](s) - \mathcal{L}\left[e^{-ibt}\right](s)\right)$$
$$= \frac{1}{2i}\left(\frac{1}{s-ib} - \frac{1}{s+ib}\right) = \frac{b}{s^2+b^2}.$$ ◆

双曲線関数（それぞれハイパボリックコサイン，ハイパボリックサイン）を

$$\cosh t = \frac{e^t + e^{-t}}{2}, \qquad \sinh t = \frac{e^t - e^{-t}}{2}$$

で定義する．$\cos t = \dfrac{e^{it} + e^{-it}}{2}$, $\sin t = \dfrac{e^{it} - e^{-it}}{2i}$ とあわせて覚えてほしい．cosh は偶関数で $\cosh 0 = 1$ であるところが cos に似ており，sinh は奇関数で $\sinh 0 = 0$ であるところが sin に似ている．

定理 2.2（双曲線関数のラプラス変換）

$$\mathcal{L}[\cosh bt](s) = \frac{s}{s^2 - b^2}, \quad \mathcal{L}[\sinh bt](s) = \frac{b}{s^2 - b^2} \quad (\mathrm{Re}\, s > 0).$$

証明　線形性（定理 2.1）と $\mathcal{L}[e^{at}](s) = \dfrac{1}{s-a}$ （定理 1.1）を使って

$$\begin{aligned}
\mathcal{L}[\cosh bt](s) &= \mathcal{L}\left[\frac{e^{bt} + e^{-bt}}{2}\right](s) \overset{\because 線形性}{=} \frac{1}{2}\mathcal{L}\left[e^{bt} + e^{-bt}\right](s) \\
&\overset{\because 線形性}{=} \frac{1}{2}\left(\mathcal{L}\left[e^{bt}\right](s) + \mathcal{L}\left[e^{-bt}\right](s)\right) \\
&\overset{\because 定理 1.1}{=} \frac{1}{2}\left(\frac{1}{s-b} + \frac{1}{s+b}\right) = \frac{s}{s^2 - b^2}, \\
\mathcal{L}[\sinh bt](s) &= \mathcal{L}\left[\frac{e^{bt} - e^{-bt}}{2}\right](s) \overset{\because 線形性}{=} \frac{1}{2}\mathcal{L}\left[e^{bt} - e^{-bt}\right](s) \\
&\overset{\because 線形性}{=} \frac{1}{2}\left(\mathcal{L}\left[e^{bt}\right](s) - \mathcal{L}\left[e^{-bt}\right](s)\right) \\
&\overset{\because 定理 1.1}{=} \frac{1}{2}\left(\frac{1}{s-b} - \frac{1}{s+b}\right) = \frac{b}{s^2 - b^2}.
\end{aligned}$$

◇

例題 2.1　$\cos 3t$, $\sin 3t$, $\cosh 3t$, $\sinh 3t$ のラプラス変換をそれぞれ求めよ．　□□□

解　定理 1.2 と定理 2.2 よりそれぞれ $\dfrac{s}{s^2+9}$, $\dfrac{3}{s^2+9}$, $\dfrac{s}{s^2-9}$, $\dfrac{3}{s^2-9}$.　◇

2・2　像の移動法則

定理 2.3（像の移動法則）

$f(t)$ は指数位数 δ をもち，$a \in \mathbb{R}$ は定数とする．このとき，$e^{at}f(t)$ は指数位数 $\delta + a$ をもち，$\mathrm{Re}\, s > \delta + a$ において

$$\mathcal{L}\left[e^{at}f(t)\right](s) = F(s-a).$$

証明　定理 1.7 より $e^{at}f(t)$ は指数位数 $\delta + a$ をもつことがわかる．また，

$$\mathcal{L}\left[e^{at}f(t)\right](s) \overset{\because \text{定義 } 1.1}{=} \int_0^\infty e^{-st}e^{at}f(t)\,dt$$
$$= \int_0^\infty e^{-(s-a)t}f(t)\,dt = F(s-a).$$ ◇

例 2.5　$\mathcal{L}[1](s) = \dfrac{1}{s}$ と像の移動法則（定理 2.3）より $\mathcal{L}[e^{at}](s) = \dfrac{1}{s-a}$ ［⇨ **定理 1.1**］． ◆

例 2.6　$\mathcal{L}[\cos bt](s) = \dfrac{s}{s^2+b^2}$, $\mathcal{L}[\sin bt](s) = \dfrac{b}{s^2+b^2}$（定理 1.2）と像の移動法則（定理 2.3）より，

$$\mathcal{L}[e^{at}\cos bt](s) = \frac{s-a}{(s-a)^2+b^2}, \qquad \mathcal{L}[e^{at}\sin bt](s) = \frac{b}{(s-a)^2+b^2}.$$

とくに，$\mathcal{L}[e^{at}\cos bt](s)$ は $\dfrac{s}{(s-a)^2+b^2}$ **ではない**ことに注意せよ． ◆

例 2.7　$\mathcal{L}[t^n](s) = \dfrac{n!}{s^{n+1}}$（定理 1.3）と像の移動法則（定理 2.3）より，$\mathcal{L}[e^{at}t^n](s) = \dfrac{n!}{(s-a)^{n+1}}$ ［⇨ **例 2.12**］． ◆

例題 2.2 $e^{2t}\cos 3t$, $e^{2t}\sin 3t$, $e^{2t}t^4$ のラプラス変換をそれぞれ求めよ．
□□□✍

解 例2.6と例2.7よりそれぞれ $\dfrac{s-2}{(s-2)^2+9}$, $\dfrac{3}{(s-2)^2+9}$, $\dfrac{24}{(s-2)^5}$. ◇

2・3 像の微分法則

定理 2.4（像の微分法則）

$f(t)$ は指数位数 δ をもつとする．このとき，$\mathrm{Re}\, s > \delta$ において $t^n f(t)$ のラプラス変換が定義され，

$$\mathcal{L}\big[tf(t)\big](s) = -\frac{d}{ds}F(s), \quad \mathcal{L}\big[t^n f(t)\big](s) = \left(-\frac{d}{ds}\right)^n F(s).$$
（符号に注意）

証明 $n=1$ の場合を示す．一般の場合も同様に示せる（✍）．

任意の $\varepsilon > 0$ について，t は指数位数 ε をもつ．定理1.7 (2) より，ある正定数 M について $\big|tf(t)\big| \leq Me^{(\varepsilon+\delta)t}$ である．

$\mathrm{Re}\, s \geq (\varepsilon+\delta)+\eta$ $(\eta > 0)$ とする．このとき，$-\mathrm{Re}\, s+\varepsilon+\delta \leq -\eta$ であり，

$$\big|e^{-st}tf(t)\big| \leq e^{-t\mathrm{Re}\, s}\cdot Me^{(\varepsilon+\delta)t} = M\exp\big(t(-\mathrm{Re}\, s+\varepsilon+\delta)\big) \leq M\exp(-\eta t)$$

が成り立つ．微分と積分の順序交換より[1]［⇨ 付録の**定理 34.3**, 注意 34.1］,

$$-\frac{d}{ds}F(s) \overset{∵順序交換}{=} \int_0^\infty -\frac{\partial}{\partial s}\big\{e^{-st}f(t)\big\}\,dt = \int_0^\infty e^{-st}tf(t)\,dt = \mathcal{L}\big[tf(t)\big](s).$$

$\varepsilon > 0$, $\eta > 0$ は任意なので，この式は $\mathrm{Re}\, s > \delta$ で成り立つ（✍）. ◇

---

[1] s によらない可積分な関数（定理34.3の $g(t)$）で評価するため η を導入した．可積分とは絶対値をとってから積分しても有限であること．いまの場合は正の値をとる関数なので絶対値は不要．

例 2.8　$$\mathcal{L}[te^{at}](s) = -\frac{d}{ds}\frac{1}{s-a} = \frac{1}{(s-a)^2}.$$ ◆

例 2.9　$$\mathcal{L}[t\cos bt](s) = -\frac{d}{ds}\frac{s}{s^2+b^2} = \frac{s^2-b^2}{(s^2+b^2)^2},$$ [⇨ 例 2.13]

$$\mathcal{L}[t\sin bt](s) = -\frac{d}{ds}\frac{b}{s^2+b^2} = \frac{2bs}{(s^2+b^2)^2}.$$ [⇨ 例 2.13] ◆

例 2.10　上の例 2.9 と像の移動法則（定理 2.3）より

$$\mathcal{L}[te^{at}\cos bt](s) = \frac{(s-a)^2-b^2}{\left\{(s-a)^2+b^2\right\}^2},$$

$$\mathcal{L}[te^{at}\sin bt](s) = \frac{2b(s-a)}{\left\{(s-a)^2+b^2\right\}^2}.$$ ◆

例 2.11　$\mathcal{L}[1](s) = \int_0^\infty e^{-st}\,dt = \frac{1}{s}$ と像の微分法則（定理 2.4）より

$$\mathcal{L}[t^n](s) = \left(-\frac{d}{ds}\right)^n \frac{1}{s} = \frac{n!}{s^{n+1}}.$$ [⇨ **定理 1.3**, 例 2.12] ◆

次の定理に現れる積分を**ディリクレ積分**という．ただの例ではなくて定理としたのは，フーリエ解析の基本的な定理の証明でこの式が大活躍するからである．

定理 2.5（ディリクレ積分）

$$\int_0^\infty \frac{\sin t}{t}\,dt = \frac{\pi}{2}$$

が成り立つ[2)]．[⇨ **例題 11.2**, 問 13.1, **例題 14.1**, 問 16.1]

証明　$J(s) = \mathcal{L}\left[\frac{\sin t}{t}\right](s) \overset{\text{定義 1.1}}{=} \int_0^\infty e^{-st}\frac{\sin t}{t}\,dt$ $(s \geq 0)$ とおく．像の微分法則（定理 2.4）より，$s > 0$ において

$$\frac{dJ}{ds}(s) = -\mathcal{L}\left[t\frac{\sin t}{t}\right](s) = -\mathcal{L}[\sin t](s) \overset{\text{定理 1.2}}{=} -\frac{1}{s^2+1} \tag{2.1}$$

---

2) 後でリーマン－ルベーグの定理（定理 13.1）による別証明（問 13.1）をあたえる．他にも複素解析を使う証明など，多くの別証明がある．

となるので，ある定数 C について $J(s) = -\arctan s + C$ が成り立つ．

$\lim_{s\to\infty} J(s) = 0$（定理1.6）と $\lim_{s\to\infty} \arctan s = \dfrac{\pi}{2}$ より $C = \dfrac{\pi}{2}$ である．つまり $J(s) = -\arctan s + \dfrac{\pi}{2}$. 付録の例34.2で示すように，$J(s)$ は $s \geq 0$ で連続である．このことを認めれば $J(0) = \dfrac{\pi}{2}$ すなわち $\displaystyle\int_0^\infty \frac{\sin t}{t}\,dt = \frac{\pi}{2}$.　◇

2・4　パラメータに関する微分法則

定理2.6（パラメータに関する微分法則）

I は開区間とする．$f(t,p)$ と $\dfrac{\partial f}{\partial p}(t,p)$ は $t \geq 0,\ p \in I$ の連続関数で，指数位数 δ をもつとする．このとき，$\mathrm{Re}\, s > \delta$ において

$$\frac{\partial}{\partial p}\mathcal{L}\big[f(t,p)\big](s) = \mathcal{L}\left[\frac{\partial}{\partial p}f(t,p)\right](s).$$

証明　$\big|\partial f/\partial p(t,p)\big| \leq Me^{\delta t}$ ならば $\big|e^{-st}\partial f/\partial p(t,p)\big| \leq Me^{-(\mathrm{Re}\, s-\delta)t}$ である．p に関する微分と t に関する積分の順序交換［⇨ 付録 §34］により

$$\begin{aligned}\frac{\partial}{\partial p}\mathcal{L}\big[f(t,p)\big](s) &\overset{\because\text{定義 1.1}}{=} \frac{\partial}{\partial p}\int_0^\infty e^{-st}f(t,p)\,dt \\ &\overset{\because\text{順序交換}}{=} \int_0^\infty \frac{\partial}{\partial p}\big\{e^{-st}f(t,p)\big\}\,dt \\ &= \int_0^\infty e^{-st}\frac{\partial f}{\partial p}(t,p)\,dt \overset{\because\text{定義 1.1}}{=} \mathcal{L}\left[\frac{\partial f}{\partial p}(t,p)\right](s).\end{aligned}$$

◇

例2.12　$\mathcal{L}[e^{at}](s) = \dfrac{1}{s-a}$ なので，両辺を a で微分して

$$\frac{\partial}{\partial a}\mathcal{L}[e^{at}](s) = \frac{\partial}{\partial a}\frac{1}{s-a} = \frac{1}{(s-a)^2}.$$

パラメータに関する微分法則（定理2.6）より，上の式の左辺は

$$\frac{\partial}{\partial a}\mathcal{L}[e^{at}](s) = \mathcal{L}\left[\frac{\partial}{\partial a}e^{at}\right](s) = \mathcal{L}[te^{at}](s).$$

以上の2式より $\mathcal{L}[te^{at}](s) = \dfrac{1}{(s-a)^2}$ である．同様に繰り返して（✍），

$$\mathcal{L}[t^n e^{at}](s) = \frac{n!}{(s-a)^{n+1}}.$$

$a=0$ とおけば $\mathcal{L}[t^n](s) = \dfrac{n!}{s^{n+1}}$．［⇨ **定理 1.3**，**例 2.7**，**例 2.11**］ ◆

例 2.13　$\mathcal{L}[\cos bt](s) \overset{\because 定理 1.2}{=} \dfrac{s}{s^2+b^2}$ の両辺を b で微分してから -1 倍し，パラメータに関する微分法則（定理 2.6）を用いると（✍），

$$\mathcal{L}[t\sin bt](s) = \frac{2bs}{(s^2+b^2)^2}.$$

同様に，$\mathcal{L}[\sin bt](s) \overset{\because 定理 1.2}{=} \dfrac{b}{s^2+b^2}$ から（✍），

$$\mathcal{L}[t\cos bt](s) = \frac{s^2-b^2}{(s^2+b^2)^2}.$$

$\mathcal{L}\left[\dfrac{1}{b}\sin bt\right](s) = \dfrac{1}{s^2+b^2}$（定理 1.2）の両辺を b で微分して $-2b$ で割ると（✍）

$$\mathcal{L}\left[\frac{1}{2b^3}(\sin bt - bt\cos bt)\right](s) = \frac{1}{(s^2+b^2)^2}. \tag{2.2}$$

［⇨ **例 2.9**，**例 2.16**，**例 2.19**］ ◆

例題 2.3　$t\sin 2t$ と $t\cos 2t$ のラプラス変換をそれぞれ求めよ．

解　例 2.13 よりそれぞれ $\dfrac{4s}{(s^2+4)^2}$，$\dfrac{s^2-4}{(s^2+4)^2}$ である．（$t\sin 2t$ と $t\cos 2t$ よりも一般の $t\sin bt$, $t\cos bt$ の方がむしろ易しい．$\cos bt$, $\sin bt$ を b で微分すればよい．**わざわざ一般化する**というコツを知っていると便利である．） ◇

2・5 相似法則

定理 2.7（相似法則）

$f(t)$ は指数位数 δ をもち，$a>0$ は定数とする．このとき，$f(at)$ は指数位数 $a\delta$ をもち，$\mathrm{Re}\, s > a\delta$ において

$$\mathcal{L}\big[f(at)\big] = \frac{1}{a}F\left(\frac{s}{a}\right). \qquad \left(\begin{array}{l} a\text{ で割るところ} \\ \text{が 2 箇所} \end{array}\right)$$

証明 $t \geq 0$ において $\big|f(t)\big| \leq Me^{\delta t}$ が成り立つならば $\big|f(at)\big| \leq Me^{(\delta a)t}$ が成り立つ．また，$at = x$ と置換すると

$$\mathcal{L}\big[f(at)\big](s) \overset{\because\text{定義 }1.1}{=} \int_0^\infty e^{-st} f(at)\, dt = \int_0^\infty e^{-\frac{sx}{a}} f(x)\, \frac{dx}{a} \overset{\because\text{定義 }1.1}{=} \frac{1}{a}F\left(\frac{s}{a}\right). \quad \diamondsuit$$

注意 2.1 $f(t) = t^n$ について $f(at) = (at)^n = a^n t^n = a^n f(t)$ だから

$$\mathcal{L}\big[f(at)\big](s) \overset{\because\text{線形性}}{=} a^n \mathcal{L}\big[f(t)\big](s) \overset{\because\text{定理 }1.3}{=} \frac{n!a^n}{s^{n+1}} \tag{2.3}$$

である．同じものを相似法則で計算すると，$F(s) = \mathcal{L}[t^n](s) = \dfrac{n!}{s^{n+1}}$ より

$$\mathcal{L}\big[f(at)\big](s) = \frac{1}{a}F\left(\frac{s}{a}\right) = \frac{1}{a}\frac{n!}{(s/a)^{n+1}} = \frac{n!a^n}{s^{n+1}} \tag{2.4}$$

である．2つが一致してつじつまが合う．このように，**ある公式を理解したいとき，その公式を使うまでもないような簡単な例にあえて適用してみるとよい．**

相似法則を使えばいろいろな公式を覚える手間を減らせることを説明しよう．

例 2.14 定理 1.2 の一般の b の場合を覚えていないが，$\mathcal{L}[\cos t](s) = \dfrac{s}{s^2+1}$（$b=1$ の場合）だけは覚えているとする．このとき，相似法則（定理 2.7）を使って，

$$\mathcal{L}[\cos bt](s) \overset{\because\text{定理 }2.7}{=} \frac{1}{b}\frac{s/b}{(s/b)^2+1} = \frac{s}{s^2+b^2} \quad (b>0) \tag{2.5}$$

を導き出せる．上では $b>0$ としたが，$\cos(-b)t=\cos bt$, $(-b)^2=b^2$ だから b を $-b<0$ に置き換えられる．すなわち，$b<0$ でも上の公式が成り立つ．さらに，$b\to 0$ の極限をとることにより，上の公式は $b=0$ でも成り立つ． ◆

例 2.15 $\mathcal{L}[\sin t](s)=\dfrac{1}{s^2+1}$（定理 1.2 の $b=1$ の場合）を覚えていれば，

$$\mathcal{L}[\sin bt](s) \overset{\because \text{定理 } 2.7}{=} \frac{1}{b}\frac{1}{(s/b)^2+1}=\frac{b}{s^2+b^2} \quad (b>0).$$

◆

例 2.16 (2.2) の $b=1$ の場合は

$$\mathcal{L}\left[\frac{1}{2}(\sin t - t\cos t)\right](s)=\frac{1}{(s^2+1)^2}$$

である．相似法則より，t を bt に置き換えて

$$\mathcal{L}\left[\frac{1}{2}(\sin bt - bt\cos bt)\right](s)=\frac{1}{b}\frac{1}{\left\{(s/b)^2+1\right\}^2}=\frac{b^3}{(s^2+b^2)^2}.$$

この式の両辺を b^3 で割れば (2.2) が得られる．(2.2) で t が b にともなわれて bt の形で現れる理由がわかった［⇨ 例 4.8］． ◆

例題 2.4 $a>0$ とする．$\mathcal{L}[e^t](s)=\dfrac{1}{s-1}$ と相似法則（定理 2.7）を用いて $\mathcal{L}[e^{at}](s)$ を求めよ． □□□

解 $\mathcal{L}[e^{at}](s) \overset{\because \text{定理 } 2.7}{=} \dfrac{1}{a}\dfrac{1}{s/a-1}=\dfrac{1}{s-a}$[3]. ◇

3) （複素解析の得意な人向けの注）解析接続により，任意の複素数 a に拡張できる．

2・6 たたみ込み

定義 2.1（たたみ込み）

$t \geq 0$ における 2 つの連続関数 $f(t)$, $g(t)$ が指数位数をもつとき，それらの**たたみ込み** $f * g(t)$ を次の式で定義する[4].

$$f * g(t) = \int_0^t f(\tau)g(t-\tau)\,d\tau.$$

例 2.17 $\sin bt * \sin bt = \int_0^t \sin b\tau \sin b(t-\tau)\,d\tau$

$$\overset{\because \text{積和公式}}{=} \frac{1}{2}\int_0^t \Big\{\cos b(2\tau - t) - \cos bt\Big\}\,d\tau$$

$$= \frac{1}{2}\left[\frac{1}{2b}\sin b(2\tau - t) - \tau\cos bt\right]_0^t = \frac{1}{2b}(\sin bt - bt\cos bt).$$ ◆

定理 2.8（たたみ込みは順序によらない）

$$f * g(t) = g * f(t).$$

証明 t を固定する．$\xi = t - \tau$ とおくと，

$$f * g(t) = \int_0^t f(\tau)g(t-\tau)\,d\tau = \int_t^0 f(t-\xi)g(\xi)\,(-d\xi)$$

$$= \int_0^t g(\xi)f(t-\xi)\,d\xi = g * f(t).$$ ◇

注意 2.2 本によっては $f * g(t)$ の定義を $\int_0^t f(t-\tau)g(\tau)\,d\tau$ としている．上の定理（の証明）より，この定義は本書における定義 2.1 と一致する．

例 2.18 $e^{at} * 1 = \int_0^t e^{a\tau}\cdot 1\,d\tau = \frac{1}{a}(e^{at}-1)$ は $1 * e^{at} = \int_0^t 1\cdot e^{a(t-\tau)}\,d\tau$ よりも計算が楽である．定理 2.8 より結果が一致することはわかっているから，後者は前者に書き換えて計算すればよい． ◆

---

4) フーリエ変換 [⇨ §10] の話で出てくるたたみ込みとは積分の範囲が違う．

定理 2.9（たたみ込みのラプラス変換はラプラス変換の積）

$f(t)$ と $g(t)$ が指数位数をもつとき，次が成り立つ．

(1)　$f(t) * g(t)$ も指数位数をもつ．

(2)　$\mathcal{L}\big[f * g(t)\big](s) = F(s)G(s)$ が成り立つ．

とくに，$\mathcal{L}\left[\int_0^t f(\tau)\,d\tau\right](s) = \dfrac{F(s)}{s}$.

ただし，$F(s) = \mathcal{L}\big[f(t)\big](s)$, $G(s) = \mathcal{L}\big[g(t)\big](s)$ である．

証明　（難しいので後回しにしてもよい）

$\big|f(t)\big| \leq Me^{\delta t}$, $\big|g(t)\big| \leq Me^{\delta t}$ とする．

(1)　$\big|f(\tau)g(t-\tau)\big| \leq M^2 e^{\delta\tau} e^{\delta(t-\tau)} = M^2 e^{\delta t}$ であり，

$$\big|f * g(t)\big| = \left|\int_0^t f(\tau)g(t-\tau)\,d\tau\right| \leq \int_0^t M^2 e^{\delta t}\,d\tau = M^2 t e^{\delta t}$$

である．t は指数位数をもつので $f * g(t)$ は指数位数をもつ．

(2)　まず，

$$F(s)G(s) = G(s)\int_0^\infty e^{-s\tau} f(\tau)\,d\tau = \int_0^\infty e^{-s\tau} G(s) f(\tau)\,d\tau \tag{2.6}$$

である．ここで，$\tau \geq 0$ を固定するとき（次の計算で x と t は動く）

$$\begin{aligned} e^{-s\tau}G(s) &= e^{-s\tau}\int_0^\infty e^{-sx} g(x)\,dx = \int_0^\infty e^{-s(x+\tau)} g(x)\,dx \\ &\overset{\because\, x = t-\tau}{=} \int_\tau^\infty e^{-st} g(t-\tau)\,dt \end{aligned} \tag{2.7}$$

を得る．ゆえに (2.7) を (2.6) に代入して

$$F(s)G(s) = \int_0^\infty \left\{\int_\tau^\infty e^{-st} g(t-\tau)\,dt\right\} f(\tau)\,d\tau \tag{2.8}$$

である．閉領域 D: $t \geq \tau$, $\tau \geq 0$ は $0 \leq \tau \leq t$, $t \geq 0$ とも表せる（✍）．

D で 1，他で 0 になるような関数と $e^{-st} f(\tau) g(t-\tau)$ の積を $t \geq 0$, $\tau \geq 0$ で積分すると考えて，フビニの定理［⇨ 付録 §34］を適用したい．

$\big|e^{-st} f(\tau) g(t-\tau)\big| \leq M^2 e^{-(\mathrm{Re}\, s - \delta)t}$ である．右辺の関数は D 上で可積分である（$\because$ τ について 0 から t まで積分すると t 倍され，その積は t について $t \geq 0$

で可積分）．ゆえに，$e^{-st}f(\tau)g(t-\tau)$ も D 上で可積分で，フビニの定理が使える．

$$F(s)G(s) \overset{\because\text{フビニの定理}}{=} \int_0^\infty \left\{\int_0^t e^{-st}f(\tau)g(t-\tau)\,d\tau\right\}dt$$

$$= \int_0^\infty e^{-st}\left\{\int_0^t f(\tau)g(t-\tau)\,d\tau\right\}dt = \mathcal{L}\big[f*g(t)\big](s).$$ ◇

例 2.19　$\mathcal{L}\left[\dfrac{1}{b}\sin bt\right](s) = \dfrac{1}{s^2+b^2}$，例 2.17，定理 2.9 より（✍），

$$\mathcal{L}\left[\frac{1}{2b^3}(\sin bt - bt\cos bt)\right](s) = \mathcal{L}\left[\frac{1}{b^2}\sin bt * \sin bt\right](s)$$

$$= \frac{1}{(s^2+b^2)^2}.$$ ［⇨ **例 2.13**，**例 2.16**］ ◆

例 2.20　$\mathcal{L}\left[\dfrac{1}{b}\sin bt\right](s) = \dfrac{1}{s^2+b^2}$ と定理 2.9 の後半より（✍），

$$\mathcal{L}\left[-\frac{1}{b^2}(\cos bt - 1)\right](s) = \mathcal{L}\left[\int_0^t \frac{1}{b}\sin b\tau\,d\tau\right](s)$$

$$= \frac{1}{s(s^2+b^2)}.$$ ◆

§2の問題

確認問題

問 2.1　次の各関数のラプラス変換を求めよ．

(1) $\dfrac{1}{6}e^{-2t}$　(2) $\dfrac{1}{b}\sin bt$ $(b \neq 0)$　(3) $\dfrac{1}{n!}t^n$（n は正の整数）　(4) $e^{2t}+3e^{4t}$

(5) $7\cos 5t + \dfrac{1}{3}\sin 6t$　(6) $5+4t^3$　(7) $\cos^2 3t$　(8) $(e^{2t}+e^{3t})^2$

□□□［⇨ **2・1**］

問 2.2　ラプラス変換の最も基本的な 6 つの性質を書け．また，その例を挙げよ．

□□□［⇨ **§2**］

基本問題

問 2.3 次の問に答えよ．

(1) t^n のラプラス変換の公式と像の移動法則を用いて te^{at}, t^2e^{at} のラプラス変換を求めよ．

(2) 指数関数のラプラス変換の公式と像の微分法則を用いて te^{at}, t^2e^{at} のラプラス変換を求めよ．

(3) 指数関数のラプラス変換の公式とパラメータに関する微分法則を用いて te^{at}, t^2e^{at} のラプラス変換を求めよ．

(4) 三角関数のラプラス変換の公式と像の微分法則を用いて $t^2\cos bt$ のラプラス変換を求めよ．

(5) 三角関数のラプラス変換の公式とパラメータに関する微分法則を用いて $t^2\cos bt$ のラプラス変換を求めよ．

□□□ [⇨ 2・2 2・3 2・4]

問 2.4 下記の要領で**ラプラス変換表**を作成せよ．完成したものは章末のまとめに載せるが，自分で作成すれば力がつく．

t	s	参照箇所
$\sin bt$	$\dfrac{b}{s^2+b^2}$	定理 1.2，注意 1.5，例 2.4，例 2.15

□□□ [⇨ §2]

チャレンジ問題

問 2.5 a, b は正定数とする．$\displaystyle\int_0^\infty \frac{e^{-at}-e^{-bt}}{t}\,dt$（**フルラニ積分**の例）の値を求めよ［⇨ 付録 **例 34.4**］．定理 2.5 の計算を真似ればよい．

□□□ [⇨ 2・3]

第 1 章のまとめ

ラプラス変換

- **定義**： $\mathcal{L}\big[f(t)\big](s) := \displaystyle\int_0^\infty e^{-st} f(t)\,dt.$
- t の世界から s の世界へ.
- 基本的な関数のラプラス変換：

$$\mathcal{L}[e^{at}](s) = \frac{1}{s-a}, \qquad \mathcal{L}[t^n](s) = \frac{n!}{s^{n+1}},$$
$$\mathcal{L}[\cos bt](s) = \frac{s}{s^2+b^2}, \qquad \mathcal{L}[\sin bt](s) = \frac{b}{s^2+b^2}.$$

ラプラス変換の最も頼りになる 6 つの性質

- **線形性**： $\mathcal{L}\big[f(t)+g(t)\big](s) = \mathcal{L}\big[f(t)\big](s) + \mathcal{L}\big[g(t)\big](s).$
- **像の移動法則**： $e^{at}f(t)$ のラプラス変換は $F(s-a)$.
- **像の微分法則**： $tf(t)$ のラプラス変換は $-F'(s)$.
- **パラメータに関する微分法則**：

$$\frac{\partial}{\partial p}\mathcal{L}\big[f(t,p)\big](s) = \mathcal{L}\left[\frac{\partial}{\partial p}f(t,p)\right](s).$$

- **相似法則**： $a > 0$ のとき $\mathcal{L}\big[f(at)\big](s) = \dfrac{1}{a}F\left(\dfrac{s}{a}\right).$
- **たたみ込み**： $f * g(t) := \displaystyle\int_0^t f(\tau)g(t-\tau)\,d\tau$ で定義する.

$$\mathcal{L}\big[f * g(t)\big](s) = F(s)G(s).$$

ディリクレ積分

- $\displaystyle\int_0^\infty \frac{\sin t}{t}\,dt = \frac{\pi}{2}.$

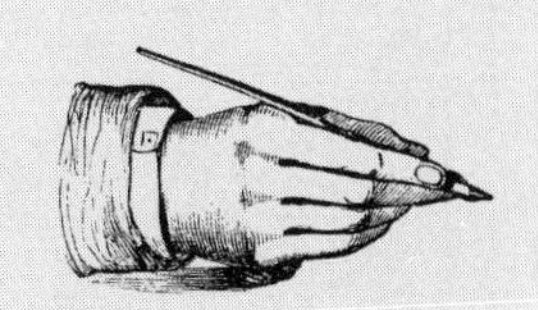

[⇨次のページにつづく]

ラプラス変換表

t	s	参照箇所
e^{at}	$\dfrac{1}{s-a}$	定理 1.1，例題 2.4
$\cos bt$	$\dfrac{s}{s^2+b^2}$	定理 1.2，注意 1.5，例 2.4，例 2.14
$\sin bt$	$\dfrac{b}{s^2+b^2}$	定理 1.2，注意 1.5，例 2.4，例 2.15
t^n	$\dfrac{n!}{s^{n+1}}$	定理 1.3，例 2.11，例 2.12
$\cosh bt$	$\dfrac{s}{s^2-b^2}$	定理 2.2
$\sinh bt$	$\dfrac{b}{s^2-b^2}$	定理 2.2
$e^{at}\cos bt$	$\dfrac{s-a}{(s-a)^2+b^2}$	例 2.6
$e^{at}\sin bt$	$\dfrac{b}{(s-a)^2+b^2}$	例 2.6
$t^n e^{at}$	$\dfrac{n!}{(s-a)^{n+1}}$	例 2.7，例 2.12
$t\cos bt$	$\dfrac{s^2-b^2}{(s^2+b^2)^2}$	例 2.9，例 2.13
$t\sin bt$	$\dfrac{2bs}{(s^2+b^2)^2}$	例 2.9，例 2.13
$te^{at}\cos bt$	$\dfrac{(s-a)^2-b^2}{\{(s-a)^2+b^2\}^2}$	例 2.10
$te^{at}\sin bt$	$\dfrac{2b(s-a)}{\{(s-a)^2+b^2\}^2}$	例 2.10
$\dfrac{1}{2b^3}(\sin bt-bt\cos bt)$	$\dfrac{1}{(s^2+b^2)^2}$	例 2.13，例 2.16，例 2.19
$-\dfrac{1}{b^2}\cos bt+\dfrac{1}{b^2}$	$\dfrac{1}{s(s^2+b^2)}$	例 2.20

2 ラプラス逆変換

§3 ラプラス逆変換の定義と簡単な関数

§3のポイント

- $\mathcal{L}\big[f(t)\big](s) = F(s)$ となる関数 $f(t)$ を $F(s)$ の**ラプラス逆変換**という．
- ラプラス逆変換のスローガン：「s の世界から t の世界に戻れ」
- ラプラス変換の公式を裏返せばラプラス逆変換の公式ができる．
- 公式の間違えやすいところを正しく覚える（思い出す）ためのコツがある．

3・1 ラプラス逆変換の定義

定義 3.1（ラプラス逆変換）

$F(s) = \mathcal{L}\big[f(t)\big](s) = \displaystyle\int_0^\infty e^{-st} f(t)\,dt$ のとき，$f(t)$ を $F(s)$ の**ラプラス逆変換**という[1]．

$$f(t) = \mathcal{L}^{-1}\big[F(s)\big](t)$$

と書く．

---

[1] ラプラス逆変換は連続関数に限れば1つしかないことが知られている．

3・2 簡単な公式

ラプラス変換の公式を裏返せばラプラス逆変換の公式ができる.

定理 3.1（ラプラス逆変換の基本公式）

$$\mathcal{L}^{-1}\left[\frac{1}{s-a}\right](t) = e^{at},$$

$$\mathcal{L}^{-1}\left[\frac{s}{s^2+b^2}\right](t) = \cos bt, \quad \mathcal{L}^{-1}\left[\frac{1}{s^2+b^2}\right](t) = \frac{1}{b}\sin bt \left(\text{係数 } \frac{1}{b} \text{ に注意}\right)$$

$$\mathcal{L}^{-1}\left[\frac{1}{s^{n+1}}\right](t) = \frac{1}{n!}t^n \left(\text{係数 } \frac{1}{n!} \text{ に注意, 左辺の分母は } n \text{ 乗でない}\right).$$

注意 3.1 $\mathcal{L}^{-1}\left[\dfrac{1}{s^2+b^2}\right](t) = \dfrac{1}{b}\sin bt$ の $\dfrac{1}{b}$ を忘れてしまうと, $b=0$ のとき $\mathcal{L}^{-1}\left[\dfrac{1}{s^2}\right] \overset{\text{間違った式！}}{=} 0$ になってつじつまが合わない.

$s>1$ とする. $n\to\infty$ のとき $\mathcal{L}^{-1}\left[\dfrac{1}{s^{n+1}}\right](t) \to \mathcal{L}^{-1}[0](t) = 0$ である. もし $\mathcal{L}^{-1}\left[\dfrac{1}{s^{n+1}}\right](t) = \dfrac{1}{n!}t^n$ の $\dfrac{1}{n!}$ を忘れると, $t>1$ のとき $\displaystyle\lim_{n\to\infty} t^n = \infty$ だからつじつまが合わない.

パラメータに特別な値を代入したとき, あるいは極限をとったときに正しい式になるか確かめる習慣をつけるとよい.

§3 の問題

確認問題

問 3.1 次の関数のラプラス逆変換を求めよ.

(1) $\dfrac{1}{s+5}$　(2) $\dfrac{s}{s^2+16}$　(3) $\dfrac{1}{s^2+49}$　(4) $\dfrac{7s+15}{s^2+25}$　(5) $\dfrac{1}{s^6}$

[⇨ 3・2]

§4 ラプラス逆変換の最も頼りになる6つの性質

§4のポイント

- ラプラス逆変換は以下の性質をもつ.
  - ○ **線形性**： ラプラス逆変換は和とスカラー倍を保つ.
  - ○ **像の移動法則の逆**： $F(s-a)$ のラプラス逆変換は $e^{at}f(t)$.
  - ○ **像の微分法則の逆**： $F'(s)$ のラプラス逆変換は $-tf(t)$.
  - ○ **パラメータに関する微分法則**： $\mathcal{L}^{-1}$ と $\dfrac{\partial}{\partial p}$ は入れ替えられる.
  - ○ **相似法則の逆**： $F\left(\dfrac{s}{a}\right)$ のラプラス逆変換は $af(at)$.
  - ○ $F(s)G(s)$ の逆変換は $f(t)$ と $g(t)$ の**たたみ込み**になる.

ラプラス変換の6つの性質を裏返してラプラス逆変換の6つの性質を得る.

4・1 線形性

定理 4.1（ラプラス逆変換の線形性）

$\mathcal{L}^{-1}\big[F(s)\big](t)=f(t)$, $\mathcal{L}^{-1}\big[G(s)\big](t)=g(t)$ とし，c は定数とする．このとき，

- $\mathcal{L}^{-1}\big[F(s)+G(s)\big](t)=f(t)+g(t)$.
- $\mathcal{L}^{-1}\big[cF(s)\big](t)=cf(t)$.

例 4.1 $\mathcal{L}^{-1}\left[\dfrac{7s+5}{s^2-3s+2}\right](t)$ を求めよう．**部分分数分解**を利用する．分母は $s^2-3s+2=(s-1)(s-2)$ と因数分解できる.

$$\frac{7s+5}{s^2-3s+2}=\frac{A}{s-1}+\frac{B}{s-2} \tag{4.1}$$

とおいて分母をはらうと $A(s-2)+B(s-1)=7s+5$ となる．両辺の係数を比較すると $A+B=7$, $-2A-B=5$ より $A=-12$, $B=19$ で

$$\mathcal{L}^{-1}\left[\frac{7s+5}{s^2-3s+2}\right](t)=\mathcal{L}^{-1}\left[\frac{-12}{s-1}+\frac{19}{s-2}\right](t)\overset{\because\text{定理 }3.1}{=}-12e^{t}+19e^{2t}.$$

◆

例 4.2　$\mathcal{L}^{-1}\left[\dfrac{1}{s-a}\right](t) = e^{at}$（定理 3.1）さえ覚えていれば，線形性（定理 4.1）を利用して $\mathcal{L}^{-1}\left[\dfrac{s}{s^2+b^2}\right](t)$ と $\mathcal{L}^{-1}\left[\dfrac{1}{s^2+b^2}\right](t)$ も求められる．

[⇨ **例 2.4**]

$\dfrac{s}{s^2+b^2} = \dfrac{s}{(s-ib)(s+ib)} = \dfrac{1}{2}\left(\dfrac{1}{s-ib} + \dfrac{1}{s+ib}\right)$ なので

$$\begin{aligned}\mathcal{L}^{-1}\left[\frac{s}{s^2+b^2}\right](t) &= \mathcal{L}^{-1}\left[\frac{1}{2}\left(\frac{1}{s-ib} + \frac{1}{s+ib}\right)\right](t)\\ &= \frac{1}{2}(e^{ibt} + e^{-ibt}) = \cos bt. \qquad (4.2)\end{aligned}$$

同様に，

$$\begin{aligned}\mathcal{L}^{-1}\left[\frac{1}{s^2+b^2}\right](t) &= \mathcal{L}^{-1}\left[\frac{1}{2ib}\left(\frac{1}{s-ib} - \frac{1}{s+ib}\right)\right](t)\\ &= \frac{1}{2ib}(e^{ibt} - e^{-ibt}) = \frac{1}{b}\sin bt. \qquad (4.3)\end{aligned}$$

◆

4・2　像の移動法則の逆

定理 4.2（像の移動法則の逆）

$$\mathcal{L}^{-1}\big[F(s-a)\big](t) = e^{at}f(t).$$

例 4.3　定理 3.1 より $\mathcal{L}^{-1}\left[\dfrac{s}{s^2+b^2}\right](t) = \cos bt$,

$\mathcal{L}^{-1}\left[\dfrac{1}{s^2+b^2}\right](t) = \dfrac{1}{b}\sin bt$ なので，像の移動法則の逆（定理 4.2）より

$$\mathcal{L}^{-1}\left[\frac{s-a}{(s-a)^2+b^2}\right](t) = e^{at}\cos bt, \quad \mathcal{L}^{-1}\left[\frac{1}{(s-a)^2+b^2}\right](t) = \frac{1}{b}e^{at}\sin bt$$

である．分子が s の場合は

$$\begin{aligned}&\mathcal{L}^{-1}\left[\frac{s}{(s-a)^2+b^2}\right](t)\\ &= \mathcal{L}^{-1}\left[\frac{s-a}{(s-a)^2+b^2}\right](t) + \mathcal{L}^{-1}\left[\frac{a}{(s-a)^2+b^2}\right](t)\\ &= e^{at}\cos bt + \frac{a}{b}e^{at}\sin bt \qquad (4.4)\end{aligned}$$

である．分子の s から $s-a$ を作るのがコツである [⇨ (5.6)]．　◆

例題 4.1　$\mathcal{L}^{-1}\left[\dfrac{2s+11}{s^2-4s+13}\right](t)$ を求めよ．□□□

解　**分母の判別式が負**なので実数の範囲では因数分解できない[1]．代わりに**分母を平方完成**した後に**分母にあわせて分子を微調整**［⇨ (5.6)］して

$$\begin{aligned}\mathcal{L}^{-1}\left[\frac{2s+11}{s^2-4s+13}\right](t) &= \mathcal{L}^{-1}\left[\frac{2s+11}{(s-2)^2+3^2}\right](t)\\ &= \mathcal{L}^{-1}\left[\frac{2(s-2)+15}{(s-2)^2+3^2}\right](t) \quad (\text{分母にあわせて } s-2 \text{ を作る})\\ &= 2\mathcal{L}^{-1}\left[\frac{s-2}{(s-2)^2+3^2}\right](t)+5\mathcal{L}^{-1}\left[\frac{3}{(s-2)^2+3^2}\right](t)\\ &= 2e^{2t}\cos 3t+5e^{2t}\sin 3t.\end{aligned}$$

［⇨ **例題 5.18**］ ◇

例題 4.2　$\mathcal{L}^{-1}\left[\dfrac{1}{s^{n+1}}\right](t)=\dfrac{1}{n!}t^n$ と像の移動法則の逆（定理 4.2）を用いて $\mathcal{L}^{-1}\left[\dfrac{1}{(s-a)^{n+1}}\right](t)$ と $\mathcal{L}^{-1}\left[\dfrac{s}{(s-3)^3}\right](t)$ を求めよ．□□□

解　$\mathcal{L}^{-1}\left[\dfrac{1}{(s-a)^{n+1}}\right](t)=\dfrac{1}{n!}t^n e^{at}$.　［⇨ 例 4.4，例 4.5］

$$\frac{s}{(s-3)^3}=\frac{(s-3)+3}{(s-3)^3}=\frac{s-3}{(s-3)^3}+\frac{3}{(s-3)^3}=\frac{1}{(s-3)^2}+\frac{3}{(s-3)^3}$$ より

$$\mathcal{L}^{-1}\left[\frac{s}{(s-3)^2}\right](t)=te^{3t}+\frac{3}{2}t^2e^{3t}.$$

◇

---

[1] $P(s)=s^2+ps+q$（p,q は実数）とその判別式 $D=p^2-4q$ について，
$P(s)=(s+p/2)^2-D/4$ である．
$D\geq 0$ ならば $P(s)=(s+p/2+\sqrt{D}/2)(s+p/2-\sqrt{D}/2)$ と実数の範囲で因数分解できる．とくに，$D=0$ ならば $P(s)=(s+p/2)^2$ である．
$D<0$ のときは実数の範囲で因数分解できない．

4・3 像の微分法則の逆

定理 4.3（像の微分法則の逆）

$$\mathcal{L}^{-1}\left[\frac{d}{ds}F(s)\right](t) = -tf(t), \quad \mathcal{L}^{-1}\left[\frac{d^n}{ds^n}F(s)\right](t) = (-t)^n f(t).$$

例 4.4 $\mathcal{L}^{-1}\left[\frac{1}{s-a}\right](t) = e^{at}$ と像の微分法則の逆（定理 4.3）より

$$\mathcal{L}^{-1}\left[\frac{1}{(s-a)^{n+1}}\right](t) = \frac{(-1)^n}{n!}\mathcal{L}^{-1}\left[\frac{d^n}{ds^n}\frac{1}{s-a}\right](t) \overset{\because \text{定理 4.3}}{=} \frac{1}{n!}t^n e^{at}.$$

[⇨ **例題 4.2**, **例題 4.5**]

とくに $a=0$ のとき，$\mathcal{L}^{-1}\left[\frac{1}{s^{n+1}}\right](t) = \frac{1}{n!}t^n$.　[⇨ **定理 3.1**] ◆

例題 4.3 $\mathcal{L}^{-1}\left[\frac{1}{s^2+b^2}\right](t) = \frac{1}{b}\sin bt$ と像の微分法則の逆（定理 4.3）を用いて $\mathcal{L}^{-1}\left[\frac{s}{(s^2+b^2)^2}\right](t)$ を求めよ.　□□□

解 $\mathcal{L}^{-1}\left[\frac{s}{(s^2+b^2)^2}\right](t) = \mathcal{L}^{-1}\left[-\frac{1}{2}\frac{d}{ds}\frac{1}{s^2+b^2}\right](t) = \frac{1}{2b}t\sin bt.$

[⇨ **例 4.6**, **例題 4.7**]

◇

4・4 パラメータに関する微分法則の逆

定理 4.4（パラメータに関する微分法則の逆）

$$\frac{\partial}{\partial p}\mathcal{L}^{-1}[F(s,p)](t) = \mathcal{L}^{-1}\left[\frac{\partial}{\partial p}F(s,p)\right](t),$$
$$\frac{\partial^n}{\partial p^n}\mathcal{L}^{-1}[F(s,p)](t) = \mathcal{L}^{-1}\left[\frac{\partial^n}{\partial p^n}F(s,p)\right](t).$$

例 4.5 $\mathcal{L}^{-1}\left[\frac{1}{s-a}\right](t) = e^{at}$ なので，

$$\mathcal{L}^{-1}\left[\frac{1}{(s-a)^{n+1}}\right](t)=\frac{1}{n!}\mathcal{L}^{-1}\left[\frac{\partial^n}{\partial a^n}\frac{1}{s-a}\right](t)$$

$$\overset{\because \text{定理 4.4}}{=}\frac{1}{n!}\frac{\partial^n}{\partial a^n}\mathcal{L}^{-1}\left[\frac{1}{s-a}\right](t)=\frac{1}{n!}\frac{\partial^n}{\partial a^n}e^{at}=\frac{1}{n!}t^n e^{at}.$$

[⇨ **例題 4.2**, 例 4.4]

$a=0$ のとき，$\mathcal{L}^{-1}\left[\dfrac{1}{s^{n+1}}\right](t)=\dfrac{1}{n!}t^n$. [⇨ **定理 3.1**] ◆

例題 4.4 $\mathcal{L}^{-1}\left[\dfrac{1}{(s-5)^4}\right](t)$ を求めよ. □□□

解 例 4.5 より $\mathcal{L}^{-1}\left[\dfrac{1}{(s-5)^4}\right](t)=\dfrac{1}{6}t^3e^{5t}$.

$1/(s-a)^4$ に**わざわざ一般化**すれば，a で微分すればよいと気づきやすい. ◇

例 4.6 $\mathcal{L}^{-1}\left[\dfrac{s}{s^2+b^2}\right](t)=\cos bt$ (定理 3.1) の両辺を b で微分してから $-2b$ 倍で割り，左辺についてはパラメータに関する微分法則の逆 (定理 4.4) を用いると (✍),

$$\mathcal{L}^{-1}\left[\frac{s}{(s^2+b^2)^2}\right](t)=\frac{1}{2b}t\sin bt. \quad [⇨ \text{例題 4.3}, \text{例題 4.7}] \tag{4.5}$$

同様の計算を繰り返せば $\mathcal{L}^{-1}\left[\dfrac{s}{(s^2+b^2)^n}\right](t)$ $(n=3,4,\ldots)$ も求められる.

また，$\mathcal{L}^{-1}\left[\dfrac{1}{s^2+b^2}\right](t)=\dfrac{1}{b}\sin bt$ の両辺を b で微分すると (✍),

$$\mathcal{L}^{-1}\left[\frac{1}{(s^2+b^2)^2}\right](t)=\frac{1}{2b^3}\left(\sin bt-bt\cos bt\right). \tag{4.6}$$

b で微分して b で割る操作を繰り返せば $\mathcal{L}^{-1}\left[\dfrac{1}{(s^2+b^2)^n}\right](t)$ $(n\geq 3)$ を求めることもできる [⇨ 例 2.13, 例 2.19, **例題 4.7**].

なお，分母が $(s^2+b^2)^2$ で分子が s^2, s^3 のものは例 5.2 で扱う. ◆

4・5　相似法則の逆

定理 4.5（相似法則の逆）

$\mathcal{L}^{-1}\big[F(s)\big]=f(t)$ ならば，$\mathcal{L}^{-1}\left[F\left(\dfrac{s}{a}\right)\right](t)=af(at)$.　（$a$ 倍が 2 箇所）

例 4.7　定理 3.1 がうろ覚えでも $\mathcal{L}^{-1}\left[\dfrac{1}{s-1}\right](t)=e^t$ さえ覚えていれば，

$$\mathcal{L}^{-1}\left[\frac{1}{s-a}\right](t)=\frac{1}{a}\mathcal{L}^{-1}\left[\frac{1}{s/a-1}\right](t)\overset{\because\text{定理 }4.5}{=}\frac{1}{a}\cdot ae^{at}=e^{at}\ (a>0).$$ ◆

例題 4.5　$\mathcal{L}^{-1}\left[\dfrac{1}{s^2+1}\right](t)=\sin t$ と相似法則の逆（定理 4.5）を用いて $\mathcal{L}^{-1}\left[\dfrac{1}{s^2+b^2}\right](t)\ (b\neq 0)$ を求めよ．

解

$$\mathcal{L}^{-1}\left[\frac{1}{s^2+b^2}\right](t)=\frac{1}{b^2}\mathcal{L}^{-1}\left[\frac{1}{(s/b)^2+1}\right](t)$$

$$\overset{\because\text{定理 }4.5}{=}\frac{1}{b^2}\cdot b\sin bt=\frac{1}{b}\sin bt. \tag{4.7}$$

◇

例 4.8　$\mathcal{L}\left[\dfrac{1}{2b^3}(\sin bt-bt\cos bt)\right](s)=\dfrac{1}{(s^2+b^2)^2}$　[⇨ **例 2.13**，**例 2.19**]

より

$$\mathcal{L}^{-1}\left[\frac{1}{(s^2+b^2)^2}\right](t)=\frac{1}{2b^3}(\sin bt-bt\cos bt).$$

この式は覚えにくい．どこに b が現れるのか，b^3 なのか b^2 なのか，ややこしい．$\mathcal{L}^{-1}\left[\dfrac{1}{(s^2+1)^2}\right](t)=\dfrac{1}{2}(\sin t-t\cos t)$ さえ覚えていれば，相似法則の逆（定理 4.5）より，

$$\mathcal{L}^{-1}\left[\frac{1}{(s^2+b^2)^2}\right](t)=\frac{1}{b^4}\mathcal{L}^{-1}\left[\frac{1}{\{(s/b)^2+1\}^2}\right](t)$$

$$=\frac{1}{b^4}\cdot b\cdot\frac{1}{2}(\sin bt-bt\cos bt)=\frac{1}{2b^3}(\sin bt-bt\cos bt).$$　[⇨ **注意 4.1**]

$\dfrac{1}{(s^2+b^2)^2}$ は $\dfrac{s}{b}$ の関数 $\dfrac{1}{\left\{(s/b)^2+1\right\}^2}$ の定数倍だから，そのラプラス逆変換は $f(bt)$（の定数倍）の形をしているはずであり，t は必ず bt の形で現れる．例えば $\dfrac{1}{2b^3}(\sin bt - t\cos bt)$ だったらおかしい．これを理解するだけで計算ミスを減らすことができる［⇨ 例 2.16］．◆

4・6　たたみ込み（積のラプラス逆変換）

定理 4.6（積のラプラス逆変換とたたみ込みの関係）

積のラプラス逆変換はラプラス逆変換のたたみ込みである．すなわち，

$$\mathcal{L}^{-1}\big[F(s)G(s)\big](t) = f * g(t) = g * f(t).$$

とくに，$\mathcal{L}^{-1}\left[\dfrac{F(s)}{s}\right](t) = \displaystyle\int_0^t f(\tau)\,d\tau.$

例 4.9

$$\mathcal{L}^{-1}\left[\frac{1}{s^2-5s+6}\right](t) = \mathcal{L}^{-1}\left[\frac{1}{(s-3)(s-2)}\right](t)$$

$$\overset{\because\text{定理 }4.6}{=} \mathcal{L}^{-1}\left[\frac{1}{s-3}\right](t) * \mathcal{L}^{-1}\left[\frac{1}{s-2}\right](t)$$

$$\overset{\because\text{定理 }3.1}{=} e^{3t} * e^{2t} = \int_0^t e^{3\tau}e^{2(t-\tau)}\,d\tau = e^{3t} - e^{2t}.$$

◆

例題 4.6　$\mathcal{L}^{-1}\left[\dfrac{1}{s^2-3s}\right](t)$ を求めよ．　□□□

解　$\mathcal{L}^{-1}\left[\dfrac{1}{s^2-3s}\right](t) = \mathcal{L}^{-1}\left[\dfrac{1}{s(s-3)}\right](t) = \displaystyle\int_0^t e^{3\tau}\,d\tau = \dfrac{e^{3t}-1}{3}.$　◇

例題 4.7　$\mathcal{L}^{-1}\left[\dfrac{s}{(s^2+b^2)^2}\right](t)$ を求めよ．

[⇨ 例 2.13, 例 2.19, 例題 4.3, 例 4.6]

解　$\mathcal{L}^{-1}\left[\dfrac{1}{s^2+b^2}\right](t)=\dfrac{1}{b}\sin bt,\ \mathcal{L}^{-1}\left[\dfrac{s}{s^2+b^2}\right](t)=\cos bt$（定理 3.1）より，

$$\mathcal{L}^{-1}\left[\frac{s}{(s^2+b^2)^2}\right](t)\overset{\text{☺定理 4.6}}{=}\mathcal{L}^{-1}\left[\frac{s}{s^2+b^2}\right](t)*\mathcal{L}^{-1}\left[\frac{1}{s^2+b^2}\right](t)$$

$$=\frac{1}{b}\sin bt*\cos bt=\frac{1}{b}\int_0^t \sin b\tau\cos b(t-\tau)\,d\tau. \tag{4.8}$$

ここで，積和公式 [⇨ **基本事項の復習**] を用いて，

$$\int_0^t \sin b\tau\cos b(t-\tau)\,d\tau=\frac{1}{2}\int_0^t\left\{\sin bt+\sin(-bt+2b\tau)\right\}d\tau$$

$$=\frac{1}{2}\left[\tau\sin bt-\frac{1}{2b}\cos(-bt+2b\tau)\right]_0^t=\frac{1}{2}t\sin bt. \tag{4.9}$$

ゆえに，$\mathcal{L}^{-1}\left[\dfrac{s}{(s^2+b^2)^2}\right](t)=\dfrac{1}{2b}t\sin bt.$　◇

注意 4.1　上の例題と同様の計算によって

$$\mathcal{L}^{-1}\left[\frac{1}{(s^2+b^2)^2}\right](t)=\frac{1}{b^2}\sin bt*\sin bt=\frac{1}{2b^3}(\sin bt-bt\cos bt)$$

がわかる [⇨ 例 2.19, 例 4.8]．

§4の問題

確認問題

問 4.1　ラプラス逆変換の最も頼りになる 6 つの性質を書け．また，その例を挙げよ．　□□□ [⇨ §4]

基本問題

問 4.2 下記の要領で**ラプラス逆変換表**を作成せよ．完成したものは章末のまとめに載せるが，自分で作成すれば力がつく．

s	t	参照箇所
$\dfrac{1}{s-a}$	e^{at}	定理 1.1，例 4.7
$\dfrac{s}{s^2+b^2}$	$\cos bt$	定理 1.2，注意 1.5，例 2.14，例 4.2

□□□ [⇨ §4]

問 4.3 次の問に答えよ．

(1) $\mathcal{L}^{-1}\left[\dfrac{s}{s^2+9}\right](t)$ と $\mathcal{L}^{-1}\left[\dfrac{1}{s^2+9}\right](t)$ を求めよ．

(2) $b>0$ とする．像の移動法則の逆を用いて $\mathcal{L}^{-1}\left[\dfrac{s-a}{(s-a)^2+b^2}\right](t)$ と $\mathcal{L}^{-1}\left[\dfrac{1}{(s-a)^2+b^2}\right](t)$，および $\mathcal{L}^{-1}\left[\dfrac{2s-6}{s^2+6s+25}\right](t)$ を求めよ．

(3) (1) と像の微分法則の逆を用いて $\mathcal{L}^{-1}\left[\dfrac{s}{(s^2+9)^2}\right](t)$ を求めよ．

(4) パラメータに関する微分法則の逆を用いて $\mathcal{L}^{-1}\left[\dfrac{1}{(s^2+b^2)^2}\right](t)$ $(b>0)$ を求め，像の移動法則の逆を用いて $\mathcal{L}^{-1}\left[\dfrac{1}{\left\{(s-a)^2+b^2\right\}^2}\right](t)$ を求めよ．

(5) $\mathcal{L}^{-1}\left[\dfrac{s}{(s^2+1)^2}\right](t)=\dfrac{1}{2}t\sin t$ を既知とし [⇨ 例題 4.7]，相似法則の逆を用いて $\mathcal{L}^{-1}\left[\dfrac{s}{(s^2+b^2)^2}\right](t)$ $(b>0)$ を求めよ．

(6) (2) とたたみ込みの性質を用いて $\mathcal{L}^{-1}\left[\dfrac{1}{s(s^2+4s+20)}\right](t)$ を求めよ．

□□□ [⇨ §4]

§5 部分分数分解とラプラス逆変換

§5のポイント

- 有理関数（分数式）のラプラス逆変換を求めるには**部分分数分解**が役立つ.
- **部分分数分解のタネ**を使って分解する.
- **係数比較と連立1次方程式，代入法，cover-up method** が有効.
- **複素数の範囲**における部分分数分解も有効である.
- いくつかの方法を**併用**するのもよい.

5・1 簡単な場合

ここまでに求めたさまざまな関数のラプラス変換はすべて有理関数（分数式）だった．有理関数のラプラス逆変換を求める方法を探っていこう．

$f(t)$ が指数位数をもつとき $F(s)$ が定義され，$F(s) \to 0\ (s \to \infty)$ が成り立つ［⇨ **定理 1.6**］．**そのような分数式は，分子の次数が分母の次数よりも低い.**

例題 5.1 $F(s) = \dfrac{s+7}{s^2-4s+3} = \dfrac{s+7}{(s-1)(s+3)}$ を部分分数分解し，ラプラス逆変換を求めよ．［⇨ **例題 5.7**，**例題 5.12**］ □□□ ✍

解 $\dfrac{s+7}{(s-1)(s+3)} = \dfrac{A}{s-1} + \dfrac{B}{s+3}$ とおいて分母をはらうと

$$A(s+3) + B(s-1) = s+7 \tag{5.1}$$

である．左辺を展開して**両辺の係数を比較し，連立1次方程式を作る**と $A+B=1,\ 3A-B=7$ である（✍）．解は $A=2,\ B=-1$ である．ゆえに，

$$\mathcal{L}^{-1}\big[F(s)\big](t) = \mathcal{L}^{-1}\left[\frac{2}{s-1} + \frac{-1}{s+3}\right](t) \overset{\because \text{定理 4.1, 定理 3.1}}{=} 2e^{t} - e^{-3t}. \qquad \diamondsuit$$

5・2　部分分数分解のタネ

後で $\dfrac{3s-1}{(s-2)^2}$, $\dfrac{s^3-8s^2+5s-3}{s^2(s-1)^2}$ などを部分分数分解する．このとき

$$\frac{3s-1}{(s-2)^2}=\frac{A}{(s-2)^2}\quad \text{（悪い例）} \tag{5.2}$$

とおいてもうまくいかず，正しくは

$$\frac{3s-1}{(s-2)^2}=\frac{A}{s-2}+\frac{B}{(s-2)^2} \tag{5.3}$$

とおくべきである．$\dfrac{s^3-8s^2+5s-3}{s^2(s-1)^2}$ だったらどのようにおけばよいだろう．もっと複雑な例の場合でも迷わないように，**一般的な手順**を述べよう．

$\dfrac{1}{s^n}$, $\dfrac{s}{s^2+b^2}$, $\dfrac{1}{s^2+b^2}$, $\dfrac{s}{(s^2+b^2)^2}$, $\dfrac{1}{(s^2+b^2)^2}$ のラプラス逆変換と，それらに像の移動法則の逆（定理 4.2）をあてはめて得られる $\dfrac{1}{(s-a)^n}$, $\dfrac{s-a}{(s-a)^2+b^2}$, $\dfrac{1}{(s-a)^2+b^2}$, $\dfrac{s-a}{\{(s-a)^2+b^2\}^2}$, $\dfrac{1}{\{(s-a)^2+b^2\}^2}$ のラプラス逆変換はすでにわかっている．深入りはしないが，例えばパラメータに関する微分法則の逆（定理 4.4）によって，分母が $(s-a)^2+b^2$ の 3 乗，4 乗，$\cdots$ のものも調べられる．

さて，分数式

$$F(s)=\frac{P(s)}{Q(s)} \tag{5.4}$$

を考えよう．分子 $P(s)$ の次数が分子 $Q(s)$ の次数より低い場合だけ考える．これは，定理 1.6 より，われわれは $\lim_{s\to\infty}F(s)=0$ になる場合にのみ興味があるからである．さらに，$P(s)$, $Q(s)$ は共通因数をもたないとする（もし共通因数があったら約分で消せるので，すでに消し終わっているとする）．さらに，$P(s)$, $Q(s)$ の係数はすべて実数で，$Q(s)$ は最高次の係数が 1 とする．最高次の係数が 1 の多項式を**モニック**な多項式という．

$Q(s)$ は実係数として，**実数の範囲で**因数分解しよう[1]．1 次式と 2 次式の積に因数分解できる．1 次式だけではできない．s^2+1 のように，判別式が負

1) 5・6 で複素数の範囲での因数分解も考える．

の2次式（実数の範囲で因数分解できない）があるからである．判別式が負の（モニックな）2次式は $(s-a)^2+b^2,\ b\neq 0$ と平方完成できる．したがって，

$$Q(s)=\underbrace{(s-a_1)^{p_1}\cdots(s-a_n)^{p_n}}_{1\text{ 次式たち}}$$
$$\times\underbrace{\left\{(s-a_1')^2+b_1^2\right\}^{q_1}\cdots\left\{(s-a_m')^2+b_m^2\right\}^{q_m}}_{\text{判別式が負の 2 次式たち}} \tag{5.5}$$

と因数分解できる[2]．$Q(s)$ の次数は

$$\deg Q(s)=\underbrace{p_1+\cdots+p_n}_{1\text{ 次の因数たちから}}+\underbrace{2(q_1+\cdots+q_m)}_{2\text{ 次の因数たちから}}$$

である．deg は次数を表す．

例 5.1　$Q_0(s)=(s-1)^3(s+5)^7\left\{(s-3)^2+5^2\right\}^3\left\{(s+4)^2+7^2\right\}^{10}$ とおく．次数は $3+7+2\times(3+10)=36$ である．

分母が $Q_0(s)$ の分数式（分子の次数 < 分母の次数）を部分分数分解するとき，

$$\frac{1}{s-1},\ \frac{1}{(s-1)^2},\ \frac{1}{(s-1)^3},$$
$$\frac{1}{s+5},\ \frac{1}{(s+5)^2},\ \ldots,\ \frac{1}{(s+5)^7},$$
$$\frac{1}{(s-3)^2+5^2},\ \frac{1}{\left\{(s-3)^2+5^2\right\}^2},\ \frac{1}{\left\{(s-3)^2+5^2\right\}^3},$$
$$\frac{s-3}{(s-3)^2+5^2},\ \frac{s-3}{\left\{(s-3)^2+5^2\right\}^2},\ \frac{s-3}{\left\{(s-3)^2+5^2\right\}^3},\ \left(\begin{array}{c}\text{前の行と}\\ \text{分子が違う}\end{array}\right)$$
$$\frac{1}{(s+4)^2+7^2},\ \frac{1}{\left\{(s+4)^2+7^2\right\}^2},\ \ldots,\ \frac{1}{\left\{(s+4)^2+7^2\right\}^{10}},$$
$$\frac{s+4}{(s+4)^2+7^2},\ \frac{s+4}{\left\{(s+4)^2+7^2\right\}^2},\ \ldots,\ \frac{s+4}{\left\{(s+4)^2+7^2\right\}^{10}}\ \left(\begin{array}{c}\text{前の行と}\\ \text{分子が違う}\end{array}\right)$$

を用いる．全部で $3+7+2\cdot(3+10)=36$ 個ある．36 は分母 $Q_0(s)$ の次数に一致する［⇨ **定理 5.1**，**定理 5.2**］．◆

---

[2] $a_1,\ \ldots,\ a_n,\ a_1',\ \ldots,\ a_m',\ b_1,\ \ldots,\ b_m$ は実数で，$p_1,\ldots,p_n$ と $q_1,\ldots,q_m$ は正整数．$a_j\neq a_k\ (j\neq k),\ (a_j',b_j)\neq(a_k',b_k)\ (j\neq k),\ b_j\neq 0$ とする．

(5.5) の $Q(s)$ について，$F(s) = \dfrac{P(s)}{Q(s)}$ を部分分数分解するとき，分母としては，まず $s-a_1$, $(s-a_1)^2$, $(s-a_1)^3$, ..., $(s-a_1)^{p_1}$ を使う．$s-a_2$ 以降も同様で，$s-a_j$ については 1 乗から p_j 乗までを使う．まとめると，$\dfrac{1}{(s-a_j)^p}$ $(1 \leq p \leq p_j,\ 1 \leq j \leq n)$ を使う．

次に $(s-a'_1)^2 + b_1^2$ については 1 乗から q_1 乗までを分母に使う．一般に $(s-a'_j)^2 + b_j^2$ については 1 乗から q_j 乗までを分母に使い，分子は 1 と $s-a'_j$ を使う．つまり，$\dfrac{1}{\left\{(s-a'_j)^2+b_j^2\right\}^q}$, $\dfrac{s-a'_j}{\left\{(s-a'_j)^2+b_j^2\right\}^q}$ $(1 \leq q \leq q_j,\ 1 \leq j \leq m)$ を使う［⇨ (5.6)］．

定理 5.1（部分分数分解のタネ）

$$Q(s) = (s-a_1)^{p_1} \cdots (s-a_n)^{p_n} \left\{(s-a'_1)^2 + b_1^2\right\}^{q_1} \cdots \left\{(s-a'_m)^2 + b_m^2\right\}^{q_m}$$

で $P(s)$ の次数が $Q(s)$ の次数より低いとき，$F(s) = \dfrac{P(s)}{Q(s)}$ は次の形の関数の 1 次結合（定数倍して加えたもの）で表せる［⇨ 参考文献［杉浦］］．

（ア）$\dfrac{1}{(s-a_j)^p}$ $(1 \leq p \leq p_j,\ 1 \leq j \leq n)$.

（イ）$\dfrac{1}{\left\{(s-a'_j)^2+b_j^2\right\}^q}$, $\dfrac{s-a'_j}{\left\{(s-a'_j)^2+b_j^2\right\}^q}$ $(1 \leq q \leq q_j,\ 1 \leq j \leq m)$.

（イ）において，分子は 1 だけではないことに注意しよう．もう 1 つの分子は s でもよいが，像の移動法則の逆（定理 4.2）より，s よりも $s-a'_j$ の方が逆変換しやすい．部分分数分解は s の方が易しい．

まず，分子を s として仮に部分分数分解してから

$$\frac{s}{\left\{(s-a)^2+b^2\right\}^q} = \frac{s-a}{\left\{(s-a)^2+b^2\right\}^q} + \frac{a}{\left\{(s-a)^2+b^2\right\}^q} \tag{5.6}$$

によって（イ）にあわせて仕上げればラプラス逆変換を求められる［⇨ 例 4.3，例題 4.1，例題 7.10］．

本書では，定理 5.1 の（ア），（イ）（分子の $s-a'_j$ は s でもよい）の分数式たちを $\dfrac{P(s)}{Q(s)}$ の**部分分数分解のタネ**[3] とよぶことにしよう．

例 5.1 において，$Q(s)=Q_0(s)$ の場合のタネについて述べた．その場合のタネの個数は $Q_0(s)$ の次数に一致するのだった．このことは一般の $Q(s)$ の場合でも成り立つ．

定理 5.2（部分分数分解のタネの個数）

定理 5.1 において，部分分数分解のタネの個数は分母 $Q(s)$ の次数に等しい．

証明　分母が一般の $Q(s)$ のとき，タネがいくつあるか数えてみよう．各 a_j について p_j 個，各 (a'_j, b_j) について $2q_j$ 個あるから，合計 $p_1+\cdots+p_n+2(q_1+\cdots+q_m)$ 個ある．これは $\deg Q(s)$ に等しい．　◇

$\deg P(s) < \deg Q(s)$ なので $P(s)$ の係数の個数は（定数項を忘れないようにして）$\deg Q(s)$ に等しい．結局，タネの個数は分母 $Q(s)$ の次数に等しく，分子 $P(s)$ の係数の個数にも等しい[4]．

タネをきちんと覚えているか自信のない人は個数が足りているか確認するとよい．

---

3) 分解したときの最小単位だから原子（atom：「それ以上分割できないもの」という意味の語源をもつ）とよぶことも考えた．しかし，分母・分子というときの分子 (numerator) が水分子というときの分子 (molecule) と重なるので断念した．

4) 例えば分母 $Q(s)$ が 3 次ならば，分子 $P(s)$ は 2 次以下で係数は 3 個になる．たまたま $P(s)$ が 1 次の場合も s^2 の係数 0 を含めて係数は 3 個である．

5・3　部分分数分解と連立1次方程式

ラプラス逆変換を計算するとき，部分分数分解が便利である．部分分数分解を求めるために最も重要なのは連立1次方程式による方法である．真面目に計算すれば確実にできるという利点がある．**早くできるうまい手はないかとまず考えて，なにも思いつかなければ連立1次方程式で着実に解けばよい．**

例題 5.2　$F(s)=\dfrac{3s-1}{s^2-4s+4}=\dfrac{3s-1}{(s-2)^2}$ を部分分数分解し，ラプラス逆変換を求めよ．[⇨ 例題 5.8, 例題 5.13]　□□□

解　分母が2次だからタネは2個ある．$\dfrac{3s-1}{(s-2)^2}=\dfrac{A}{s-2}+\dfrac{B}{(s-2)^2}$ とおき，両辺に $(s-2)^2$ をかけて分母をはらうと $A(s-2)+B=3s-1$ である．係数を比較すると $A=3,\ -2A+B=-1$ となる (✍)[5]．これを解くと $A=3,\ B=5$ である．ゆえに

$$\mathcal{L}^{-1}\big[F(s)\big](t)=\mathcal{L}^{-1}\left[\frac{3}{s-2}+\frac{5}{(s-2)^2}\right]\overset{\because\ \text{定理 3.1, 例題 4.2}}{=}3e^{2t}+5te^{2t}.$$
◇

例題 5.3　$F(s)=\dfrac{3s^2-16s+21}{(s-1)^2(s+3)}$ を部分分数分解し，ラプラス逆変換を求めよ．[⇨ 例題 5.9, 例題 5.14]　□□□

解　$F(s)=\dfrac{3s^2-16s+21}{(s-1)^2(s+3)}=\dfrac{A}{s-1}+\dfrac{B}{(s-1)^2}+\dfrac{C}{s+3}$ とおく (分母が3次だからタネは3個)．分母をはらうと，

$$A(s-1)(s+3)+B(s+3)+C(s-1)^2=3s^2-16s+21.$$

---

[5]　分子の係数が2個あるから方程式が2つできる．未知数が2個でちょうどよい．タネの個数を間違えるとここでつまずく．

両辺の係数を比較して[6)]

$$A + C = 3, \quad 2A + B - 2C = -16, \quad -3A + 3B + C = 21.$$

ゆえに（**掃き出し法**で解けば）$A = -3$, $B = 2$, $C = 6$ となり（✍），

$$\mathcal{L}^{-1}\big[F(s)\big](t) = \mathcal{L}^{-1}\left[\frac{-3}{s-1} + \frac{2}{(s-1)^2} + \frac{6}{s+3}\right](t)$$

$$\overset{\text{☺定理 3.1, 例題 4.2}}{=} -3e^t + 2te^t + 6e^{-3t}. \qquad \diamondsuit$$

例題 5.4　$F(s) = \dfrac{s^3 - 8s^2 + 5s - 3}{s^2(s-1)^2}$ を部分分数分解し，ラプラス逆変換を求めよ．［⇨ **例題 5.10**，**例題 5.15**］

解　分母が 4 次だからタネは 4 個あり，分子の係数も 4 個ある．

$\dfrac{s^3 - 8s^2 + 5s - 3}{s^2(s-1)^2} = \dfrac{A}{s} + \dfrac{B}{s^2} + \dfrac{C}{s-1} + \dfrac{D}{(s-1)^2}$ とおいて A, B, C, D を求めよう．両辺に $s^2(s-1)^2$ をかけて

$$As(s-1)^2 + B(s-1)^2 + Cs^2(s-1) + Ds^2 = s^3 - 8s^2 + 5s - 3,$$

すなわち，

$$A(s^3 - 2s^2 + s) + B(s^2 - 2s + 1) + C(s^3 - s^2) + Ds^2 = s^3 - 8s^2 + 5s - 3.$$

係数を比較して連立 1 次方程式を立てると（✍），

$$A + C = 1, \quad -2A + B - C + D = -8, \quad A - 2B = 5, \quad B = -3.$$

これを解いて $A = -1$, $B = -3$, $C = 2$, $D = -5$ である（✍）．したがって，

$$F(s) = \frac{s^3 - 8s^2 + 5s - 3}{s^2(s-1)^2} = \frac{-1}{s} + \frac{-3}{s^2} + \frac{2}{s-1} + \frac{-5}{(s-1)^2}$$

であり，$\mathcal{L}^{-1}\big[F(s)\big](t) \overset{\text{☺定理 3.1, 例題 4.2}}{=} -1 - 3t + 2e^t - 5te^t.$ $\diamondsuit$

[6)] 分子の係数が 3 個あるから方程式が 3 個できる．未知数が 3 個でちょうどよい．タネの個数を間違えると，ここでつまずいて間違いに気づくだろう．

例題 5.5　$F(s) = \dfrac{s^2+9s-5}{s^2(s-1)^2} = \dfrac{0s^3+s^2+9s-5}{s^2(s-1)^2}$ を部分分数分解し，ラプラス逆変換を求めよ．□□□

解　$\dfrac{0s^3+s^2+9s-5}{s^2(s-1)^2} = \dfrac{A}{s} + \dfrac{B}{s^2} + \dfrac{C}{s-1} + \dfrac{D}{(s-1)^2}$ とおいて[7] A, B, C, D を求めよう．両辺に $s^2(s-1)^2$ をかけて

$$As(s-1)^2 + B(s-1)^2 + Cs^2(s-1) + Ds^2 = 0s^3 + s^2 + 9s - 5.$$

すなわち，

$$A(s^3-2s^2+s) + B(s^2-2s+1) + C(s^3-s^2) + Ds^2 = 0s^3 + s^2 + 9s - 5.$$

係数を比較して（✍），

$$A + C = 0, \quad -2A + B - C + D = 1, \quad A - 2B = 9, \quad B = -5.$$

これを解いて $A=-1$, $B=-5$, $C=1$, $D=5$ である（✍）．したがって，

$$F(s) = \frac{s^3-8s^2+5s-3}{s^2(s-1)^2} = \frac{-1}{s} + \frac{-5}{s^2} + \frac{1}{s-1} + \frac{5}{(s-1)^2}$$

であり，$\mathcal{L}^{-1}\left[F(s)\right](t) \overset{\because \text{定理 3.1, 例題 4.2}}{=} -1 - 5t + e^t + 5te^t.$　◇

例題 5.6　$F(s) = \dfrac{1}{s(s^2+4)}$ を部分分数分解し，ラプラス逆変換を求めよ．[⇨ 例題 5.11, 例題 5.17, 例題 7.11]　□□□

解　$\dfrac{1}{s(s^2+4)} = \dfrac{A}{s} + \dfrac{Bs}{s^2+4} + \dfrac{C}{s^2+4}$ とおく．

分母をはらって $A(s^2+4) + Bs^2 + Cs = 1$, すなわち，

$$(A+B)s^2 + Cs + 4A = 0s^2 + 0s + 1$$

---

7)　タネは 4 個あり，分子の係数も s^3 の係数 0 を含めて 4 個ある．

である（✍）．係数を比較して $A+B=0$, $C=0$, $4A=1$ である．したがって，$A=\frac{1}{4}$, $B=-\frac{1}{4}$, $C=0$ であり，

$$\mathcal{L}^{-1}\big[F(s)\big](t)=\mathcal{L}^{-1}\left[\frac{1}{4s}-\frac{1}{4}\frac{s}{s^2+4}\right](t)\overset{\because\text{定理 }3.1}{=}\frac{1}{4}-\frac{1}{4}\cos 2t.$$

◇

例 5.2　$\frac{1}{s^2+b^2}$, $\frac{s}{s^2+b^2}$, $\frac{1}{(s^2+b^2)^2}$, $\frac{s}{(s^2+b^2)^2}$ のラプラス逆変換は既知である［⇨ **例 4.6**］．これら4つをタネとして使えば，分母が $(s^2+b^2)^2$ で分子が3次以下の有理関数を部分分数分解できる．一般には係数を A, B, C, D とおいて連立1次方程式を立てればよい．

ちょっとした工夫で部分分数分解できるものもある．例えば，

$$\frac{s^2}{(s^2+b^2)^2}=\frac{(s^2+b^2)-b^2}{(s^2+b^2)^2}=\frac{1}{s^2+b^2}-\frac{b^2}{(s^2+b^2)^2},$$

$$\frac{s^3}{(s^2+b^2)^2}=\frac{s(s^2+b^2)-b^2s}{(s^2+b^2)^2}=\frac{s}{s^2+b^2}-\frac{b^2s}{(s^2+b^2)^2}$$

である（✍）．例 4.6 より

$$\mathcal{L}^{-1}\left[\frac{s^2}{(s^2+b^2)^2}\right]=\frac{1}{2b}(\sin bt+bt\cos bt), \tag{5.7}$$

$$\mathcal{L}^{-1}\left[\frac{s^3}{(s^2+b^2)^2}\right]=\cos bt-\frac{1}{2}bt\sin bt. \tag{5.8}$$

◆

注意 5.1（複数の方法の併用）　係数比較と連立1次方程式を使う方法は，いつでも同じ要領ですべての係数がわかる点で優れているが，手間がかかるのが欠点である．その一方で，以下で述べる代入法と cover-up method は，手間がかからない点で優れている．ただし，これらの方法では一部の係数しか値がわからないことがある．

どの方法も一長一短なので，複数の方法を組み合わせよう． まず，代入法または cover-up method でいくつかの係数を求め，残りの係数は連立1次方程式を解いて求めればよい．未知数が減っているので，この連立1次方程式を解くのはあまり手間がかからない．3個が2個に減るだけでもかなり楽になる．

5・4　代入法

連立 1 次方程式を立てて解く方法はいつでも有効だが，手間がかかる．有理関数のタイプによっては，他の方法で早く部分分数分解できることがある．

5・3 で調べたのと同じ分数式を今度は別の方法で部分分数分解してみよう．ラプラス逆変換は省略する．

例題 5.7　$F(s) = \dfrac{s+7}{s^2-4s+3} = \dfrac{s+7}{(s-1)(s+3)}$ を部分分数分解せよ．

[⇨ 例題 5.1, 例題 5.12]

解　$F(s) = \dfrac{s+7}{(s-1)(s+3)} = \dfrac{A}{s-1} + \dfrac{B}{s+3}$ とおいて分母をはらうと，

$$A(s+3) + B(s-1) = 0s^2 + s + 7.$$

$s=1$ を代入する（または $s \to 1$）と B が消えて $4A=8$ より $A=2$. 次に $s=-3$ を代入すると $-4B=4$ より $B=-1$. ゆえに，$F(s) = \dfrac{2}{s-1} + \dfrac{-1}{s+3}$.　◇

係数の一部だけが代入法でわかる場合，残りを求めるには係数を比較する． こうしてできた連立 1 次方程式は未知数の個数が少なくて易しい．

例題 5.8　$F(s) = \dfrac{3s-1}{s^2-4s+4} = \dfrac{3s-1}{(s-2)^2}$ を部分分数分解せよ．

[⇨ 例題 5.2, 例題 5.13]

解　$F(s) = \dfrac{3s-1}{(s-2)^2} = \dfrac{A}{s-2} + \dfrac{B}{(s-2)^2}$ とおいて分母をはらうと，

$$A(s-2) + B = 3s - 1$$

となる．$s=2$ を代入すると $B=5$ がわかる．A は係数比較で求める．s の係数を比較して $A=3$. ゆえに，$F(s) = \dfrac{3}{s-2} + \dfrac{5}{(s-2)^2}$.　◇

例題 5.9　$F(s)=\dfrac{3s^2-16s+21}{(s-1)^2(s+3)}$ を部分分数分解せよ．

[⇨ 例題 5.3, 例題 5.14]

□□□

解　$F(s)=\dfrac{A}{s-1}+\dfrac{B}{(s-1)^2}+\dfrac{C}{s+3}$ とおく．両辺に $(s-1)^2(s+3)$ をかけて分母をはらうと，

$$A(s-1)(s+3)+B(s+3)+C(s-1)^2=3s^2-16s+21.$$

$s=1$ を代入すると，$4B=8$ より $B=2$ である．$s=-3$ を代入すると，$16C=96$ より $C=6$ である．A を求めるために展開して係数比較しよう[8]．s^2 の係数を比較すれば $A+6=3$ (✍) なので $A=-3$ である．ゆえに，

$$F(s)=\frac{-3}{s-1}+\frac{2}{(s-1)^2}+\frac{6}{s+3}.$$

◇

例題 5.10　$F(s)=\dfrac{s^3-8s^2+5s-3}{s^2(s-1)^2}$ を部分分数分解せよ．

[⇨ 例題 5.4, 例題 5.15]

□□□

解　$F(s)=\dfrac{s^3-8s^2+5s-3}{s^2(s-1)^2}=\dfrac{A}{s}+\dfrac{B}{s^2}+\dfrac{C}{s-1}+\dfrac{D}{(s-1)^2}$ とおく．

$s^2(s-1)^2$ をかけて分母をはらうと，

$$As(s-1)^2+B(s-1)^2+Cs^2(s-1)+Ds^2=s^3-8s^2+5s-3$$

である．$s=0$, $s=1$ をそれぞれ代入して $B=-3$, $D=-5$ がわかる．s^3, s の係数を比較すると $A+C=1$, $A+6=5$ となる (✍) から $A=-1$, $C=2$.

ゆえに，$F(s)=\dfrac{-1}{s}+\dfrac{-3}{s^2}+\dfrac{2}{s-1}+\dfrac{-5}{(s-1)^2}$.

◇

---

[8] 特別うまい方法が思いつかないときはこのようにする．

例題 5.11　$F(s) = \dfrac{1}{s(s^2+4)}$ を部分分数分解せよ．

[⇨ 例題 5.6, 例題 5.17, 例題 7.11]

解　$F(s) = \dfrac{1}{s(s^2+4)} = \dfrac{A}{s} + \dfrac{Bs+C}{s^2+4}$ とおいて分母をはらうと

$$A(s^2+4) + s(Bs+C) = 1.$$

$s=0$ を代入すると $4A=1$ より $A = \dfrac{1}{4}$ である．$s = \pm 2i$ を代入すると

$$2i(2iB+C) = 1, \qquad -2i(-2iB+C) = 1.$$

すなわち $2iB + C = \dfrac{1}{2i}$, $-2iB + C = -\dfrac{1}{2i}$ なので $C = 0$, $B = -\dfrac{1}{4}$ である (✍).

ゆえに，$F(s) = \dfrac{1}{4s} - \dfrac{s}{4(s^2+4)}$.　◇

5・5　cover-up method

5・3 で調べたのと同じ分数式をさらに別の方法で部分分数分解してみよう.

例題 5.12　$F(s) = \dfrac{s+7}{s^2-4s+3} = \dfrac{s+7}{(s-1)(s+3)}$ を部分分数分解せよ．

[⇨ 例題 5.1, 例題 5.7]

解　$F(s) = \dfrac{s+7}{(s-1)(s+3)} = \dfrac{A}{s-1} + \dfrac{B}{s+3}$ とおく．

$$\lim_{s\to 1}(s-1)F(s) = \lim_{s\to 1}(s-1)\frac{s+7}{(s-1)(s+3)} = \lim_{s\to 1}\frac{s+7}{s+3} = 2,$$

$$\lim_{s\to 1}(s-1)F(s) = \lim_{s\to 1}(s-1)\left(\frac{A}{s-1} + \frac{B}{s+3}\right)$$

$$= \lim_{s\to 1}\left(A + \frac{B(s-1)}{s+3}\right) = A$$

である．同じものを2通りの方法で計算したのだから，結果は一致しなければならない．ゆえに $A=2$ である[9]．同様に（✍），

$$B=\lim_{s\to -3}(s+3)F(s)=\lim_{s\to -3}\frac{s+7}{s-1}=-1. \tag{5.9}$$

したがって，$F(s)=\dfrac{2}{s-1}+\dfrac{-1}{s+3}$. ◇

注意 5.2　上の計算で出てきた $\dfrac{s+7}{s+3}$, $\dfrac{s+7}{s-1}$ は $F(s)=\dfrac{s+7}{(s-1)(s+3)}$ の分母の因数のうち1つを手で隠して得られる．このことから，英語ではこの方法を **cover-up method** とよんでいる．決まった日本語訳はないようだ．

慣れれば，上の (5.9) や下の (5.11) のように**計算を短く書くことができる．**

例題 5.13　$F(s)=\dfrac{3s-1}{(s-2)^2}$ を部分分数分解せよ．

[⇨ 例題 5.2, 例題 5.8]　□□□ ✍

解

$$F(s)=\frac{3s-1}{(s-2)^2}=\frac{A}{s-2}+\frac{B}{(s-2)^2} \tag{5.10}$$

とおく．両辺に $(s-2)^2$（1乗ではなく2乗）をかけて $s\to 2$ の極限を考えると，$\lim_{s\to 2}(s-2)A=0$ より A は消えてしまい，

$$B=\lim_{s\to 2}(s-2)^2F(s)=\lim_{s\to 2}(3s-1)=5. \tag{5.11}$$

残りは係数比較で求める．(5.10) の両辺に $(s-2)^2$ をかけると，$B=5$ より

$$A(s-2)+5=3s-1$$

である．両辺の s の係数を比較すると $A=3$ である．したがって，

$$F(s)=\frac{3s-1}{(s-2)^2}=\frac{3}{s-2}+\frac{5}{(s-2)^2}.$$

◇

---

[9] A は留数に他ならず，こうやって留数を求める方法は複素解析の本に載っている．

例題 5.14　$F(s)=\dfrac{3s^2-16s+21}{(s-1)^2(s+3)}$ を部分分数分解せよ．

[⇨ 例題 5.3, 例題 5.9]

解　$F(s)=\dfrac{3s^2-16s+21}{(s-1)^2(s+3)}=\dfrac{A}{s-1}+\dfrac{B}{(s-1)^2}+\dfrac{C}{s+3}$ とおく．まず，

$$\lim_{s\to-3}(s+3)F(s)=\lim_{s\to-3}(s+3)\frac{3s^2-16s+21}{(s-1)^2(s+3)}$$
$$=\lim_{s\to-3}\frac{3s^2-16s+21}{(s-1)^2}=6,$$
$$\lim_{s\to-3}(s+3)F(s)=\lim_{s\to-3}(s+3)\left(\frac{A}{s-1}+\frac{B}{(s-1)^2}+\frac{C}{s+3}\right)$$
$$=\lim_{s\to-3}\left(\frac{A(s+3)}{s-1}+\frac{B(s+3)}{(s-1)^2}+C\right)=C$$

より $C=6$. 次に，B を求めるには $(s-1)^2$ をかけて，

$$\lim_{s\to1}(s-1)^2F(s)=\lim_{s\to1}(s-1)^2\frac{3s^2-16s+21}{(s-1)^2(s+3)}$$
$$=\lim_{s\to1}\frac{3s^2-16s+21}{s+3}=2, \tag{5.12}$$
$$\lim_{s\to1}(s-1)^2F(s)=\lim_{s\to1}(s-1)^2\left(\frac{A}{s-1}+\frac{B}{(s-1)^2}+\frac{C}{s+3}\right)$$
$$=\lim_{s\to1}\left(A(s-1)+B+\frac{C(s-1)^2}{s+3}\right)=B \tag{5.13}$$

より $B=2$ である（慣れれば (5.9) や (5.11) のように式を短く書ける）．

ここまでで $F(s)=\dfrac{3s^2-16s+21}{(s-1)^2(s+3)}=\dfrac{A}{s-1}+\dfrac{2}{(s-1)^2}+\dfrac{6}{s+3}$ がわかった．分母をはらうと $A(s-1)(s+3)+2(s+3)+6(s-1)^2=3s^2-16s+21$ である．両辺の s^2 の係数を比較すると $A+6=3$ なので $A=-3$ である．

以上より，$F(s)=\dfrac{-3}{s-1}+\dfrac{2}{(s-1)^2}+\dfrac{6}{s+3}$.　◇

例題 5.15　$F(s) = \dfrac{s^3 - 8s^2 + 5s - 3}{s^2(s-1)^2}$ を部分分数分解せよ．

[⇨ 例題 5.4, 例題 5.10]

解　$F(s) = \dfrac{s^3 - 8s^2 + 5s - 3}{s^2(s-1)^2} = \dfrac{A}{s} + \dfrac{B}{s^2} + \dfrac{C}{s-1} + \dfrac{D}{(s-1)^2}$ とおくと，

$$B = \lim_{s \to 0} \frac{s^3 - 8s^2 + 5s - 3}{(s-1)^2} = -3, \qquad D = \lim_{s \to 1} \frac{s^3 - 8s^2 + 5s - 3}{s^2} = -5.$$

$F(s)$ の分母をはらって $B = -3$, $D = -5$ を代入すると，

$$As(s-1)^2 - 3(s-1)^2 + Cs^2(s-1) - 5s^2 = s^3 - 8s^2 + 5s - 3$$

である．両辺の s^3, s の係数を比較すると $A + C = 1$, $A + 6 = 5$ なので（✍），$A = -1$, $C = 2$ である．ゆえに，$F(s) = \dfrac{-1}{s} + \dfrac{-3}{s^2} + \dfrac{2}{s-1} + \dfrac{-5}{(s-1)^2}$.　◇

5・6　複素数の範囲における部分分数分解

複素数の範囲で部分分数分解することができる．分母を複素数の範囲で因数分解すると

$$Q(s) = (s - a_1)^{p_1} \cdots (s - a_n)^{p_n}$$

となる．ここで，$a_1, \ldots, a_n$ は**複素数**で，$p_1, \ldots, p_n$ は正整数とする．また，$a_j \neq a_k$ $(j \neq k)$ とする．$F(s) = \dfrac{P(s)}{Q(s)}$ は $\dfrac{1}{(s - a_j)^p}$ $(1 \leq p \leq p_j,\ 1 \leq j \leq n)$ の1次結合（定数倍して加えたもの）で表せる．これらを**複素数の場合の部分分数分解のタネ**とよぶことにしよう．個数は $Q(s)$ の次数に等しい．

実係数で判別式が負の2次式が分母の場合は，実数の範囲ではそれ以上部分分数分解できなかった．複素数の範囲ならば，例えば [⇨ 例 2.4, 例 4.2]

$$\frac{1}{s^2 + b^2} = \frac{1}{(s - ib)(s + ib)} = \frac{1}{2ib}\left(\frac{1}{s - ib} - \frac{1}{s + ib}\right)$$

のように部分分数分解できる．このことはすでに例 4.2 で使っていた．

例題 5.16　$\dfrac{s}{s^2+1}$ と $\dfrac{1}{s^2+1}$ を複素数の範囲で部分分数分解し，ラプラス逆変換を求めよ．[⇨ 例 4.2]

解　$\dfrac{s}{s^2+1} = \dfrac{1}{2}\left(\dfrac{1}{s-i}+\dfrac{1}{s+i}\right)$，$\dfrac{1}{s^2+1} = \dfrac{1}{2i}\left(\dfrac{1}{s-i}-\dfrac{1}{s+i}\right)$ より，

$$\mathcal{L}^{-1}\left[\frac{s}{s^2+1}\right](t) \overset{\because \text{定理 } 3.1}{=} \frac{1}{2}(e^{it}+e^{-it}) = \cos t,$$

$$\mathcal{L}^{-1}\left[\frac{1}{s^2+1}\right](t) \overset{\because \text{定理 } 3.1}{=} \frac{1}{2i}(e^{it}-e^{-it}) = \sin t.$$

◇

例題 5.17　$F(s) = \dfrac{1}{s(s^2+4)}$ を複素数の範囲で部分分数分解し，ラプラス逆変換を求めよ．[⇨ 例 2.20，例題 5.6，例題 5.11，例題 7.11]

解　$F(s) = \dfrac{1}{s(s-2i)(s+2i)} = \dfrac{A}{s}+\dfrac{B}{s-2i}+\dfrac{C}{s+2i}$ とおく．

cover-up method によって，

$$A = \lim_{s\to 0} sF(s) = \lim_{s\to 0}\frac{1}{(s-2i)(s+2i)} = \frac{1}{4},$$

$$B = \lim_{s\to 2i}(s-2i)F(s) = \lim_{s\to 2i}\frac{1}{s(s+2i)} = -\frac{1}{8},$$

$$C = \lim_{s\to -2i}(s+2i)F(s) = \lim_{s\to -2i}\frac{1}{s(s-2i)} = -\frac{1}{8}$$

であり，$F(s) = \dfrac{1}{s(s^2+4)} = \dfrac{1/4}{s}+\dfrac{-1/8}{s-2i}+\dfrac{-1/8}{s+2i}$，

$$\mathcal{L}^{-1}\big[F(s)\big](t) \overset{\because \text{定理 } 3.1}{=} \frac{1}{4}-\frac{1}{8}e^{2it}-\frac{1}{8}e^{-2it} = \frac{1}{4}-\frac{1}{4}\cos 2t.$$

（なお，C は B の複素共役だと計算の途中で気づけば，そのことと $B=-1/8$ から $C=-1/8$ がわかる．）

◇

例題 5.18　$F(s) = \dfrac{2s+11}{s^2-4s+13}$ を複素数の範囲で部分分数分解し，ラプラス逆変換を求めよ．[⇨ **例題 4.1**]　□□□

解　$F(s) = \dfrac{2s+11}{\{s-(2+3i)\}\{s-(2-3i)\}} = \dfrac{A}{s-(2+3i)} + \dfrac{B}{s-(2-3i)}$

とおく．cover-up method により

$$A = \lim_{s\to 2+3i} \frac{2s+11}{s-(2-3i)}, \qquad B = \lim_{s\to 2-3i} \frac{2s+11}{s-(2+3i)}$$

なので，A, B は互いに複素共役である．A を求めれば B もすぐわかる．

$A = \displaystyle\lim_{s\to 2+3i} \frac{2s+11}{s-(2-3i)} = \frac{15+6i}{6i} = \frac{2-5i}{2}$, $B = \bar{A} = \dfrac{2+5i}{2}$ であり，

$$\begin{aligned}
&\mathcal{L}^{-1}\left[\frac{2s+11}{s^2-4s+13}\right](t) \\
=\;& \mathcal{L}^{-1}\left[\frac{2-5i}{2}\frac{1}{s-(2+3i)} + \frac{2+5i}{2}\frac{1}{s-(2-3i)}\right](t) \\
\overset{\because \text{定理 } 3.1}{=}\;& \frac{2-5i}{2}e^{(2+3i)t} + \frac{2+5i}{2}e^{(2-3i)t} \overset{\because \text{下の注意 } 5.3}{=} 2\,\mathrm{Re}\left\{\frac{2-5i}{2}e^{(2+3i)t}\right\} \\
=\;& e^{2t}\,\mathrm{Re}\left\{(2-5i)e^{3it}\right\} = e^{2t}(2\cos 3t + 5\sin 3t).
\end{aligned}$$

◇

注意 5.3　一般に $\bar{z}\bar{w} = \overline{zw}$ と $\zeta + \bar{\zeta} = 2\,\mathrm{Re}\,\zeta$ が成り立つ．あわせると

$$zw + \bar{z}\bar{w} = zw + \overline{zw} = 2\,\mathrm{Re}\,(zw)$$

である．上の例題 5.18 の解では，$z = \dfrac{2-5i}{2}$, $w = e^{(2+3i)t}$ として，この式を用いた．

§5の問題

確認問題

問 5.1　$\dfrac{1}{(s-1)(s-3)}$ を部分分数分解せよ．また，$\dfrac{1}{s^2+4}$ を複素数の範囲で部分分数分解せよ．これらのラプラス逆変換を求めよ．

□□□ [⇨ 5・1 5・5]

問 5.2　分母が 100 次で分子が 99 次以下の分数式を部分分数分解するとき，タネはいくつあるか．

□□□ [⇨ 5・2]

基本問題

問 5.3　次の各分数式を部分分数分解し，ラプラス逆変換を求めよ．

(1) $F_1(s) = \dfrac{-2s+26}{s^2-2s-8}$　　(2) $F_2(s) = \dfrac{2s+5}{s^2+6s+9}$

(3) $F_3(s) = \dfrac{s^2-17}{(s-3)^2(s+1)}$　　(4) $F_4(s) = \dfrac{-3s^3+9s^2-4s+12}{s^2(s-2)^2}$

(5) $F_5(s) = \dfrac{3s^2-4s+3}{(s+1)(s^2+9)}$　　(6) $F_6(s) = \dfrac{1}{(s^2+4)^2}$

□□□ [⇨ 5・3 5・4 5・5]

チャレンジ問題

問 5.4　$\dfrac{1}{s^2+b^2} = \dfrac{1}{2ib}\left(\dfrac{1}{s-ib} - \dfrac{1}{s+ib}\right)$ の両辺を b で微分することにより $\dfrac{1}{(s^2+b^2)^2}$ の部分分数分解を導き，ラプラス逆変換を求めよ．

$\dfrac{s}{s^2+b^2} = \dfrac{1}{2}\left(\dfrac{1}{s-ib} + \dfrac{1}{s+ib}\right)$ についても同様に考察せよ．

□□□ [⇨ 5・6]

第2章のまとめ

ラプラス逆変換

- **定義**：$\mathcal{L}\big[f(t)\big](s) = F(s)$ のとき，$\mathcal{L}^{-1}\big[F(s)\big](t) = f(t)$.
- s の世界から t の世界に戻る．
- 基本的な関数のラプラス逆変換：

$$\mathcal{L}^{-1}\left[\frac{1}{s-a}\right](t) = e^{at}, \qquad \mathcal{L}^{-1}\left[\frac{1}{s^{n+1}}\right](t) = \frac{1}{n!}t^n,$$

$$\mathcal{L}^{-1}\left[\frac{s}{s^2+b^2}\right](t) = \cos bt, \quad \mathcal{L}^{-1}\left[\frac{1}{s^2+b^2}\right](t) = \frac{1}{b}\sin bt.$$

ラプラス逆変換の最も頼りになる6つの性質

- **線形性**：$\mathcal{L}^{-1}\big[F(s)+G(s)\big](t) = \mathcal{L}^{-1}\big[F(s)\big](t) + \mathcal{L}\big[G(s)\big](t)$.
- **像の移動法則の逆**：$\mathcal{L}^{-1}\big[F(s-a)\big](t) = e^{at}f(t)$.
- **像の微分法則の逆**：$\mathcal{L}^{-1}\left[\dfrac{d}{ds}F(s)\right](t) = -tf(t)$.
- **パラメータに関する微分法則の逆**：

$$\frac{\partial}{\partial p}\mathcal{L}^{-1}\big[F(s,p)\big](t) = \mathcal{L}^{-1}\left[\frac{\partial}{\partial p}F(t,p)\right](s).$$

- **相似法則の逆**：$\mathcal{L}^{-1}\left[F\left(\dfrac{s}{a}\right)\right](t) = af(at)$.
- **たたみ込み**：$\mathcal{L}^{-1}\big[F(s)G(s)\big](t) = f*g(t) = g*f(t)$.

部分分数分解

- 部分分数分解の**タネ**を使って分解する．タネの個数 = 分母の次数．
- **係数比較と連立1次方程式，代入法，cover-up method** を用いる．
- 複素数の範囲で部分分数分解する．
- まず代入法または cover-up method を使い，係数比較で仕上げる．

ラプラス逆変換表

s	t	参照箇所
$\dfrac{1}{s-a}$	e^{at}	定理 1.1，例 4.7
$\dfrac{s}{s^2+b^2}$	$\cos bt$	定理 1.2, 注意 1.5, 例 2.14，例 4.2
$\dfrac{1}{s^2+b^2}$	$\dfrac{1}{b}\sin bt$	定理 1.2，注意 1.5, 例 4.2，例題 4.5
$\dfrac{1}{s^{n+1}}$	$\dfrac{t^n}{n!}$	定理 1.3，例 4.4，例 4.5
$\dfrac{s}{s^2-b^2}$	$\cosh bt$	定理 2.2
$\dfrac{1}{s^2-b^2}$	$\dfrac{1}{b}\sinh bt$	定理 2.2
$\dfrac{s-a}{(s-a)^2+b^2}$	$e^{at}\cos bt$	例 4.3
$\dfrac{1}{(s-a)^2+b^2}$	$\dfrac{1}{b}e^{at}\sin bt$	例 2.6，例 4.3
$\dfrac{1}{(s-a)^{n+1}}$	$\dfrac{1}{n!}e^{at}t^n$	例題 4.2，例 4.4, 例 4.7，例 4.5
$\dfrac{1}{(s^2+b^2)^2}$	$\dfrac{1}{2b^3}(\sin bt - bt\cos bt)$	例 4.6，例 4.8, 例題 4.7，注意 4.1
$\dfrac{s}{(s^2+b^2)^2}$	$\dfrac{1}{2b}t\sin bt$	例題 4.3，例 4.6，例題 4.7
$\dfrac{s^2}{(s^2+b^2)^2}$	$\dfrac{1}{2b}(\sin bt + bt\cos bt)$	例 5.2
$\dfrac{s^3}{(s^2+b^2)^2}$	$\cos bt - \dfrac{1}{2}bt\sin bt$	例 5.2
$\dfrac{(s-a)^2-b^2}{\left\{(s-a)^2+b^2\right\}^2}$	$te^{at}\cos bt$	例 2.10
$\dfrac{s-a}{\left\{(s-a)^2+b^2\right\}^2}$	$\dfrac{1}{2b}te^{at}\sin bt$	例 2.10
$\dfrac{1}{s(s^2+b^2)}$	$-\dfrac{1}{b^2}\cos bt + \dfrac{1}{b^2}$	例 2.20

常微分方程式

§6 基本的な公式

§6のポイント

- ラプラス変換を使って**常微分方程式**を解くことができる．
- $\dfrac{d}{dt}$ は s の世界ではほぼ s 倍．誤差は $-f(0)$.

6・1 導関数のラプラス変換

常微分方程式を解く準備として，まず導関数のラプラス変換について調べよう．$f'(t)$, $f''(t)$ のラプラス変換はそれぞれ $F(s)$ の**ほぼ** s 倍，s^2 倍である．

定理 6.1（導関数のラプラス変換（その 1））

$f(t)$, $f'(t)$, $f''(t)$ は指数位数 δ をもつとする．$f(t)$ のラプラス変換を $F(s)$ と表すと，$\mathrm{Re}\, s > \delta$ において[1)]

$$\mathcal{L}\big[f'(t)\big](s) = sF(s) - f(0), \tag{6.1}$$

$$\mathcal{L}\big[f''(t)\big](s) = s^2F(s) - sf(0) - f'(0). \tag{6.2}$$

---

1) ラプラス変換を定義する積分が収束するための条件である［⇨ **定理 1.5**］.

証明 部分積分により

$$\mathcal{L}\big[f'(t)\big](s) \overset{\because \text{定義 } 1.1}{=} \int_0^\infty e^{-st} f'(t)\,dt = \Big[e^{-st} f(t)\Big]_0^\infty - \int_0^\infty (e^{-st})' f(t)\,dt$$

$$= 0 - f(0) + s\int_0^\infty e^{-st} f(t)\,dt = sF(s) - f(0) \qquad (6.3)$$

である．ここで，$\operatorname{Re} s > \delta$ において $\lim_{t\to\infty} e^{-st} f(t) = 0$ となることを用いた．(6.1) はこれで証明できた．

次に (6.2) を示そう．$f'' = (f')'$ に (6.1) を当てはめて，次に f そのものに (6.1) を当てはめると

$$\mathcal{L}\big[f''(t)\big](s) \overset{\because (6.1)}{=} s\mathcal{L}\big[f'(t)\big](s) - f'(0) \overset{\because (6.1)}{=} s\big\{sF(s) - f(0)\big\} - f'(0)$$

$$= s^2 F(s) - sf(0) - f'(0). \qquad \Diamond$$

例 6.1 (6.1) の $-f(0)$ を覚えるために，うんと簡単な例を計算してみよう．

$f(t) = e^t$ のとき，定理 1.1 より $F(s) = \dfrac{1}{s-1}$, $f'(t) = f(t)$, $f(0) = 1$ だから

$$(\text{左辺}) = \mathcal{L}\big[f'(t)\big](s) = \mathcal{L}\big[f(t)\big](s) = \frac{1}{s-1},$$

$$(\text{右辺}) = sF(s) - f(0) = \frac{s}{s-1} - 1 = \frac{1}{s-1}$$

でたしかに (6.1) が成り立つ．◆

注意 6.1 定理 6.1 (6.2) で，どの部分が $f(0)$ でどの部分が $f'(0)$ なのか迷ったら証明を思い出すのが正攻法である．また，$-sf(0) - f'(0)$ の 2 項とも s の次数と f を微分した回数の和が 1 であることを覚えておこう．

像の微分法則（定理 2.4）によれば t 倍が $-\dfrac{d}{ds}$ に対応する．定理 6.1 によれば $\dfrac{d}{dt}$ が s 倍にほぼ対応する．これら 2 つの定理は対になっている．なお，フーリエ変換についても同じような定理がある［⇨ **定理 10.5**］．

6・2　常微分方程式の左辺のラプラス変換

$y' + Ay = g(t)$, $y'' + Ay' + By = g(t)$（A, B は定数）の形の常微分方程式を解くときに両辺をラプラス変換する．左辺がどのようになるか，調べておこう．$y(t)$ のラプラス変換を $Y(s) = \mathcal{L}\big[y(t)\big](s)$ とする．定理 6.1 から次の定理を得る．

定理 6.2（導関数のラプラス変換（その 2））

A, B は定数とすると，

$$\mathcal{L}\big[y'(t) + Ay(t)\big](s) = (s + A)Y(s) - y'(0), \tag{6.4}$$

$$\begin{aligned} &\mathcal{L}\big[y''(t) + Ay'(t) + By(t)\big](s) \\ &= (s^2 + As + B)Y(s) - sy(0) - y'(0) - Ay(0). \end{aligned} \tag{6.5}$$

注意 6.2　(6.4), (6.5) で $Y(s)$ にかかっている式は**左辺と同じ係数**をもつことを覚えておいてほしい．$y(0)$, $y'(0)$ は**初期値**に他ならない．

§6 の問題

確認問題

問 6.1　$f(t) = \cos t$ のとき，定理 6.1 の (6.1) が成り立つことを確かめよ．第 1 章の結果を用いよ．

□□□ [⇨ 6・1]

基本問題

問 6.2　$f(t)$ が以下の各関数のとき，定理 6.1 の (6.1) と (6.2) が成り立つことを確かめよ．第 1 章の結果を用いよ．

(1) e^{at}　(2) $\cos bt$　(3) $\sin bt$

□□□ [⇨ 6・1]

§7 初期値問題

§7のポイント

- 常微分方程式の**初期値問題**を以下の手順で解くことができる.
  - $f'(t)$ のラプラス変換がほぼ $sF(s)$ であることを使って，常微分方程式を単なる 1 次方程式に書き換える.
  - $\mathcal{L}\bigl[f'(t)\bigr](s) = sF(s) - f(0)$ を使って初期値を取り込む.
  - s の世界の問題を割り算で解く.
  - ラプラス逆変換で t の世界に戻る.

7・1 1 階の初期値問題

例題 7.1 初期値問題 $y' - 3y = -4e^t$, $y(0) = 6$ を解け.

[⇨ 付録の 例 33.2]

解 定理 6.1 (6.1) と初期条件 $y(0) = 6$ より，

$$\mathcal{L}\bigl[y'\bigr](s) = sY(s) - 6. \tag{7.1}$$

あたえられた常微分方程式 $y' - 3y = -4e^t$ の両辺を**ラプラス変換して**[1)]

$$\mathcal{L}\bigl[y' - 3y\bigr](s) = \mathcal{L}\bigl[-4e^t\bigr](s). \tag{7.2}$$

線形性（定理 2.1）と (7.1) より，(7.2) の左辺は

$$\begin{aligned}\mathcal{L}[y' - 3y](s) &\overset{\because \text{定理 } 2.1}{=} \mathcal{L}[y'](s) - 3\mathcal{L}[y](s) \\ &\overset{\because (7.1)}{=} sY(s) - 6 - 3Y(s) = (s-3)Y(s) - 6\end{aligned}$$

---

1) t の世界から s の世界に移るときはラプラス変換の 6 つの性質と「第 1 章のまとめ」にあるラプラス変換表を利用する.

である．また，(7.2) の右辺は定理 1.1 より $\mathcal{L}[-4e^t](s) = -4\mathcal{L}[e^t](s) = \dfrac{-4}{s-1}$ である．以上より (7.2) は

$$(s-3)Y(s) - 6 = \frac{-4}{s-1}$$

と書き直せて，

$$(s-3)Y(s) = 6 - \frac{4}{s-1}$$

となる．したがって，

$$\begin{aligned} Y(s) &= \frac{6}{s-3} - \frac{4}{(s-3)(s-1)} \quad \text{（通分しない［⇨ 注意 7.2］）} \\ &= \frac{6}{s-3} - 2\left(\frac{1}{s-3} - \frac{1}{s-1}\right) \quad \text{（暗算）} \\ &= \frac{4}{s-3} + \frac{2}{s-1} \end{aligned} \tag{7.3}$$

である（✍）．これの両辺を**ラプラス逆変換**して[2]，定理 3.1 より

$$y = \mathcal{L}^{-1}\big[Y(s)\big](t) = 4e^{3t} + 2e^t. \qquad \diamondsuit$$

注意 7.1　**検算**の方法は付録の例 33.2 で説明した．

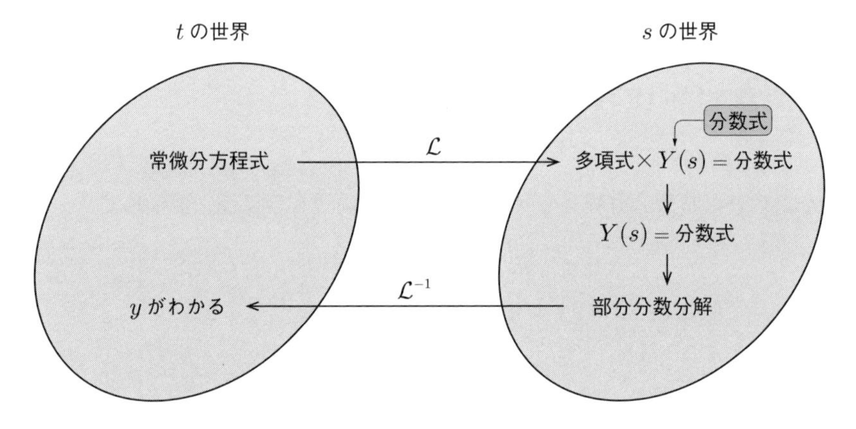

図 7.1　常微分方程式の解法： 2つの世界を行き来する

---

2)　s の世界から t の世界に戻るときはラプラス逆変換の 6 つの性質と「第 2 章のまとめ」にあるラプラス逆変換表を利用する．

注意 7.2（通分禁止）　例題 7.1 の解で $Y(s)=\dfrac{6}{s-3}-\dfrac{4}{(s-3)(s-1)}$ を通分すべきでない．目標は部分分数分解であり，通分はその逆の計算だからである．もちろん，通分しておけば (7.3) のように後で同類項を整理する必要はなくなる．しかし，通分は同類項の整理より手間がかかるので，やはり通分すると損である．

以下でも同様に，**通分できるところであえてしない**という方針で臨む．問 7.2 (3) だけは例外（一部の項を通分したら約分できる珍しいタイプ）である．

例題 7.2　初期値問題 $y'-3y=2e^{3t}$, $y(0)=1$ を解け．

解　あたえられた微分方程式の両辺をラプラス変換すると

$$\mathcal{L}[y'-3y](s)=\mathcal{L}[2e^{3t}](s) \tag{7.4}$$

である．ここで，定理 2.1，定理 6.1 (6.1) と初期条件より，(7.4) の左辺は

$$\mathcal{L}[y'-3y](s)=sY(s)-y(0)-3Y(s)=(s-3)Y(s)-1$$

であり[3]，(7.4) の右辺は，定理 1.1，あるいは第 1 章末のラプラス変換表より $\mathcal{L}[2e^{3t}](s)=2\mathcal{L}[e^{3t}](s)=\dfrac{2}{s-3}$ である．ゆえに，(7.4) は

$$(s-3)Y(s)-1=\frac{2}{s-3}$$

である．$Y(s)$ について

$$Y(s)=\frac{1}{s-3}+\frac{2}{(s-3)^2}$$

となる．定理 3.1 と例題 4.2，あるいは前章末のラプラス逆変換表より

$$y=\mathcal{L}^{-1}\big[Y(s)\big](t)=e^{3t}+2te^{3t}.$$

◇

---

[3]　(6.4) を使ってもよい．

例題 7.3　初期値問題 $y' + 5y = -25t,\ y(0) = 3$ を解け．

解　あたえられた微分方程式の両辺をラプラス変換すると

$$\mathcal{L}[y' + 5y](s) = \mathcal{L}[-25t](s) \tag{7.5}$$

である．定理 2.1，定理 6.1 (6.1) と初期条件より，あるいは (6.4) より，左辺は

$$\begin{aligned}\mathcal{L}[y' + 5y](s) &\overset{\because 定理\ 2.1}{=} \mathcal{L}[y'](s) + 5\mathcal{L}[y](s) \\ &\overset{\because 定理\ 6.1(6.1)}{=} sY(s) - y(0) + 5Y(s) = (s+5)Y(s) - 3\end{aligned}$$

であり，(7.5) の右辺は $\mathcal{L}[-25t](s) = -\dfrac{25}{s^2}$ である．

ゆえに，(7.5) は $(s+5)Y(s) - 3 = -\dfrac{25}{s^2}$ である．$Y(s)$ について解くと（✍），

$$Y(s) = \frac{3}{s+5} - \frac{25}{s^2(s+5)} \quad （通分しない）$$

となる．ここで右辺第 2 項について（分母が 3 次だからタネは 3 個）

$$\frac{-25}{s^2(s+5)} = \frac{A}{s} + \frac{B}{s^2} + \frac{C}{s+5} \tag{7.6}$$

とおくと，cover-up method によって

$$B = \lim_{s\to 0} s^2 \cdot \frac{-25}{s^2(s+5)} = \lim_{s\to 0} \frac{-25}{s+5} = -5,$$

$$C = \lim_{s\to -5} (s+5)\frac{-25}{s^2(s+5)} = \lim_{s\to -5} \frac{-25}{s^2} = -1$$

である．(7.6) の分母をはらって B, C の値を代入すると

$$As(s+5) - 5(s+5) - s^2 = -25.$$

両辺の s^2 の係数を比較すると $A - 1 = 0$ なので $A = 1$ である．以上より

$$Y(s) = \frac{3}{s+5} + \left(\frac{1}{s} - \frac{5}{s^2} - \frac{1}{s+5}\right) = \frac{1}{s} - \frac{5}{s^2} + \frac{2}{s+5}.$$

両辺をラプラス逆変換すると，定理 3.1 より，$y = 1 - 5t + 2e^{-5t}$.　◇

7・2 2 階の初期値問題

例題 7.4 初期値問題 $y'' - y' - 6y = e^t$, $y(0) = y'(0) = 0$ を解け.

□□□

解 初期値がともに 0 だから易しい．あたえられた微分方程式の両辺をラプラス変換すると，定理 2.1，定理 6.1 (6.1), (6.2) と初期条件より $s^2Y - sY - 6Y = \dfrac{1}{s-1}$ である．ここで $Y(s)$ を Y と略記した．Y でくくれば

$$(s^2 - s - 6)Y = \frac{1}{s-1}$$

となる．Y について解くと，

$$Y = \frac{1}{(s^2 - s - 6)(s-1)} = \frac{1}{(s+2)(s-3)(s-1)}$$

である．

$$Y = \frac{A}{s+2} + \frac{B}{s-3} + \frac{C}{s-1}$$

とおくと，cover-up method によって

$$A = \lim_{s\to -2} \frac{1}{(s-3)(s-1)} = \frac{1}{15},$$

$$B = \lim_{s\to 3} \frac{1}{(s+2)(s-1)} = \frac{1}{10},$$

$$C = \lim_{s\to 1} \frac{1}{(s+2)(s-3)} = -\frac{1}{6}$$

である（✍）．ラプラス逆変換すると，定理 3.1 より

$$y = \mathcal{L}^{-1}\left[\frac{1/15}{s+2} + \frac{1/10}{s-3} + \frac{-1/6}{s-1}\right](t) = \frac{1}{15}e^{-2t} + \frac{1}{10}e^{3t} - \frac{1}{6}e^t.$$

◇

例題 7.5　初期値問題 $y'' - y' - 6y = 0$, $y(0) = p$, $y'(0) = q$ を解け.

□□□

解　前問と比べて，右辺が0になっているところは易しいが，初期値が0でないところは難しい.

$$\mathcal{L}[y'](s) \overset{(6.1)}{=} sY - y(0) = sY - p,$$

$$\mathcal{L}[y''](s) \overset{(6.2)}{=} s^2Y - sy(0) - y'(0) = s^2Y - ps - q$$

となる. あたえられた微分方程式の両辺をラプラス変換すると

$$(s^2Y - ps - q) - (sY - p) - 6Y = 0,$$

すなわち

$$(s^2 - s - 6)Y = ps - p + q$$

である. ゆえに

$$Y = \frac{ps - p + q}{s^2 - s - 6} = \frac{ps - p + q}{(s+2)(s-3)}$$

である.

$$Y = \frac{A}{s+2} + \frac{B}{s-3}$$

とおくと，cover-up method によって

$$A = \frac{3p - q}{5}, \qquad B = \frac{2p + q}{5}$$

である (✍). ラプラス逆変換すると，定理 3.1 より

$$y = \mathcal{L}^{-1}[Y](t) = \mathcal{L}^{-1}\left[\frac{3p-q}{5}\frac{1}{s+2} + \frac{2p+q}{5}\frac{1}{s-3}\right](t)$$

$$= \frac{3p-q}{5}e^{-2t} + \frac{2p+q}{5}e^{3t}.$$

◇

例題 7.6　初期値問題 $y'' - y' - 6y = e^t$, $y(0) = p$, $y'(0) = q$ を解け.

□□□

解　直前の2問をあわせた問題である．それらの解の和が本問の解である．例題 7.4, 例題 7.5 の解をそれぞれ y_1, y_2 とし，$y_3 = y_1 + y_2$ とおく．y_3 が本問の解であることを示そう．$y_1'' - y_1' - 6y_1 = e^t$, $y_2'' - y_2' - 6y_2 = 0$ より

$$
\begin{aligned}
&y_3'' - y_3' - 6y_3 \\
&= (y_1'' + y_2'') - (y_1' + y_2') - 6(y_1 + y_2) \\
&= (y_1'' - y_1' - 6y_1) + (y_2'' - y_2' - 6y_2) \\
&= e^t + 0 = e^t
\end{aligned}
$$

が成り立ち，また，$y_1(0) = y_1'(0) = 0$, $y_2(0) = p$, $y_2'(0) = q$ より，

$$
y_3(0) = y_1(0) + y_2(0) = p, \qquad y_3'(0) = y_1'(0) + y_2'(0) = q
$$

が成り立つ．以上より

$$
\begin{aligned}
y = y_3 &= \frac{1}{15}e^{-2t} + \frac{1}{10}e^{3t} - \frac{1}{6}e^t + \frac{3p-q}{5}e^{-2t} + \frac{2p+q}{5}e^{3t} \\
&= \left(\frac{1}{15} + \frac{3p-q}{5}\right)e^{-2t} + \left(\frac{1}{10} + \frac{2p+q}{5}\right)e^{3t} - \frac{1}{6}e^t
\end{aligned}
$$

が本問の解である．

本問を直前の2問に分けたおかげで一つ一つの解答は短く，理解しやすくなった．このように分けずに，いきなり本問を解くこともできる．その場合は，

$$
\underbrace{\frac{1}{(s+2)(s-3)(s-1)}}_{\text{方程式の右辺の影響（例題 7.4）}} + \underbrace{\frac{ps-p+q}{(s+2)(s-3)}}_{\text{初期値の影響（例題 7.5）}}
$$

の2項を（通分せずに）別々に部分分数分解して最後に足し合わせればよい．◇

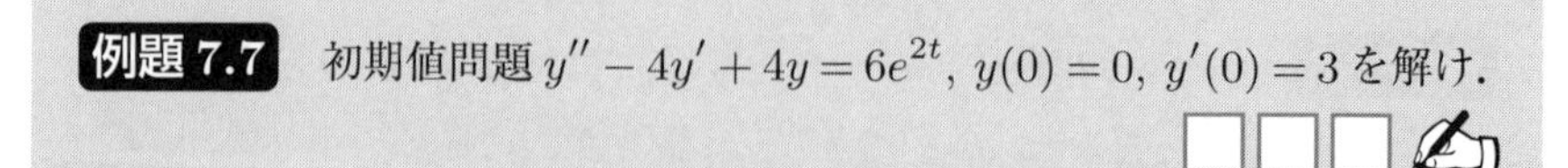

例題 7.7　初期値問題 $y'' - 4y' + 4y = 6e^{2t}$, $y(0) = 0$, $y'(0) = 3$ を解け．

□□□ ✍

解　あたえられた微分方程式の両辺をラプラス変換すると，

$$(s^2Y - 3) - 4sY + 4Y = \frac{6}{s-2}$$

となる（✍）．したがって $(s^2 - 4s + 4)Y = 3 + \dfrac{6}{s-2}$ である．

両辺を $s^2 - 4s + 4 = (s-2)^2$ で割ると

$$Y = \frac{3}{(s-2)^2} + \frac{6}{(s-2)^3}$$

である．両辺をラプラス逆変換すると（✍），

$$y \overset{\because\,\text{例題 4.2}}{=} 3te^{2t} + 3t^2e^{2t} = 3e^{2t}(t + t^2).$$

◇

例題 7.8　初期値問題 $y'' + y = 2e^{-t}$, $y(0) = 2$, $y'(0) = 4$ を解け．

[⇨ 付録の 例 33.4]

□□□ ✍

解　あたえられた微分方程式の両辺をラプラス変換すると，

$$(s^2Y - 2s - 4) + Y = \frac{2}{s+1}$$

となる（✍）から

$$Y = \underbrace{\frac{2s+4}{s^2+1}}_{\text{かさばらない書き方}} + \underbrace{\frac{2}{(s^2+1)(s+1)}}_{\text{後で部分分数分解する}} \tag{7.7}$$

である．タネを強調するため，かさばるのを気にせずに書けば右辺第 1 項は $\dfrac{2s}{s^2+1} + \dfrac{4}{s^2+1}$ である．通常は (7.7) のように書く．(7.7) の右辺第 2 項を

$$\frac{2}{(s^2+1)(s+1)} = \underbrace{\frac{As+B}{s^2+1}}_{\text{かさばらない書き方}} + \frac{C}{s+1} \tag{7.8}$$

とおくと，cover-up method によって

$$C = \lim_{s \to -1} \frac{2}{s^2+1} = 1$$

である（✍）．(7.8) の分母をはらって $C = 1$ を代入すると

$$(As+B)(s+1) + (s^2+1) = 0s^2 + 0s + 2$$

となる．両辺の s^2 の係数と定数項を比較すると $A+1=0$, $B+1=2$（✍）なので $A=-1$, $B=1$ を得る（このとき s の係数も合う）．したがって，

$$Y = \frac{2s+4}{s^2+1} + \left(\frac{-s+1}{s^2+1} + \frac{1}{s+1}\right) = \frac{s+5}{s^2+1} + \frac{1}{s+1}.$$

ゆえに $y = \mathcal{L}^{-1}[Y](t) \overset{\because \text{定理 } 3.1}{=} \cos t + 5\sin t + e^{-t}$.　◇

7・3　2 階のやや難しい場合

例題 7.9　初期値問題 $y'' + 9y = 18\sin 3t$, $y(0) = 1$, $y'(0) = 3$ を解け．

解　$(s^2Y - s - 3) + 9Y = \dfrac{54}{s^2+9}$ だから（✍）

$$Y = \frac{s+3}{s^2+9} + \frac{54}{(s^2+9)^2}.$$

ゆえに，定理 3.1，例 4.6 より（✍）

$$\begin{aligned} y = \mathcal{L}^{-1}[Y](t) &= \cos 3t + \sin 3t + \frac{54}{2 \cdot 3^3}(\sin 3t - 3t\cos 3t) \\ &= \cos 3t + 2\sin 3t - 3t\cos 3t. \end{aligned}$$

◇

例題 7.10　初期値問題 $y'' - 2y' + 17y = 34e^{2t}$, $y(0) = 4$, $y'(0) = 10$ を解け．[⇨ **問 33.4**]　□□□ ✍

解　$(s^2Y - 4s - 10) - 2(sY - 4) + 17Y = \dfrac{34}{s-2}$ だから

$$Y = \frac{4s+2}{s^2-2s+17} + \frac{34}{(s-2)(s^2-2s+17)} \tag{7.9}$$

である（通分しない）．ここで，右辺第2項を

$$\frac{34}{(s-2)(s^2-2s+17)} = \frac{A}{s-2} + \frac{Bs+C}{s^2-2s+17} \tag{7.10}$$

とおく（後で定理 5.1（イ）にあわせて変形）．cover-up method によって

$$A = \lim_{s \to 2} \frac{34}{s^2-2s+17} = 2$$

である．(7.10) の両辺の分母をはらって $A = 2$ を代入すると

$$2(s^2 - 2s + 17) + (s-2)(Bs+C) = 34$$

である．両辺の s^2 の係数と定数項を比較すると $2 + B = 0$, $34 - 2C = 34$ より $B = -2$, $C = 0$ がわかる（✍）．したがって，

$$\frac{34}{(s-2)(s^2-2s+17)} = \frac{2}{s-2} + \frac{-2s}{s^2-2s+17} \tag{7.11}$$

である．(7.11) を (7.9) の右辺第2項に代入し，同類項を整理すると

$$\begin{aligned} Y &= \frac{4s+2}{s^2-2s+17} + \left(\frac{2}{s-2} + \frac{-2s}{s^2-2s+17}\right) \\ &= \frac{2}{s-2} + \frac{2s+2}{s^2-2s+17} = \frac{2}{s-2} + \frac{2(s-1)+4}{(s-1)^2+4^2} \quad [\text{⇨ 定理 5.1（イ）}] \end{aligned}$$

となる[4)]．ラプラス逆変換して，$y = 2e^{2t} + e^t(2\cos 4t + \sin 4t)$.　◇

---

4)　分母を $s^2 - 2s + 17 = (s-1)^2 + 4^2$ と平方完成．
　このに $s - 1$ にあわせて分子を $2(s-1) + $(おつり) の形に変形．[⇨ (5.6)]

例題 7.11 初期値問題 $y'' + 4y = 8t + 4,\ y(0) = 4,\ y'(0) = -2$ を解け.
[⇨ 例題 5.6, 例題 5.11, 例題 5.17] □□□ ✍

解 $(s^2Y - 4s + 2) + 4Y = \dfrac{8}{s^2} + \dfrac{4}{s}$ だから (✍)

$$Y = \frac{4s-2}{s^2+4} + \frac{8}{s^2(s^2+4)} + \frac{4}{s(s^2+4)} \tag{7.12}$$

である. 右辺第 2, 3 項を部分分数分解しよう. まず, (暗算で)

$$\frac{8}{s^2(s^2+4)} = 2\left(\frac{1}{s^2} - \frac{1}{s^2+4}\right) \tag{7.13}$$

である (✍). 次に

$$\frac{4}{s(s^2+4)} = \frac{A}{s} + \frac{Bs+C}{s^2+4} \tag{7.14}$$

とおく. cover-up method によって $A = \lim_{s\to 0} \dfrac{4}{s^2+4} = 1$ である. (7.14) の分母をはらって $A = 1$ を代入すると

$$s^2 + 4 + s(Bs + C) = 4$$

である. 両辺の s^2, s の係数を比較して $B = -1,\ C = 0$ がわかり (✍),

$$\frac{4}{s(s^2+4)} = \frac{1}{s} + \frac{-s}{s^2+4} \tag{7.15}$$

である[5]. (7.12), (7.13), (7.15) より

$$Y = \frac{4s-2}{s^2+4} + 2\left(\frac{1}{s^2} - \frac{1}{s^2+4}\right) + \left(\frac{1}{s} + \frac{-s}{s^2+4}\right) = \frac{1}{s} + \frac{2}{s^2} + \frac{3s-4}{s^2+4}$$

である. ラプラス逆変換して,

$$y = 1 + 2t + 3\cos 2t - 2\sin 2t.$$

◇

---

[5] 検算は暗算でできる. 右辺を通分すれば左辺に一致する. なお, 例題 5.6, 例題 5.11, 例題 5.17 では (定数倍を除いて) 同じ分数式を異なる方法で部分分数分解した.

§7の問題

確認問題

問 7.1　$\mathcal{L}[f(t)](s) = F = F(s)$, $\mathcal{L}[y](s) = Y = Y(s)$ とおく．

(1)　$y' + Ay = f(t)$, $y(0) = p$ のとき，Y を F, A, p を用いて表せ．

(2)　$y'' + Ay' + By = f(t)$, $y(0) = p$, $y'(0) = q$ のとき，Y を F, A, B, p, q を用いて表せ．

□□□ [⇨ 7・1 7・2]

基本問題

問 7.2　次の初期値問題を解け．

(1)　$y' - 3y = e^{2t}$, $y(0) = 4$

(2)　$y' + y = e^{-t}$, $y(0) = 1$

(3)　$y' + y = t^3 + 3t^2$, $y(0) = 2$　（通分禁止の例外 [⇨ 注意 7.2]）

(4)　$y'' + 4y' + 3y = e^{-2t}$, $y(0) = 1$, $y'(0) = -2$

(5)　$y'' - 4y' + 4y = 6te^{2t}$, $y(0) = 1$, $y'(0) = 1$

(6)　$y'' + y = \cos t$, $y(0) = 0$, $y'(0) = -1$

(7)　$y'' + 8y' + 25y = 25$, $y(0) = y'(0) = 0$

常微分方程式の境界値問題はサポートページで扱う．

§8 一般解

§8のポイント

- 常微分方程式の解のうち，その階数と同じ個数の任意定数を含むものを**一般解**という．
- 2階線形常微分方程式 $y'' + Ay' + By = f(t)$ の一般解を求める．
- 初期値を p, q とおいて初期値問題を解けばよい．

8・1 斉次（右辺が0）の場合

A, B は定数とする．実数でも複素数でもよい．2次方程式

$$\lambda^2 + A\lambda + B = 0 \tag{8.1}$$

の2つの解を λ_1, λ_2（重解のとき λ_0）とする．2階常微分方程式

$$y'' + Ay' + By = 0 \tag{8.2}$$

の一般解は簡単にわかる．ただし，ここではラプラス変換を使う都合から $t \geq 0$ での一般解[1)]を考える（実は任意の区間でも同様の結果が成り立つ）．

定理 8.1（定数係数2階斉次常微分方程式の一般解）

(8.2) の $t \geq 0$ における一般解は［⇨ 付録の **定理 32.5**，**定理 32.6**］

(i) (8.1) が異なる2つの解 λ_1, λ_2 をもつとき

$$y = C_1 e^{\lambda_1 t} + C_2\, e^{\lambda_2 t} \quad (C_1, C_2 \text{は定数}),$$

(ii) (8.1) が重解 λ_0 をもつとき

$$y = C_1 e^{\lambda_0 t} + C_2\, t e^{\lambda_0 t} \quad (C_1, C_2 \text{は定数}).$$

証明　$y(0) = p,\ y'(0) = q$ とおく．(8.2) の両辺をラプラス変換すると $(s^2 Y - ps - q) + A(sY - p) + BY = 0$ である（✍）．よって，

---

1) より厳密にいうと，$t > 0$ で (8.2) をみたし，$y(0) = \lim_{t \to +0} y(t)$ と $y'(0) = \lim_{t \to +0} y'(t)$ が存在すると仮定する（しかし，実はわざわざ仮定しなくても必ずそうなる）．

$$Y = \frac{ps + (Ap + q)}{s^2 + As + B} \tag{8.3}$$

である．p, q は任意なので，右辺の分子は任意の1次式である（後述の注意8.1と同様）．(8.1) がどのような解をもつか，すなわち (8.3) の分母がどのように因数分解されるかに応じて場合分けする．

(i) $Y = \dfrac{\text{任意の1次式}}{(s-\lambda_1)(s-\lambda_2)} = \dfrac{C_1}{s-\lambda_1} + \dfrac{C_2}{s-\lambda_2}$ と表せる．ここで C_1, C_2 は任意定数である．したがって，両辺をラプラス逆変換して，

$$y = \mathcal{L}^{-1}[Y](t) = C_1 e^{\lambda_1 t} + C_2\, e^{\lambda_2 t}.$$

(ii) $Y = \dfrac{\text{任意の1次式}}{(s-\lambda_0)^2} = \dfrac{C_1}{s-\lambda_0} + \dfrac{C_2}{(s-\lambda_0)^2}$ と表せる．ここで C_1, C_2 は任意定数である．したがって，両辺をラプラス逆変換して，

$$y = \mathcal{L}^{-1}[Y](t) = C_1 e^{\lambda_0 t} + C_2\, t e^{\lambda_0 t}.$$

◇

8・2　非斉次（右辺が0でない）の場合

例題 8.1　$y'' - 4y' + 4y = 6te^{2t}$ の一般解を求めよ．　□□□

解　あたえられた微分方程式の両辺をラプラス変換して $y(0) = p,\ y'(0) = q$ とおくと $(s^2Y - ps - q) - 4(sY - p) + 4Y = \dfrac{6}{(s-2)^2}$ となる．Y について整理すると $(s-2)^2 Y = \dfrac{6}{(s-2)^2} + ps - 4p + q$ なので（✍），

$$\begin{aligned} Y &= \frac{6}{(s-2)^4} + \frac{ps - 4p + q}{(s-2)^2} = \frac{6}{(s-2)^4} + \frac{p(s-2) - 2p + q}{(s-2)^2} \\ &= \frac{6}{(s-2)^4} + \frac{p}{s-2} + \frac{-2p+q}{(s-2)^2} \end{aligned}$$

である（✍）．$C_1 = p,\ C_2 = -2p + q$ とおく．p, q が任意の値をとるとき，C_1, C_2 も任意の値をとる．定理3.1，例題4.2より一般解は

$$y = \mathcal{L}^{-1}[Y](t) = t^3 e^{2t} + C_1 e^{2t} + C_2\, te^{2t}.$$

◇

注意 8.1 例題 8.1 の解で $C_1 = p,\ C_2 = -2p + q$ は

$$\begin{pmatrix} C_1 \\ C_2 \end{pmatrix} = \begin{pmatrix} 1 & 0 \\ -2 & 1 \end{pmatrix} \begin{pmatrix} p \\ q \end{pmatrix}$$

と書ける．この 2 次正方行列は逆行列をもつので，C_1, C_2 の任意の値に対して，対応する p, q の値が存在する．つまり C_1, C_2 は任意の値をとりうる．

注意 8.2 付録の定理 33.2 によれば，y_0 が例題 8.1 の特解とすると，一般解は

$$y = y_0 + C_1 e^{2t} + C_2\, te^{2t}$$

である．これを既知としてよいのならば，$(s-2)^{-1}$, $(s-2)^{-2}$ の係数を真面目に求めずにさっさと C_1, C_2 と書いてしまえばよい．あるいは $p = q = 0$ として特解を求めてもよい．$t^3 e^{2t} + C_1 e^{2t} + C_2\, te^{2t}$ のうち後の 2 項はわかっており，$t^3 e^{2t}$ を見つければよい．

§8の問題

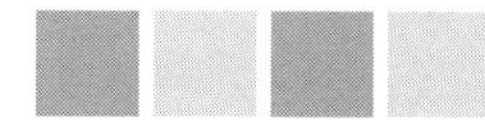

確認問題

問 8.1 次の各常微分方程式の一般解を求めよ．

(1) $y'' - y' - 2y = 0$　(2) $y'' - 2y' + y = 0$　(3) $y'' - 2y' + 5y = 0$

□□□ [⇨ **8・1**]

基本問題

問 8.2 次の各常微分方程式の一般解を求めよ．

(1) $y'' - y' - 2y = 8e^{3t}$　(2) $y'' - 2y' + y = \dfrac{5}{2}\sin 2t$　□□□ [⇨ **8・2**]

第3章のまとめ

基本的な公式

- $\mathcal{L}\big[f'(t)\big](s) = sF(s) - f(0)$.
- $\mathcal{L}\big[f''(t)\big](s) = s^2F(s) - sf(0) - f'(0)$.

常微分方程式の初期値問題

- あたえられた初期値 $y(0)$, $y'(0)$ を使って $\mathcal{L}[y'](s)$, $\mathcal{L}[y''](s)$ を計算する．
- $Y(s)$ に関する方程式を解く．
- ラプラス逆変換によって $y = y(t)$ を求める．

非斉次方程式の一般解

- 初期値があたえられていないので，とりあえず $y(0) = p$, $y'(0) = q$ とおいて初期値問題とみなして解く．
- 任意定数 p, q を含む一般解が得られる．
- 別の任意定数を使って見やすく書き直す．
- 特解さえわかれば一般解は直ちにわかる．

フーリエ変換・フーリエ逆変換

§9 フーリエ変換でやりたいこと

§9のポイント

- フーリエ変換は積分によって関数 $f(x)$ に関数 $\hat{f}(\xi)$ を対応させる.
- フーリエ変換のスローガン：「x の世界から ξ の世界へ」
- フーリエ変換の逆変換も積分で書ける.
- $f'(x)$ のフーリエ変換は $i\xi\hat{f}(\xi)$.
- フーリエ変換は偏微分方程式を解くときに便利.
- フーリエ変換はさまざまな積分の値を求めることにも応用できる.

フーリエ変換でやりたいことを大まかに述べよう.

$\mathbb{R}$ 全体の関数 $f(x)$ のフーリエ変換 $\hat{f}(\xi)$ を

$$\hat{f}(\xi) = \mathcal{F}[f](\xi) = \frac{1}{\sqrt{2\pi}} \int_{-\infty}^{\infty} e^{-i\xi x} f(x)\, dx$$

で定義する. $x \in \mathbb{R}$ の世界の関数 $f(x)$ を $\xi \in \mathbb{R}$ の世界の関数 $\hat{f}(\xi)$ に変換する.

x の世界における $\dfrac{d}{dx}$ は $i\xi$ 倍に変わる. すなわち,

$$\widehat{f'}(\xi) = \mathcal{F}[f'](\xi) = i\xi\mathcal{F}[f](\xi) = i\xi\hat{f}(\xi)$$

が成り立つ (定理 10.5). このことが偏微分方程式を解くときに役立つのである.

表 9.1　ラプラス変換とフーリエ変換の違い

ラプラス変換	フーリエ変換
0 から ∞ まで積分	$-\infty$ から ∞ まで積分
e^{-st}（i なし）	$e^{-i\xi x}$（i あり）
積分して終わり	$\sqrt{2\pi}$ で割る

x と t に関する偏微分方程式があるとしよう．フーリエ変換すると $\dfrac{\partial}{\partial x}$ は $i\xi$ 倍に変わるが，$\dfrac{\partial}{\partial t}$ は $\dfrac{\partial}{\partial t}$ のままである．したがって，例えば $u_t - u_{xx} = 0$ の両辺をフーリエ変換すると $\hat{u}_t + \xi^2 \hat{u} = 0$ となる．これは t に関する常微分方程式（ξ はパラメータ）だから，元の偏微分方程式よりもずっと易しい．このように，フーリエ変換で x の世界から ξ の世界に行くと，**難しい偏微分方程式が易しい常微分方程式に変わる**（図 9.1）．それを解いた後でフーリエ逆変換で x の世界に帰ってくる．**フーリエ逆変換も積分で定義される**．フーリエ変換とは文字の使い方と符号が違っているが，それ以外はそっくりの積分である．

また，フーリエ変換は $\displaystyle\int_0^\infty \frac{(1-\cos a\xi)\sin x\xi}{\xi}\,d\xi$ のような具体的な積分の値を求めることにも応用できる．

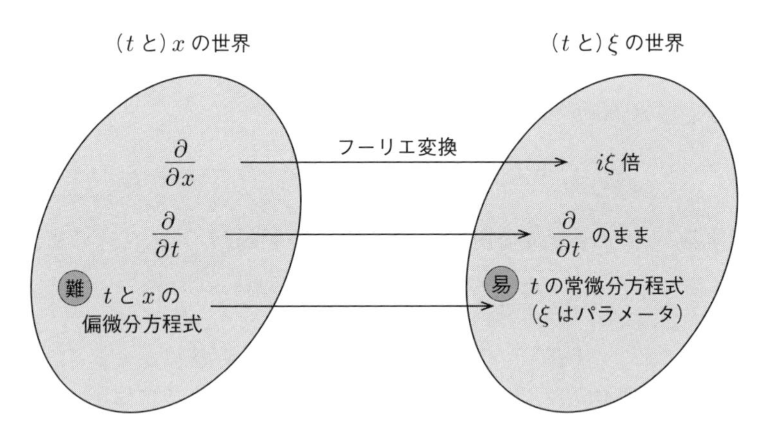

図 9.1　偏微分方程式の解法

§10 フーリエ変換

§10 のポイント

- $-\infty < x < \infty$ の関数 $f(x)$ について $\dfrac{1}{\sqrt{2\pi}}\displaystyle\int_{-\infty}^{\infty} e^{-i\xi x} f(x)\,dx$ を $f(x)$ の **フーリエ変換**という．
- フーリエ変換のスローガン：「x の世界から ξ の世界へ」
- $f'(x)$ のフーリエ変換は $f(x)$ のフーリエ変換の $i\xi$ 倍である．
- $e^{-\varepsilon|x|}$ のフーリエ変換は**ポアソン核**の定数倍である．
- いくつかの重要な例を計算する．

10・1 定義と簡単な例

定義 10.1（フーリエ変換）

$\mathbb{R}$ 全体の関数 $f(x)$ の**フーリエ変換**を

$$\hat{f}(\xi) = \mathcal{F}[f](\xi) = \frac{1}{\sqrt{2\pi}}\int_{-\infty}^{\infty} e^{-i\xi x} f(x)\,dx \qquad (\xi \in \mathbb{R}) \tag{10.1}$$

で定義する[1)2)]（定義できるための条件は **10・2**）．

$e^{-i\xi x}f(x)$ を x で積分すると，x が消えて ξ の関数 $\hat{f}(\xi)$ ができる．

フーリエ変換の話はラプラス変換の話に似ているが，異なるところもある．まず $\mathbb{R}$ 全体の関数 $f(x)$ を考えるところが違う（ラプラス変換では $t \geq 0$ の関数だった）．次に，$e^{-i\xi x}$ をかけるところが違う．$-i$ 倍に注意してほしい．x も ξ も実数なので $\left|e^{-i\xi x}\right| = 1$ であり（✍），ラプラス変換で指数関数が急激に減少したのとは違う．このことについては **10・2** で論じる．まずは簡単な例をいくつか計算して，フーリエ変換に慣れてもらおう．

---

1) ^ はハットと読む．本によっては $\sqrt{2\pi}$ で割らないこともある．

2) アルファベット F の筆記体の $\mathcal{F}$ については，裏見返しを参照するとよい．

例題 10.1　x の関数 $f(x) = \begin{cases} 1 & (0 \leq x \leq 1) \\ 0 & (x < 0,\ 1 < x) \end{cases}$ のフーリエ変換 $\hat{f}(\xi) = \mathcal{F}[f](\xi)$（$\xi$ の関数）を求めよ．　□□□

解　$\mathcal{F}[f](\xi) \overset{\because (10.1)}{=} \dfrac{1}{\sqrt{2\pi}} \displaystyle\int_{-\infty}^{\infty} e^{-i\xi x} f(x)\,dx = \dfrac{1}{\sqrt{2\pi}} \int_0^1 e^{-i\xi x} \cdot 1\,dx$

$$= \frac{1}{\sqrt{2\pi}} \left[\frac{e^{-i\xi x}}{-i\xi} \right]_0^1 = \frac{1}{\sqrt{2\pi} i\xi}(1 - e^{-i\xi}).$$

[⇨ 注意 10.1]　◇

例題 10.2　x の関数 $f(x) = \begin{cases} 1 & (|x| \leq 1) \\ 0 & (|x| > 1) \end{cases}$ のフーリエ変換 $\hat{f}(\xi) = \mathcal{F}[f](\xi)$（$\xi$ の関数）を求めよ．[⇨ 例 11.4，問 16.1]　□□□

解　$e^{-i\xi x} = \cos \xi x - i \sin \xi x$ と偶・奇関数の性質より［⇨ **基本事項の復習**］

$$\mathcal{F}[f](\xi) \overset{\because (10.1)}{=} \frac{1}{\sqrt{2\pi}} \int_{-\infty}^{\infty} e^{-i\xi x} f(x)\,dx = \frac{1}{\sqrt{2\pi}} \int_{-1}^{1} e^{-i\xi x} \cdot 1\,dx$$

$$= \frac{1}{\sqrt{2\pi}} \int_{-1}^{1} (\cos \xi x - i \sin \xi x)\,dx$$

$$\overset{\because 偶・奇関数}{=} \frac{2}{\sqrt{2\pi}} \int_0^1 \cos \xi x\,dx = \sqrt{\frac{2}{\pi}} \left[\frac{1}{\xi} \sin \xi x \right]_0^1 = \sqrt{\frac{2}{\pi}} \frac{\sin \xi}{\xi}. \quad (10.2)$$

◇

注意 10.1　(10.2) は $\xi = 0$ でも成立することを示そう．後述の定理 10.4 より $\mathcal{F}[f](\xi)$ は $\mathbb{R}$ 全体で連続である．$\displaystyle\lim_{\xi \to 0} \frac{\sin \xi}{\xi} = 1$ より $\xi = 0$ での値を $\sqrt{\dfrac{2}{\pi}}$ とおけば $\sqrt{\dfrac{2}{\pi}} \dfrac{\sin \xi}{\xi}$ も $\mathbb{R}$ 全体で連続である．$\mathbb{R}$ 上の 2 つの連続関数が $\xi \neq 0$ で一致すれば $\xi = 0$ でも一致するので，(10.2) は $\xi = 0$ でも成立する．

例題 10.1 についても $\displaystyle\lim_{\xi \to 0} \frac{1 - \cos \xi}{\xi} = 0$ を用いれば同様の議論ができる．

例題 10.3　$f(x) = \begin{cases} -1 & (-a \leq x < 0) \\ 1 & (0 \leq x \leq a) \\ 0 & (|x| > a) \end{cases}$　のフーリエ変換を求めよ．

[⇨ 例題 11.4]

解　$\mathcal{F}[f](\xi) = \dfrac{1}{\sqrt{2\pi}} \left\{ \displaystyle\int_{-a}^{0} (-e^{-i\xi x})\,dx + \int_{0}^{a} e^{-i\xi x}\,dx \right\}$ である．第1の積分で $x = -y$ とおいて積分範囲を第2の積分にあわせると，

$$\int_{-a}^{0} (-e^{-i\xi x})\,dx = \int_{a}^{0} (-e^{i\xi y})\,(-dy) = -\int_{0}^{a} e^{i\xi y}\,dy = -\int_{0}^{a} e^{i\xi x}\,dx$$

である（最後の積分の x は元の x とは符号の異なる「新しい x」である）．よって

$$\mathcal{F}[f](\xi) = \frac{1}{\sqrt{2\pi}} \int_{0}^{a} (-e^{i\xi x} + e^{-i\xi x})\,dx = \frac{2i}{\sqrt{2\pi}} \int_{0}^{a} (-\sin \xi x)\,dx$$

$$= i\sqrt{\frac{2}{\pi}} \left[\frac{1}{\xi} \cos \xi x \right]_{0}^{a} = i\sqrt{\frac{2}{\pi}} \frac{\cos a\xi - 1}{\xi}.$$

別解　$f(x)$ は奇関数である．$e^{-i\xi x} f(x) = f(x)\cos \xi x - i f(x) \sin \xi x$ であり，実部 $f(x)\cos \xi x$ は奇関数で，虚部 $-f(x)\sin \xi x$ は偶関数である．ゆえに

$$\int_{-\infty}^{\infty} f(x)\cos \xi x\,dx = 0,$$

$$\int_{-\infty}^{\infty} \{-f(x)\sin \xi x\}\,dx = 2\int_{0}^{a} \{-f(x)\sin \xi x\}\,dx = 2\int_{0}^{a} \{-\sin \xi x\}\,dx$$

である．よって，

$$\mathcal{F}[f](\xi) = \frac{1}{\sqrt{2\pi}} \int_{-\infty}^{\infty} \{f(x)\cos \xi x - i f(x)\sin \xi x\}\,dx$$

$$= \frac{2i}{\sqrt{2\pi}} \int_{0}^{a} (-\sin \xi x)\,dx = i\sqrt{\frac{2}{\pi}} \left[\frac{1}{\xi} \cos \xi x \right]_{0}^{a} = i\sqrt{\frac{2}{\pi}} \frac{\cos a\xi - 1}{\xi}.$$

$\xi = 0$ でもこの式が成り立つ．根拠は注意 10.1 と同様である．　◇

例題 10.4　関数 $f(x) = \begin{cases} 1 - \dfrac{|x|}{2} & (0 \leq |x| \leq 2) \\ 0 & (|x| > 2) \end{cases}$ のフーリエ変換を求めよ．［⇨ 例題 11.2，例題 14.1］

□□□

解　$f(x)$ は偶関数である．$e^{-i\xi x} f(x) = f(x)\cos\xi x - if(x)\sin\xi x$ であり，実部 $f(x)\cos\xi x$ は偶関数，虚部 $-f(x)\sin\xi x$ は奇関数だから（例題 10.3 の別解とは偶奇が逆になっている），

$$\mathcal{F}[f](\xi) = \frac{1}{\sqrt{2\pi}}\int_{-\infty}^{\infty}\left\{f(x)\cos\xi x - if(x)\sin\xi x\right\}dx = \frac{2}{\sqrt{2\pi}}\int_0^2 f(x)\cos\xi x\,dx$$

である．$\xi \neq 0$ のとき，部分積分法を用いて

$$\begin{aligned}\hat{f}(\xi) &= \sqrt{\frac{2}{\pi}}\int_0^2\left(1-\frac{x}{2}\right)\left(\frac{1}{\xi}\sin\xi x\right)'dx \\ &= \sqrt{\frac{2}{\pi}}\left\{\left[\left(1-\frac{x}{2}\right)\frac{1}{\xi}\sin\xi x\right]_0^2 + \int_0^2\frac{1}{2\xi}\sin\xi x\,dx\right\} \\ &= \sqrt{\frac{2}{\pi}}\left[-\frac{1}{2\xi^2}\cos\xi x\right]_0^2 = \sqrt{\frac{2}{\pi}}\frac{1}{2\xi^2}(1-\cos 2\xi) = \sqrt{\frac{2}{\pi}}\frac{\sin^2\xi}{\xi^2}.\end{aligned}$$

$\xi = 0$ でもこの式が成り立つ．根拠は注意 10.1 と同様である．◇

例題 10.5　$f(x) = \begin{cases} \cos x & (|x| \leq \pi/2) \\ 0 & (|x| > \pi/2) \end{cases}$ のフーリエ変換を求めよ．

［⇨ 例題 11.3，例題 14.2］

□□□

解　$f(x)$ は偶関数なので，例題 10.4 と同様に

$$\hat{f}(\xi) = \frac{2}{\sqrt{2\pi}}\int_0^{\pi/2} f(x)\cos\xi x\,dx = \frac{1}{\sqrt{2\pi}}\int_0^{\pi/2} 2\cos x\cos\xi x\,dx. \quad (10.3)$$

積和公式より $2\cos x\cos\xi x = \cos(1+\xi)x + \cos(1-\xi)x$ なので

$$\int_0^{\pi/2} 2\cos x \cos \xi x \, dx = \frac{1}{1+\xi} \sin \frac{\pi(1+\xi)}{2} + \frac{1}{1-\xi} \sin \frac{\pi(1-\xi)}{2}$$

$$= \left(\frac{1}{1+\xi} + \frac{1}{1-\xi} \right) \cos \frac{\pi\xi}{2} = \frac{2}{1-\xi^2} \cos \frac{\pi\xi}{2}. \tag{10.4}$$

(10.3), (10.4) より，　$\hat{f}(\xi) = \sqrt{\dfrac{2}{\pi}} \dfrac{1}{1-\xi^2} \cos \dfrac{\pi\xi}{2}.$ ◇

定義 10.2（ポアソン核）

$P_\varepsilon(x) = \dfrac{1}{\pi} \dfrac{\varepsilon}{x^2+\varepsilon^2}$ $(\varepsilon > 0)$ とおき，**ポアソン核**とよぶ[3)].

$\displaystyle\int_{-\infty}^{\infty} P_\varepsilon(x) \, dx = 1$ となるように π で割っている.

定理 10.1（フーリエ変換がポアソン核になる関数）

$$\mathcal{F}\left[\frac{e^{-\varepsilon|x|}}{\sqrt{2\pi}} \right](\xi) = P_\varepsilon(\xi).$$

証明

$$\mathcal{F}\big[e^{-\varepsilon|x|}\big](\xi) \overset{\because (10.1)}{=} \frac{1}{\sqrt{2\pi}} \int_{-\infty}^{\infty} e^{-i\xi x} e^{-\varepsilon|x|} \, dx$$

$$= \frac{1}{\sqrt{2\pi}} \left(\int_{-\infty}^{0} e^{\varepsilon x} e^{-i\xi x} \, dx + \int_0^{\infty} e^{-\varepsilon x} e^{-i\xi x} \, dx \right)$$

$$= \frac{1}{\sqrt{2\pi}} \left(\left[\frac{e^{(\varepsilon - i\xi)x}}{\varepsilon - i\xi} \right]_{-\infty}^{0} + \left[\frac{e^{(-\varepsilon - i\xi)x}}{-\varepsilon - i\xi} \right]_0^{\infty} \right).$$

付録の定理 32.1 (3) より $\displaystyle\lim_{x\to-\infty} e^{(\varepsilon - i\xi)x} = 0$, $\displaystyle\lim_{x\to\infty} e^{(-\varepsilon - i\xi)x} = 0$ であり，

$$\mathcal{F}\big[e^{-\varepsilon|x|}\big](\xi) = \frac{1}{\sqrt{2\pi}} \left(\frac{1}{\varepsilon - i\xi} + \frac{1}{\varepsilon + i\xi} \right) = \sqrt{\frac{2}{\pi}} \frac{\varepsilon}{\xi^2+\varepsilon^2} = \sqrt{2\pi} P_\varepsilon(\xi).$$ ◇

注意 10.2　$P_\varepsilon(x)$ のフーリエ変換は $\dfrac{e^{-\varepsilon|\xi|}}{\sqrt{2\pi}}$ である [⇨ **例 11.1**].

---

3) 本来は $P_y(x) = \dfrac{1}{\pi} \dfrac{y}{x^2+y^2}$ を x, y の 2 変数関数と見なしたときにポアソン核とよぶ. いまは ε がパラメータなのでニュアンスが違うが，気にしないことにする.

10・2　フーリエ変換が存在するための条件と簡単な性質

$$\hat{f}(\xi) = \mathcal{F}[f](\xi) = \frac{1}{\sqrt{2\pi}} \int_{-\infty}^{\infty} e^{-i\xi x} f(x)\, dx \qquad (\xi \in \mathbb{R}) \tag{10.5}$$

が定義できるための十分条件について述べよう．本書では，**各有界区間上で高々有限個**[4)]**の点を除いて連続**な関数だけを考える[5)]．このような $f(x)$ が

$$\int_{-\infty}^{\infty} \left| f(x) \right| dx < \infty \qquad \text{（絶対値に注意）} \tag{10.6}$$

をみたすとき[6)]．$f(x)$ は $\mathbb{R}$ 上で**可積分**であるという［⇨ 付録 §34］．$f(x)$ が区間 I で**可積分**であるとは，$\displaystyle\int_I \left| f(x) \right| dx < \infty$ ということである．

$\mathbb{R}$ 上の関数 $f(x)$ が連続で，定数 $M > 0$ と $\alpha > 1$ が存在して $\left| f(x) \right| \leq \dfrac{M}{|x|^\alpha}$ が成り立つならば[7)]，$f(x)$ は可積分である．

定理 10.2（可積分ならばフーリエ変換が定義できる）

$f(x)$ が $\mathbb{R}$ 上で可積分ならば $f(x)$ のフーリエ変換が定義できる．

証明　$\displaystyle\int_{-\infty}^{\infty} \left| e^{-i\xi x} f(x) \right| dx \leq \int_{-\infty}^{\infty} \left| f(x) \right| dx < \infty.$（✍）　◇

定理 10.3（フーリエ変換の線形性）

フーリエ変換は線形である．可積分な関数 $f(x)$, $g(x)$ と複素数 c に対して

(1) $\mathcal{F}[f+g](\xi) = \mathcal{F}[f](\xi) + \mathcal{F}[g](\xi)$.

(2) $\mathcal{F}[cf](\xi) = c\mathcal{F}[f](\xi)$.

証明　定理 2.1 と同様に積分の線形性から出る．　◇

---

4) 「高々有限個」は多くとも有限個という意味で，0 個でもよい．

5) 例えば $x = n$ $(n = 1, 2, \ldots)$ で不連続でもよいが，$x = 1/n$ で不連続なものは除く．

6) $\displaystyle\int_{-\infty}^{\infty} f(x)\, dx < \infty$ でも $\displaystyle\int_{-\infty}^{\infty} \left| f(x) \right| dx = \infty$ となりうる．$f > 0$ の部分の積分と $f < 0$ の部分の積分が打ち消しあって $\displaystyle\int_{-\infty}^{\infty} f(x)\, dx$ がなんとか有限にとどまる場合である．

7) $x = 0$ 付近に限れば，連続性より $f(x)$ は有界．

定理 10.4（フーリエ変換は有界な連続関数）

$f(x)$ が可積分とすると，$\hat{f}(\xi)=\mathcal{F}[f](\xi)$ は $\mathbb{R}$ 上の有界な連続関数である．

証明

$$\sqrt{2\pi}\left|\hat{f}(\xi)\right|=\left|\int_{-\infty}^{\infty}e^{-i\xi x}f(x)\,dx\right|$$
$$\leq\int_{-\infty}^{\infty}\left|e^{-i\xi x}f(x)\right|dx=\int_{-\infty}^{\infty}\left|f(x)\right|dx<\infty$$

なので $\hat{f}(\xi)$ は有界である（✍）．付録の定理 34.2 より $\mathbb{R}$ に含まれる任意の閉区間で連続なので $\mathbb{R}$ 全体で連続である． ◇

10・3　微分とフーリエ変換

フーリエ変換は微分を $i\xi$ 倍に置き換える ［⇨ **定理 6.1**］．

定理 10.5（導関数のフーリエ変換）

(1) $f(x)$ が C^ℓ 級 $(\ell\geq1)$ で，$0\leq k\leq\ell-1$ について，$f^{(k)}(x)\to0$ $(x\to\pm\infty)$ かつ $0\leq k\leq\ell$ について $f^{(k)}(x)$ が可積分ならば，

$$\widehat{f^{(k)}}(\xi)=(i\xi)^k\hat{f}(\xi)\qquad(0\leq k\leq\ell)\tag{10.7}$$

が成り立つ．さらに，ある正定数 M について次の不等式が成り立つ．

$$\left|\hat{f}(\xi)\right|\leq\frac{M}{1+|\xi|^\ell}\qquad(\xi\in\mathbb{R}).\tag{10.8}$$

$\ell\geq2$ ならば $\hat{f}(\xi)$ は可積分である．

(2) $\displaystyle\int_{-\infty}^{\infty}(1+|x|^\ell)\left|f(x)\right|dx<\infty$ $(\ell\geq1)$ ならば，$\hat{f}(\xi)$ は C^ℓ 級で，

$$\mathcal{F}[x^kf](\xi)=i^k\frac{d^k}{d\xi^k}\hat{f}(\xi)\qquad(0\leq k\leq\ell).\tag{10.9}$$

証明 (1) $\dfrac{d}{dx}e^{-i\xi x}=-i\xi e^{-i\xi x}$ である．$\displaystyle\lim_{x\to\pm\infty}f(x)=0$ と部分積分により，

$$\mathcal{F}[f'](\xi)=\int_{-\infty}^{\infty}e^{-i\xi x}f'(x)\,dx=-\int_{-\infty}^{\infty}(e^{-i\xi x})'f(x)\,dx$$

$$= \int_{-\infty}^{\infty} i\xi e^{-i\xi x} f(x)\,dx = i\xi \hat{f}(\xi).$$

この計算を繰り返せば (10.7) がしたがう（✍）.

$\mathcal{F}\left[f \pm (-i)^\ell f^{(\ell)}\right](\xi) = (1 \pm \xi^\ell)\hat{f}(\xi)$ であり，また，定理 10.4 よりこの関数は有界である．これらのことから (10.8) が出る．

(2)　仮定より $f(x)$ と $xf(x)$ は可積分である［⇨ 注意 10.3］．ξ に関する微分と x に関する積分の順序を交換して［⇨ 付録の**定理 34.3**］，

$$\frac{d}{d\xi}\hat{f}(\xi) = \frac{d}{d\xi}\int_{-\infty}^{\infty} e^{-i\xi x} f(x)\,dx \overset{\text{☺順序交換}}{=} \int_{-\infty}^{\infty} \frac{\partial}{\partial \xi}\left\{e^{-i\xi x} f(x)\right\} dx$$

$$= \int_{-\infty}^{\infty} (-ixe^{-i\xi x}) f(x)\,dx = \mathcal{F}[-ixf](\xi).$$

この計算を繰り返せば (10.9) がしたがう（✍）.　◇

注意 10.3　定理 10.5 (2) で $f(x)$, $xf(x)$ が $\mathbb{R}$ 全体で可積分であることを示そう．

まず，仮定より $(1 + |x|^\ell)\bigl|f(x)\bigr|$ は $\mathbb{R}$ 全体で可積分であり，$\bigl|f(x)\bigr| \leq (1 + |x|^\ell)\bigl|f(x)\bigr|$ だから $f(x)$ も $\mathbb{R}$ 全体で可積分である．同様に $x^\ell f(x)$ も $\mathbb{R}$ 全体で可積分である．

$|x| \leq 1$ で $f(x)$ は可積分であり，また，$\bigl|xf(x)\bigr| \leq \bigl|f(x)\bigr|$ $(|x| \leq 1)$ だから $xf(x)$ は $|x| \leq 1$ で可積分である．

$|x| \geq 1$ で $x^\ell f(x)$ は可積分であり，また，$\bigl|xf(x)\bigr| \leq \bigl|x^\ell f(x)\bigr|$ $(|x| \geq 1)$ だから $xf(x)$ は $|x| \geq 1$ で可積分である．

$xf(x)$ は $|x| \leq 1$ でも $|x| \geq 1$ でも可積分なので，$\mathbb{R}$ 全体で可積分である．

注意 10.4　(10.8) より，**滑らかな関数のフーリエ変換は速く減少する**．$f(x)$ が $x \to \pm\infty$ で $|x|^{-\ell-2}$ 程度のスピードで減少するならば，定理 10.5 (2) より $\hat{f}(\xi)$ は C^ℓ 級である．**速く減少する関数のフーリエ変換は滑らか**である．

定義 10.3（ガウス関数）

$g_\varepsilon(x) = \dfrac{1}{\sqrt{\pi}\varepsilon}\exp\left(-\dfrac{x^2}{\varepsilon^2}\right)$ を**ガウス関数**という．ここで，ε は偏角の絶対値が $\dfrac{\pi}{4}$ より小さい複素数である（よって，ε^{-2} の実部は正）[8]．$\displaystyle\int_{-\infty}^{\infty} g_\varepsilon(x)\,dx = 1$ が成り立つように係数を選んでいる[9]．

定理 10.6（ガウス関数のフーリエ変換）

(1) $\exp\left(-\dfrac{1}{2}x^2\right)$ のフーリエ変換は $\exp\left(-\dfrac{1}{2}\xi^2\right)$ である．

(2) $g_\varepsilon(x)$ のフーリエ変換は $\dfrac{1}{\sqrt{2\pi}}\exp\left(-\dfrac{1}{4}\varepsilon^2\xi^2\right)$ である［⇨ 例 11.2］．

証明 (1) $g(x) = \exp\left(-\dfrac{1}{2}x^2\right)$ とおく．$g'(x) = -xg(x)$ の両辺をフーリエ変換すると，定理 10.5 より $i\xi\hat{g}(\xi) = -i\dfrac{d}{d\xi}\hat{g}(\xi)$，すなわち $\dfrac{d}{d\xi}\hat{g} = -\xi\hat{g}(\xi)$ である（✍）．これは ξ に関する常微分方程式で，一般解は $\hat{g}(\xi) = C\exp\left(-\dfrac{1}{2}\xi^2\right)$ である［⇨ 付録の 例 32.4］．$\hat{g}(0) = \dfrac{1}{\sqrt{2\pi}}\displaystyle\int_{-\infty}^{\infty} g(x)\,dx = 1$ より $C = 1$ である．

(2) $\varepsilon > 0$ として示す（一般の場合は複素解析の一致の定理から出る）．

$$
\begin{aligned}
\mathcal{F}[g_\varepsilon](\xi) &= \frac{1}{\sqrt{2\pi}}\int_{-\infty}^{\infty}\frac{1}{\sqrt{\pi}\varepsilon}\exp\left(-\frac{x^2}{\varepsilon^2}\right)e^{-i\xi x}\,dx \\
&\overset{☺ x=\varepsilon y/\sqrt{2}}{=} \frac{1}{\sqrt{2\pi}}\frac{1}{\sqrt{\pi}\varepsilon}\int_{-\infty}^{\infty}\exp\left(-\frac{y^2}{2}\right)\exp\left(-i\frac{\varepsilon\xi}{\sqrt{2}}y\right)\frac{\varepsilon\,dy}{\sqrt{2}} \\
&= \frac{1}{\sqrt{2\pi}}\frac{1}{\sqrt{2\pi}}\int_{-\infty}^{\infty}\exp\left(-\frac{y^2}{2}\right)\exp\left(-i\frac{\varepsilon\xi}{\sqrt{2}}y\right)dy.
\end{aligned}
$$

これは (1) の ξ に $\varepsilon\xi/\sqrt{2}$ を代入して $\sqrt{2\pi}$ で割ったものである． ◇

---

[8] $\varepsilon > 0$ としておけばだいたい十分である．例題 19.1 で ε が複素数の場合を用いる．

[9] **ガウス積分** $\displaystyle\int_{-\infty}^{\infty} e^{-x^2}\,dx = \sqrt{\pi}$ ［⇨ 参考文献［藤岡 1］p.134］．

§10の問題

確認問題

問 10.1　フーリエ変換の定義を書け．ラプラス変換との違いはなにか．

□□□ [⇨ 10・1]

基本問題

問 10.2　x の関数 $f(x) = \begin{cases} 1 & (0 \leq x \leq 2) \\ 0 & (x < 0,\ 2 < x) \end{cases}$ のフーリエ変換 $\hat{f}(\xi)$ を求めよ．

□□□ [⇨ 10・2]

問 10.3　x の関数 $f(x) = \begin{cases} e^{-x} & (x \geq 0) \\ 0 & (x < 0) \end{cases}$ のフーリエ変換 $\hat{f}(\xi)$ を求めよ．

□□□ [⇨ 10・2]

問 10.4　例題 10.2 と定理 10.5 を利用して $g(x) = \begin{cases} x & (|x| \leq 1) \\ 0 & (|x| > 1) \end{cases}$ のフーリエ変換 $\hat{g}(\xi)$ を求めよ．

□□□ [⇨ 10・1]

問 10.5　偶関数のフーリエ変換は偶関数であり，奇関数のフーリエ変換は奇関数であることを示せ．

□□□ [⇨ 10・1]

問 10.6　$\mathcal{F}\left[\exp\left(-\varepsilon^2 x^2/4\right)\right](\xi) = \dfrac{\sqrt{2}}{\varepsilon}\exp\left(-\xi^2/\varepsilon^2\right)$ を示せ [⇨ 例 11.2]．

□□□ [⇨ 10・3]

チャレンジ問題

問 10.7　$\displaystyle\lim_{|x|\to\infty} f(x) = 0$ なのに可積分でない $\mathbb{R}$ 上の連続関数 $f(x)$ の例と，可積分なのに $\displaystyle\lim_{|x|\to\infty} g(x) = 0$ でない $\mathbb{R}$ 上の連続関数 $g(x)$ の例を挙げよ．

□□□ [⇨ 10・2]

§11 フーリエ逆変換

§11 のポイント

- $\varphi(\xi)$ の**フーリエ逆変換**を $\dfrac{1}{\sqrt{2\pi}}\displaystyle\int_{-\infty}^{\infty} e^{ix\xi}\varphi(\xi)\,d\xi\ (x \in \mathbb{R})$ で定義する.
- フーリエ逆変換のスローガン：「ξ の世界から x の世界へ」
- フーリエ変換してからフーリエ逆変換すると，（ほぼ）元に戻る.
- フーリエ変換とフーリエ逆変換は具体的な積分計算に役立つ.

11・1 フーリエ逆変換の定義

定義 11.1（フーリエ逆変換）

$\mathbb{R}$ 上の可積分な関数 $\varphi(\xi)$ の**フーリエ逆変換**を次の式で定義する[1].

$$\check{\varphi}(x) = \mathcal{F}^*[\varphi](x) = \frac{1}{\sqrt{2\pi}}\int_{-\infty}^{\infty} e^{ix\xi}\varphi(\xi)\,d\xi \qquad (x \in \mathbb{R}). \tag{11.1}$$

フーリエ変換の $e^{-i\xi x}$ の代わりに $e^{ix\xi}$ があり，積分は ξ に対して行う．フーリエ変換で x の世界から ξ の世界に飛び，フーリエ逆変換で帰ってくる.

フーリエ変換とフーリエ逆変換は符号と変数が違うだけなので性質はそっくりである. 例えば，$\check{\varphi}(x)$ は有界な連続関数である.

表 11.1　フーリエ変換とフーリエ逆変換の違い

フーリエ変換	フーリエ逆変換
$f(x)$ から $\hat{f}(\xi)$ へ	$\varphi(\xi)$ から $\check{\varphi}(x)$ へ
$\exp(-i\xi x)$	$\exp(ix\xi)$
dx	$d\xi$
$\dfrac{1}{\sqrt{2\pi}}\displaystyle\int_{-\infty}^{\infty} e^{-i\xi x} f(x)\,dx$	$\dfrac{1}{\sqrt{2\pi}}\displaystyle\int_{-\infty}^{\infty} e^{ix\xi}\varphi(\xi)\,d\xi$

[1] $\check{}$ の読み方はハーチェクあるいはチェック．$\sqrt{2\pi}$ の代わりに 2π で割る本もある.

11・2　フーリエの反転公式と例

定理 11.1（フーリエの反転公式）

$\mathbb{R}$ 上の有界な連続関数 $f(x)$ について，$f(x)$ と $\hat{f}(\xi)$ がともに可積分ならば，$\hat{f}(\xi)$ をフーリエ逆変換すれば元の $f(x)$ に戻る．すなわち，

$$\mathcal{F}^*\mathcal{F}[f](x) = f(x) \qquad (x \in \mathbb{R}). \tag{11.2}$$

証明　§16 で証明する．なお，注意 11.3 も参照せよ．◇

例 11.1（ポアソン核）　$f(x) = e^{-\varepsilon|x|}$ とおくと $\mathcal{F}[f](\xi) = \sqrt{2\pi}P_\varepsilon(\xi)$ である［⇨ **定理 10.1**］．$f(x)$ も $\mathcal{F}[f](\xi) = \sqrt{2\pi}P_\varepsilon(\xi)$ も可積分だから，$\mathcal{F}^*\mathcal{F}[f](x) = f(x)$ であり［⇨ **例 11.3**］，

$$\mathcal{F}^*[\sqrt{2\pi}P_\varepsilon](x) = e^{-\varepsilon|x|}. \tag{11.3}$$

フーリエ逆変換の定義より (11.3) は $\displaystyle\int_{-\infty}^{\infty} e^{ix\xi}P_\varepsilon(\xi)\,d\xi = e^{-\varepsilon|x|}$ である．x と ξ を入れ替えると，$\displaystyle\int_{-\infty}^{\infty} e^{ix\xi}P_\varepsilon(x)\,dx = e^{-\varepsilon|\xi|}$ となる．ξ に $-\xi$ を代入すれば

$$\mathcal{F}[P_\varepsilon](\xi) = \frac{e^{-\varepsilon|\xi|}}{\sqrt{2\pi}} \qquad \text{（注意 10.2 で予告した式）} \tag{11.4}$$

を得る．右辺の関数は可積分なので，定理 11.1 をポアソン核に適用できて，

$$\mathcal{F}^*\left[\frac{e^{-\varepsilon|\xi|}}{\sqrt{2\pi}}\right](x) = P_\varepsilon(x). \qquad \text{［⇨ 例題 18.1］}$$

◆

例 11.2（ガウス関数）　定理 10.6 より，ガウス関数に定理 11.1 を適用できて，

$$\mathcal{F}^*\left[\exp\left(-\frac{\varepsilon^2\xi^2}{4}\right)\right](x) = \sqrt{2\pi}g_\varepsilon(x) = \frac{\sqrt{2}}{\varepsilon}\exp\left(-\frac{x^2}{\varepsilon^2}\right) \tag{11.5}$$

である．例 11.1 と同様に，

$$\mathcal{F}\left[\exp\left(-\frac{\varepsilon^2x^2}{4}\right)\right](\xi) = \sqrt{2\pi}g_\varepsilon(\xi) = \frac{\sqrt{2}}{\varepsilon}\exp\left(-\frac{\xi^2}{\varepsilon^2}\right). \quad \text{［⇨ 問 10.6］} \tag{11.6}$$

◆

11・3　反転公式が成り立つための十分条件

定理 11.2（反転公式成立のための十分条件）

$f(x)$ が C^2 級で $k=0,1$ について $f^{(k)}(x)\to 0$ $(x\to\pm\infty)$ であり，$0\le k\le 2$ について $f^{(k)}(x)$ が可積分と仮定する．このとき，$\hat{f}(\xi)$ も可積分であり，

$$\mathcal{F}^*\mathcal{F}[f](x)=f(x).$$

証明　$\hat{f}(\xi)$ が可積分であることは定理 10.5 に含まれている．定理 11.1（反転公式）の仮定がみたされる．◇

ポアソン核とガウス関数に定理 11.1（反転公式）が当てはまることは例 11.1 と例 11.2 ですでに示した．定理 11.2 による別証明をあたえよう．

例 11.3（ポアソン核）　$P_\varepsilon(x)=\dfrac{1}{\pi}\dfrac{\varepsilon}{x^2+\varepsilon^2}$ は可積分である．遠方で x^{-2} 程度の減少をすることからもわかるし，$\displaystyle\int P_\varepsilon(x)\,dx=\frac{1}{\pi}\arctan\frac{x}{\varepsilon}+C$ からもわかる［⇨ 参考文献［藤岡 1］定理 9.1 (11)］．

$P_\varepsilon(x)=\dfrac{1}{2\pi i}\left(\dfrac{1}{x-i\varepsilon}-\dfrac{1}{x+i\varepsilon}\right)$ なので，

$$P_\varepsilon'(x)=\frac{1}{2\pi i}\left\{\frac{-1}{(x-i\varepsilon)^2}+\frac{1}{(x+i\varepsilon)^2}\right\},$$

$$P_\varepsilon''(x)=\frac{1}{\pi i}\left\{\frac{1}{(x-i\varepsilon)^3}-\frac{1}{(x+i\varepsilon)^3}\right\}$$

である（✍）．$|x\pm i\varepsilon|=(x^2+\varepsilon^2)^{1/2}$ より

$$\left|P_\varepsilon'(x)\right|\le\frac{1}{\pi}(x^2+\varepsilon^2)^{-1},\qquad \left|P_\varepsilon''(x)\right|\le\frac{2}{\pi}(x^2+\varepsilon^2)^{-3/2}$$

だから，$P_\varepsilon'(x)$ と $P_\varepsilon''(x)$ も可積分で，ポアソン核には定理 11.2 が当てはまる．

なお，$\mathcal{F}[P_\varepsilon](\xi)$ が具体的にどんな関数なのか知らなくてもこの議論はできる［⇨ **例 11.1**］．◆

例題 11.1　ガウス関数 $g_\varepsilon(x) = \dfrac{1}{\sqrt{\pi}\varepsilon}\exp\left(-\dfrac{x^2}{\varepsilon^2}\right)$ には定理 11.2 が当てはまることを示せ．ε は偏角の絶対値が $\dfrac{\pi}{4}$ より小さい複素数である．

[⇨ **定義 10.3**, **例 11.2**]　□□□

解　定数倍は本質的でないから，具体的には書かないことにする．

$$g'_\varepsilon(x) = (\text{定数})\,x g_\varepsilon(x) \tag{11.7}$$

である．積の微分法を 1 回，(11.7) を 2 回用いて

$$\begin{aligned} g''_\varepsilon(x) &\overset{☺(11.7)}{=} (\text{定数})\{x g_\varepsilon(x)\}' \overset{☺\text{積の微分法}}{=} (\text{定数})\{g_\varepsilon(x) + x g'_\varepsilon(x)\} \\ &\overset{☺(11.7)}{=} (2\ \text{次式})\,g_\varepsilon(x). \end{aligned} \tag{11.8}$$

指数関数は任意の多項式よりも速く増えるので，$\exp(x^2/\varepsilon^2)$ は $x \to \pm\infty$ で任意の多項式より速く増える[2)]．したがって，その逆数 $\exp(-x^2/\varepsilon^2)$ の多項式倍は $x \to \pm\infty$ で 0 に収束し，また，可積分である．　◇

注意 11.1　$g_\varepsilon(x)$ の n 次導関数は $g_\varepsilon(x)$ の n 次多項式倍である．この多項式は**エルミート多項式** [⇨ 参考文献 [BW]] とよばれる多項式とほとんど同じである．

---

2)　ε^2 の実部が正とすると，極形式で表したときの偏角は $-\pi/2$ と $\pi/2$ の間にある．逆数 $1/\varepsilon^2$ の偏角は符号が変わるが，結局同じ範囲にある．ゆえに，$1/\varepsilon^2$ の実部も正．

11・4　フーリエの反転公式の応用

例題 11.2　例題 10.4 の $f(x)=\begin{cases} 1-\dfrac{|x|}{2} & (0\leq x\leq 2) \\ 0 & (|x|>2) \end{cases}$ を利用して

$\displaystyle\int_0^\infty \frac{\sin^2\xi}{\xi^2}\,d\xi$ の値を求めよ．[⇨ **定理 2.5**, **例題 14.1**]

解　まず，$f(x)$ は可積分である．

一般にフーリエ変換は連続なので $|\xi|\leq 1$ で可積分である．また，例題 10.4 より $\hat{f}(\xi)=\sqrt{\dfrac{2}{\pi}}\dfrac{\sin^2\xi}{\xi^2}$ であり，$\left|\sin\xi\right|\leq 1$ より $\left|\hat{f}(\xi)\right|\leq\sqrt{\dfrac{2}{\pi}}\dfrac{1}{\xi^2}$ なので $\hat{f}(\xi)$ は $|\xi|\geq 1$ でも可積分である．結局，$\hat{f}(\xi)$ は $\mathbb{R}$ 全体で可積分である．

以上より，フーリエの反転公式（定理 11.1）を適用できて $f(x)=\mathcal{F}^*\left[\hat{f}(\xi)\right](x)$ が成り立つ．$\hat{f}(\xi)$ は偶関数なので，

$$f(x)=\mathcal{F}^*\left[\hat{f}(\xi)\right](x)=\frac{2}{\sqrt{2\pi}}\int_0^\infty \hat{f}(\xi)\cos x\xi\,d\xi=\frac{2}{\pi}\int_0^\infty\frac{\sin^2\xi}{\xi^2}\cos x\xi\,d\xi$$

である（✍）．とくに，$x=0$ とおくと

$$\int_0^\infty\frac{\sin^2\xi}{\xi^2}\,d\xi=\frac{\pi}{2}f(0)=\frac{\pi}{2}.$$

◇

注意 11.2　$\dfrac{\sin\xi}{\xi}$ は可積分でないから，ディリクレ積分 $\displaystyle\int_0^\infty\frac{\sin\xi}{\xi}\,d\xi=\frac{\pi}{2}$（定理 2.5，問 13.1）をフーリエの反転公式で計算することはできない．

次節のフーリエの積分公式（定理 11.3）を使えばディリクレ積分を求められる（例 11.4 の $x=0$ の場合）．しかし，実はフーリエの積分公式の証明でディリクレ積分を使う（§16）ので，これでは循環論法[3]になってしまう．

---

[3]　A の根拠は B で，B の根拠は A という不完全な論法．

例題 11.3　例題 10.5 の $f(x) = \begin{cases} \cos x & (|x| \leq \pi/2) \\ 0 & (|x| > \pi/2) \end{cases}$ を利用して

$\displaystyle\int_0^\infty \frac{1}{1-\xi^2} \cos\frac{\pi\xi}{2}\, d\xi$ と $\displaystyle\int_0^\infty \frac{1}{1-\xi^2} \left(\cos\frac{\pi\xi}{2}\right)^2 d\xi$ の値を求めよ．

[⇨ 例題 14.2]

解　例題 10.5 より $\hat{f}(\xi) = \sqrt{\dfrac{2}{\pi}} \dfrac{1}{1-\xi^2} \cos\dfrac{\pi\xi}{2}$ であり，これは（$\xi = \pm 1$ でも）連続なので $|\xi| \leq 2$ で可積分である．$|\xi| \geq 2$ で $\xi^2 - 1 \geq \dfrac{\xi^2}{2}$ より $\left|\dfrac{1}{1-\xi^2}\right| \leq \dfrac{2}{\xi^2}$ なので $\hat{f}(\xi)$ は $|\xi| \geq 2$ で可積分である．ゆえに $\hat{f}(\xi)$ は $\mathbb{R}$ 全体で可積分である．フーリエの反転公式と偶関数・奇関数の性質より，

$$\frac{2}{\pi} \int_0^\infty \frac{1}{1-\xi^2} \cos\frac{\pi\xi}{2} \cos x\xi\, d\xi = f(x) \tag{11.9}$$

である．$x = 0, \pi/2$ を代入して，求める値は

$$\int_0^\infty \frac{1}{1-\xi^2} \cos\frac{\pi\xi}{2}\, d\xi = \frac{\pi}{2} f(0) = \frac{\pi}{2},$$

$$\int_0^\infty \frac{1}{1-\xi^2} \left(\cos\frac{\pi\xi}{2}\right)^2 d\xi = \frac{\pi}{2} f\left(\frac{\pi}{2}\right) = 0.$$

◇

注意 11.3　フーリエの反転公式（定理 11.1）では $f(x)$ は有界かつ連続と仮定した．そうでない関数に対してはフーリエの反転公式は成り立たない．なぜならば，任意の関数のフーリエ逆変換は有界かつ連続なので，任意の $x \in \mathbb{R}$ について $\mathcal{F}^*\mathcal{F}[f](x) = f(x)$ となる $f(x)$ は有界かつ連続だからである[4)]（その対偶が前の文）．**連続でない関数については次の小節のフーリエの積分公式（定理 11.3）を用いる．**

---

4)　本によっては，長さが 0 の集合 ($\subset \mathbb{R}$) を除いて $\mathcal{F}^*\mathcal{F}[f](x) = f(x)$ が成り立つという主張を述べている．これならば $f(x)$ が不連続点をもったり非有界だったりすることもありうる．本書では，任意の $x \in \mathbb{R}$ に対して成り立つという定式化を採用した．

11・5　フーリエの積分公式

定理 11.3（フーリエの積分公式）

$\mathbb{R}$ 上の関数 $f(x)$ が次の条件をみたすとする．

(1)　$f(x)$ は可積分である．（$\hat{f}(\xi)$ は可積分とは**仮定しない**）

(2)　有限個の点 $a_1 < a_2 < \cdots < a_n$ があって，$-\infty < x < a_1$，$a_1 < x < a_2$，$a_2 < x < a_3$，…，$a_{n-1} < x < a_n, a_n < x < \infty$ のそれぞれで $f(x)$ と $f'(x)$ は連続．

(3)　$f(a_j \pm 0) = \lim_{x \to a_j \pm 0} f(x)$ と $f'(a_j \pm 0) = \lim_{x \to a_j \pm 0} f'(x)$ が存在する．（左極限と右極限は一致しなくてもよい）

このとき，　$\displaystyle\lim_{p \to \infty} \frac{1}{\sqrt{2\pi}} \int_{-p}^{p} e^{ix\xi} \hat{f}(\xi)\, d\xi = \frac{1}{2}\bigl\{f(x+0) + f(x-0)\bigr\}$.

$\displaystyle\int_{-\infty}^{\infty} e^{ix\xi} \hat{f}(\xi)\, d\xi$ は収束する保証がないので，左右対称な $-p \leq \xi \leq p$ で積分して極限をとって収束させている．

フーリエの積分公式の証明は §16 であたえる．

例 11.4（ディリクレ積分の一般化）　$\displaystyle\int_0^{\infty} \frac{\cos x\xi \sin \xi}{\xi}\, d\xi$ の値を求めよう．

例題 10.2 より $f(x) = \begin{cases} 1 & (|x| \leq 1) \\ 0 & (|x| > 1) \end{cases}$ について $\hat{f}(\xi) = \sqrt{\dfrac{2}{\pi}} \dfrac{\sin \xi}{\xi}$ である．

$$\int_0^p \cos x\xi \frac{\sin \xi}{\xi}\, d\xi \overset{\because\text{偶・奇関数の性質}}{=} \frac{1}{2} \int_{-p}^{p} e^{ix\xi} \frac{\sin \xi}{\xi}\, d\xi$$

$$\overset{\because\text{例題 }10.2}{=} \frac{1}{2}\sqrt{\frac{\pi}{2}} \int_{-p}^{p} e^{ix\xi} \hat{f}(\xi)\, d\xi$$

なので，フーリエの積分公式（定理 11.3）より

$$\lim_{p \to \infty} \int_0^p \cos x\xi \frac{\sin \xi}{\xi}\, d\xi = \frac{\pi}{4}\bigl\{f(x+0) + f(x-0)\bigr\} = \begin{cases} \pi/2 & (|x| < 1) \\ \pi/4 & (x = \pm 1) \\ 0 & (|x| > 1). \end{cases}$$

◆

例題 11.4　例題 10.3 の $f(x)=\begin{cases} 1 & (0 \leq x \leq a) \\ -1 & (-a \leq x < 0) \\ 0 & (|x|>a) \end{cases}$ を利用して

$\displaystyle\int_0^\infty \frac{\sin x\xi(1-\cos a\xi)}{\xi}\,d\xi$ $(x>0)$ の値を求めよ．　□□□

解　$\hat{f}(\xi)=\sqrt{\dfrac{2}{\pi}}\dfrac{1-\cos a\xi}{i\xi}$（例題 10.3）と偶・奇関数の性質より

$$\int_0^p \sin x\xi \frac{1-\cos a\xi}{\xi}\,d\xi \overset{\because\,偶・奇関数}{=} \frac{1}{2i}\int_{-p}^p e^{ix\xi}\frac{1-\cos a\xi}{\xi}\,d\xi$$

$$\overset{\because\,例題\,10.3}{=} \frac{1}{2}\sqrt{\frac{\pi}{2}}\int_{-p}^p e^{ix\xi}\hat{f}(\xi)\,d\xi \tag{11.10}$$

である（✍）．ゆえに，フーリエの積分公式（定理 11.3）より，

$$\int_0^\infty \frac{\sin x\xi(1-\cos a\xi)}{\xi}\,d\xi \overset{\because\,(11.10)}{=} \lim_{p\to\infty}\frac{\pi}{2}\frac{1}{\sqrt{2\pi}}\int_{-p}^p e^{i\xi x}\hat{f}(\xi)\,d\xi$$

$$\overset{\because\,積分公式}{=} \frac{\pi}{4}\left\{f(x+0)+f(x-0)\right\} = \begin{cases} \pi/2 & (0<x<a) \\ \pi/4 & (x=a) \\ 0 & (x>a). \end{cases}$$

◇

§11 の問題

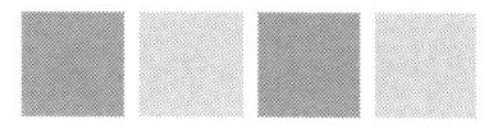

確認問題

問 11.1　任意の $\varphi(\xi)$ に対して $\hat{\varphi}(x) = \check{\varphi}(-x)$ であることを示せ．$\hat{\varphi}(x)$ を定義するとき定義 10.1 の x と ξ を入れ替える．

□□□ [⇨ **11・1**]

問 11.2　次の等式を示せ．（ヒント：ポアソン核の話であり，実質的に本文にある．e^{-x} を偶関数として実数全体に拡張する．）

$$\int_0^\infty \frac{\cos x\xi}{1+\xi^2}\,d\xi = \frac{\pi}{2}e^{-x} \qquad (x \geq 0)$$

□□□ [⇨ **11・4**]

基本問題

問 11.3　次の等式を示せ．（ヒント：e^{-x} を奇関数として実数全体に拡張する．）

$$\int_0^\infty \frac{\xi \sin x\xi}{1+\xi^2}\,d\xi = \frac{\pi}{2}e^{-x} \qquad (x > 0)$$

この積分と問 11.2 の積分をあわせて**ラプラス積分**という．

□□□ [⇨ **11・5**]

チャレンジ問題

問 11.4　次の等式を示せ．（ヒント：偶関数，奇関数のどっち？）

$$\frac{2}{\pi}\int_0^\infty \frac{\xi^3 \sin \xi x}{4+\xi^4}\,d\xi = e^{-x}\cos x \qquad (x > 0)$$

□□□ [⇨ **11・5**]

§12 たたみ込み

§12のポイント

- **たたみ込み**のフーリエ変換は（定数倍を除いて）フーリエ変換の積である．

12・1 たたみ込みの定義

定義 12.1（たたみ込み）

$\mathbb{R}$ 上の可積分関数 $f(x)$, $g(x)$（少なくとも片方は有界）の**たたみ込み**は

$$(f*g)(x) = \int_{-\infty}^{\infty} f(x-y)g(y)\,dy$$

で定義される[1]．ラプラス変換のときと少し定義が異なる［⇨ 2・6］．

定理 12.1（たたみ込みは可換，たたみ込みも可積分）

(1) $(f*g)(x) = (g*f)(x)$.

(2) $f*g(x)$ は $\mathbb{R}$ 上で可積分である．

証明　(1)　x を固定して $z = x-y$ と置換すると

$$(f*g)(x) = \int_{-\infty}^{\infty} f(x-y)g(y)\,dy = \int_{\infty}^{-\infty} f(z)g(x-z)\,(-dz)$$
$$= \int_{-\infty}^{\infty} g(x-z)f(z)\,dz = (g*f)(x).$$

(2)　$F(x,y) = f(x-y)g(y)$ とおく．

$$\int_{-\infty}^{\infty}\left\{\int_{-\infty}^{\infty}\left|F(x,y)\right|dx\right\}dy = \int_{-\infty}^{\infty}\left\{\int_{-\infty}^{\infty}\left|f(x-y)\right|\left|g(y)\right|dx\right\}dy$$

$$= \int_{-\infty}^{\infty}\left|g(y)\right|\left\{\int_{-\infty}^{\infty}\left|f(x-y)\right|dx\right\}dy$$ （y は｛ ｝内で定数扱い，外では動く）

---

1)　定理 12.1 より，$f*g$ は $(f*g)(x) = \displaystyle\int_{-\infty}^{\infty} f(x-y)g(y)\,dy$ とも $(f*g)(x) = \displaystyle\int_{-\infty}^{\infty} f(y)g(x-y)\,dy$ とも書ける．積分の範囲はラプラス変換のときと違う．

$$= \int_{-\infty}^{\infty} \left|g(y)\right| \left\{ \int_{-\infty}^{\infty} \left|f(z)\right| dz \right\} dy \quad (\because \{\ \}\text{内で } x-y=z \text{ と置換})$$

$$= \int_{-\infty}^{\infty} \left|f(x)\right| dx \cdot \int_{-\infty}^{\infty} \left|g(y)\right| dy < \infty$$

とフビニの定理 (2)（付録 §34）より $\displaystyle\int_{-\infty}^{\infty} \left\{ \int_{-\infty}^{\infty} \left|F(x,y)\right| dy \right\} dx < \infty$ である．

よって $\displaystyle\int_{-\infty}^{\infty} \left| \int_{-\infty}^{\infty} F(x,y)\, dy \right| dx < \infty$，すなわち $\displaystyle\int_{-\infty}^{\infty} \left|f * g(x)\right| dx < \infty$． ◇

12・2　フーリエ変換とたたみ込みの関係

定理 12.2（フーリエ変換でたたみ込みと積が入れ替わる）

関数 f, g とそれらのフーリエ変換 $\hat{f}, \hat{g}$ が $\mathbb{R}$ 上で可積分とすると，積 fg とたたみ込み $f * g$ およびそれらのフーリエ変換も $\mathbb{R}$ 上で可積分で，

$$\widehat{fg}(\xi) = \frac{1}{\sqrt{2\pi}} (\hat{f} * \hat{g})(\xi), \qquad \widehat{f * g}(\xi) = \sqrt{2\pi} \hat{f}(\xi) \hat{g}(\xi).$$

証明　定理 10.4 より $\hat{g}$ は有界だから，$\hat{f}\hat{g}$ は可積分である．次に，定理 11.1 より g は有界なので fg も可積分である．

定理 12.1 より $f * g$, $\hat{f} * \hat{g}$ も可積分である（✍）．

$f(x)\hat{g}(\eta)$, $f(x-y)g(y)$ は $\mathbb{R}^2$ 上で可積分で，フビニの定理（付録 §34）より

$$\begin{aligned}
\sqrt{2\pi}\,\widehat{fg}(\xi) &\overset{\because (10.1)}{=} \int_{-\infty}^{\infty} e^{-i\xi x} f(x) g(x)\, dx \\
&= \int_{-\infty}^{\infty} e^{-i\xi x} f(x) \left(\frac{1}{\sqrt{2\pi}} \int_{-\infty}^{\infty} e^{ix\eta} \hat{g}(\eta)\, d\eta \right) dx \\
&= \frac{1}{\sqrt{2\pi}} \int_{-\infty}^{\infty} \left(\int_{-\infty}^{\infty} e^{-i(\xi-\eta)x} f(x) \hat{g}(\eta)\, d\eta \right) dx \\
&\overset{\because \text{フビニの定理}}{=} \int_{-\infty}^{\infty} \left(\frac{1}{\sqrt{2\pi}} \int_{-\infty}^{\infty} e^{-i(\xi-\eta)x} f(x)\, dx \right) \hat{g}(\eta)\, d\eta \\
&= \int_{-\infty}^{\infty} \hat{f}(\xi-\eta) \hat{g}(\eta)\, d\eta = (\hat{f} * \hat{g})(\xi).
\end{aligned}$$

$$
\begin{aligned}
\sqrt{2\pi}\widehat{f*g}(\xi) &\overset{\because 定義12.1}{=} \int_{-\infty}^{\infty} e^{-i\xi x}\left(\int_{-\infty}^{\infty} f(x-y)g(y)\,dy\right)dx \\
&= \int_{-\infty}^{\infty}\left(\int_{-\infty}^{\infty} e^{-i\xi x} f(x-y)g(y)\,dy\right)dx \\
&\overset{\because フビニの定理}{=} \int_{-\infty}^{\infty}\left(\int_{-\infty}^{\infty} e^{-i\xi x} f(x-y)g(y)\,dx\right)dy \\
&= \int_{-\infty}^{\infty}\left(\int_{-\infty}^{\infty} e^{-i\xi(x-y)} f(x-y)\,dx\right)e^{-i\xi y}g(y)\,dy \\
&\overset{\because (10.1)}{=} \sqrt{2\pi}^2\hat{f}(\xi)\hat{g}(\xi).
\end{aligned}
$$

◇

注意 12.1（定理 12.2 の逆変換バージョン）

$$
\mathcal{F}^*[\varphi\psi](x) = \frac{1}{\sqrt{2\pi}}(\check{\varphi}*\check{\psi})(x), \qquad \mathcal{F}^*[\varphi*\psi](x) = \sqrt{2\pi}\check{\varphi}(\xi)\check{\psi}(x).
$$

§12の問題

確認問題

問 12.1　$f(x)$ が次の各関数の場合に，$\hat{f}(\xi)^2$ と $(f*f)(x)$ を求めよ．

(1) $f(x) = e^{-\frac{x^2}{2}}$　　(2) $f(x) = P_\varepsilon(x)$

□□□ [⇨ 12・2]

§13　フーリエ変換が遠方で 0 に収束すること *

§13 のポイント

- フーリエ変換 (10.1) は $|\xi| \to \infty$ で 0 に収束する（**リーマン - ルベーグの定理**）.

ラプラス変換について $\lim_{s\to\infty} F(s)=0$ が成り立つのだった［⇨ **定理 1.6**］. フーリエ変換もよく似た性質をもつ. 証明はまったく異なるところが興味深い.

定理 13.1（リーマン - ルベーグの定理）

$f(x)$ は $\mathbb{R}$ 上の可積分関数とする. このとき, フーリエ変換

$$\hat{f}(\xi)=\mathcal{F}[f](\xi)=\frac{1}{\sqrt{2\pi}}\int_{-\infty}^{\infty} e^{-i\xi x} f(x)\,dx \tag{13.1}$$

とフーリエ逆変換（定義 11.1 とは変数の使い方を変えてある）

$$\check{f}(\xi)=\mathcal{F}^*[f](\xi)=\frac{1}{\sqrt{2\pi}}\int_{-\infty}^{\infty} e^{ix\xi} f(x)\,dx \tag{13.2}$$

が定義され,

$$\lim_{|\xi|\to\infty}\hat{f}(\xi)=0, \qquad \lim_{|\xi|\to\infty}\check{f}(\xi)=0, \tag{13.3}$$

すなわち

$$\lim_{|\xi|\to\infty}\int_{-\infty}^{\infty} e^{\pm i\xi x} f(x)\,dx=0 \tag{13.4}$$

が成り立つ. さらに,

$$\lim_{|\xi|\to\infty}\int_{-\infty}^{\infty} f(x)\cos\xi x\,dx=\lim_{|\xi|\to\infty}\int_{-\infty}^{\infty} f(x)\sin\xi x\,dx=0. \tag{13.5}$$

証明　$f(x)$ が連続で（後で仮定を弱める）, ある $M>0$ が存在して

$$\bigl|f(x)\bigr| \le \frac{M}{1+x^2} \tag{13.6}$$

が成り立つ場合について考えよう［⇨ 参考文献［SS］p.132］.

$$\int_{-\infty}^{\infty} f\left(x-\frac{\pi}{\xi}\right) e^{-i\xi x}\,dx \overset{\because y=x-\pi/\xi}{=} \int_{-\infty}^{\infty} f(y)\exp\left(-i\xi\left(y+\frac{\pi}{\xi}\right)\right)dy$$

$$= \int_{-\infty}^{\infty} f(y)e^{-i\xi y}e^{-i\pi}\,dy = -\int_{-\infty}^{\infty} f(y)e^{-i\xi y}\,dy \overset{\because (10.1)}{=} -\sqrt{2\pi}\hat{f}(\xi)$$

なので

$$2\sqrt{2\pi}\hat{f}(\xi) = \int_{-\infty}^{\infty}\left\{f(x)-f\left(x-\frac{\pi}{\xi}\right)\right\}e^{-i\xi x}\,dx. \tag{13.7}$$

$|\xi| \geq \pi$ とすると $x-1 \leq x-\dfrac{\pi}{\xi} \leq x+1$ であり，

$$\frac{1}{1+(x-\pi/\xi)^2} \leq \max_{x-1\leq t\leq x+1}\frac{1}{1+t^2} \tag{13.8}$$

が成り立つ．この右辺を $g(x)$，すなわち

$$g(x) = \begin{cases} \{1+(x+1)^2\}^{-1} & (x<-1) \\ 1 & (-1\leq x<1) \\ \{1+(x-1)^2\}^{-1} & (x\geq 1) \end{cases}$$

とおけば[1]，$|\xi| \geq \pi$ のとき (13.6) と (13.8) より，

$$\left|f(x)-f(x-\pi/\xi)\right| \overset{\because (13.6)}{\leq} \frac{M}{1+x^2} + \frac{M}{1+(x-\pi/\xi)^2}$$
$$\overset{\because (13.8)}{\leq} \frac{M}{1+x^2} + Mg(x)$$

が成り立つ．ゆえに，ルベーグの収束定理（付録 §34）より $|\xi| \to \infty$ のとき (13.7) の右辺は 0 に収束し，左辺も 0 に収束する．

$f(x)$ が連続でなくても，各有界区間上で高々有限個の点を除いて連続ならば，上の証明が有効である．例えば，例題 10.1 の $f(x)$ の場合は，$f(x)-f(x-\pi/\xi)$ は $f(x)$ の不連続点 $x=0,1$ を除いて 0 に収束するから，ルベーグの収束定理が使える．(13.6) を仮定しない場合の証明は省略する［⇨ 参考文献［谷島 1］p.234］．

フーリエ逆変換の場合も同様である．

$\hat{f}$ の式と $\check{f}$ の式を足し引きすれば (13.5) が出る．◇

---

[1] $x-1 \leq t \leq x+1$ における $u=t^2$ の最小値を求めればわかる．

注意 13.1 サポートページの補助教材で，有界区間の積分の場合について別証明をあたえる．三角関数の山の部分と谷の部分の積分が打ち消し合うことを強調する（実は上の証明もそういうことなのだが，簡潔になったのと引き換えに大元のアイデアが見えにくくなっている）．さらに，同様のアイデアを用いて，ディリクレ積分 $\displaystyle\int_0^\infty \frac{\sin x}{x}\,dx$ が収束することも説明する．$\displaystyle\int_0^\infty \left|\frac{\sin x}{x}\right| dx$ では打ち消し合いが起きないので積分が発散することも述べる．

§13 の問題

チャレンジ問題

問 13.1 ディリクレ積分（定理 2.5）の値を別の方法で求めよう．

(1) ディリクレ核 $D_n(x) = \dfrac{\sin\left(n+\frac{1}{2}\right)x}{2\sin\frac{x}{2}}$ について，$D_n(x) = \dfrac{1}{2}\left(\cos nx + \sin nx \cot\dfrac{x}{2}\right)$ を示せ．

(2) $\displaystyle\int_0^\pi D_n(x)\,dx = \frac{\pi}{2}$ を示せ．(27.3) を用いよ．

(3) $\displaystyle\int_0^\pi \sin nx \cot\frac{x}{2}\,dx = \pi$ を示せ．

(4) $\displaystyle\lim_{x\to 0}\frac{1}{x}\left(1-\frac{x}{2}\cot\frac{x}{2}\right)$ が収束すること，したがって $\dfrac{1}{x}\left(1-\dfrac{x}{2}\cot\dfrac{x}{2}\right)$ は $-\pi < x < \pi$ の連続で可積分な関数であることを示せ．

(5) リーマン－ルベーグの定理（定理 13.1）と (3), (4) を使って，$n\to\infty$ のとき $\displaystyle\int_0^\pi \frac{\sin nx}{x}\,dx$ が $\dfrac{\pi}{2}$ に収束することを示せ．n は自然数である．

(6) $\displaystyle\lim_{n\to\infty}\int_0^{n\pi}\frac{\sin t}{t}\,dt = \frac{\pi}{2}$ を示せ．n は自然数である．

(7) $\displaystyle\int_0^\infty \frac{\sin t}{t}\,dt = \lim_{A\to\infty}\int_0^A \frac{\sin t}{t}\,dt = \frac{\pi}{2}$ を示せ．A は正の実数である．

[⇨ 13・2]

§14 元の関数とフーリエ変換の「大きさ」が等しいこと

§14のポイント

- フーリエ変換は内積とノルムを保つ（**パーセヴァル－プランシュレルの定理**）.

14・1 内積とノルム

$\mathbb{R}$ 上の複素数値関数 $f(x)$, $g(x)$ に対して，内積 (f,g) とノルム $\|f\|_2$ を

$$(f,g)=\int_{-\infty}^{\infty} f(x)\overline{g(x)}\,dx, \qquad \|f\|_2=\sqrt{(f,f)}=\sqrt{\int_{-\infty}^{\infty} \bigl|f(x)\bigr|^2\,dx}$$

で定義する．ここで，$\bar{z}$ は z の共役複素数を表す．

注意 14.1 内積を $\langle\,,\,\rangle$ で表す本もある．また，ノルムを $\|\;\|$ と表してもよいのだが，解析学ではたくさんのノルムが出てくるので，ここで現れるノルムを他のものと区別するため $\|\;\|_2$ と表している．2 は $\bigl|f(x)\bigr|^2$ の 2 である．連続な $f(x)$ について，$\|f\|_2=0$ は $f(x)$ が恒等的に 0 であることと同値である．なお，物理では内積を $\overline{f(x)}g(x)$ の積分で定義するから要注意．ここでは数学の習慣にあわせている．なお，§28 も参照せよ．ただし，§28 では複素数は現れない．

注意 14.2 定理 12.2 より f と $\hat{f}$ が可積分ならば f^2 も可積分である（$f=g$ とすればよい）．ある関数のフーリエ（逆）変換は有界な連続関数ということが根拠だった．f^2 のうち片方の f は可積分関数であり，もう片方の f は $\hat{f}$ のフーリエ逆変換だから有界な連続関数なので，f^2 は可積分である．

加えて g と $\hat{g}$ も可積分と仮定すれば，$\hat{f}g$, $f\hat{g}$, $\hat{f}\hat{g}$, $\check{f}g$, $f\check{g}$ も可積分である．ここで，$\check{f}(x)=\hat{f}(-x)$ と $\check{g}(x)=\hat{g}(-x)$ が有界であることを用いた [⇨ 問 11.1]．

さらに，片方だけ複素共役をとった $\hat{f}\bar{g}$ も有界な連続関数と可積分関数の積だから可積分である．ゆえに内積 $(\hat{f},g)$ が定義できる．

定理 14.1（パーセヴァル－プランシュレルの定理）

$f,\ g,\ \hat{f},\ \hat{g}$ が可積分のとき，

(1) $(\hat{f}, g) = (f, \check{g}), \quad (f, \hat{g}) = (\check{f}, g).$

(2) $(\hat{f}, \hat{g}) = (f, g), \quad \|\hat{f}\|_2 = \|f\|_2.$

（最後の式が最も重要である）

証明
$$\int_{-\infty}^{\infty}\left(\frac{1}{\sqrt{2\pi}}\int_{-\infty}^{\infty} e^{-i\xi x} f(x)\,dx\right)\overline{g(\xi)}\,d\xi$$
$$\overset{\because\ \text{フビニの定理（付録 §34）}}{=} \int_{-\infty}^{\infty} f(x)\overline{\left(\frac{1}{\sqrt{2\pi}}\int_{-\infty}^{\infty} e^{i\xi x} g(\xi)\,d\xi\right)}\,dx$$

より (1) の第 1 式が出る．第 2 式も同様（✍）．(1) の第 1 式の g を $\hat{g}$ で，$\check{g}$ を $\mathcal{F}^*\mathcal{F}[g] = g$ で置き換えて (2) の第 1 式を得る．$f = g$ とおくと第 2 式が出る．

◇

14・2　パーセヴァル－プランシュレルの定理の応用

例題 14.1　例題 10.4 の関数 $f(x) = \begin{cases} 1 - \dfrac{|x|}{2} & (0 \leq |x| \leq 2) \\ 0 & (|x| > 2) \end{cases}$ のフーリエ変換を利用して $\displaystyle\int_{-\infty}^{\infty} \frac{\sin^4 \xi}{\xi^4}\,d\xi$ の値を求めよ．[⇨ **定理 2.5**, **例題 11.2**]

□□□ ✍

解　例題 10.4 より $\hat{f}(\xi) = \sqrt{\dfrac{2}{\pi}}\dfrac{\sin^2 \xi}{\xi^2}$ である．例題 11.2 で示したように $\hat{f}(\xi)$ は可積分だから，パーセヴァル－プランシュレルの定理（定理 14.1）より

$$\int_{-\infty}^{\infty} \frac{\sin^4 \xi}{\xi^4}\,d\xi\,d\xi = \frac{\pi}{2}\int_{-\infty}^{\infty} \left|\hat{f}(\xi)\right|^2 d\xi \overset{\because\ \text{定理 14.1 (2)}}{=} \frac{\pi}{2}\int_{-\infty}^{\infty} \left|f(x)\right|^2 dx$$
$$= \frac{\pi}{2} \times 2\int_0^2 \left(1 - \frac{x}{2}\right)^2 dx = \frac{2\pi}{3}.$$

◇

例題 14.2　例題 10.5 の関数 $f(x)=\begin{cases}\cos x & (|x|\le\pi/2)\\ 0 & (|x|>\pi/2)\end{cases}$ のフーリエ変換を利用して $\displaystyle\int_{-\infty}^{\infty}\frac{1}{(1-\xi^2)^2}\cos^2\frac{\pi\xi}{2}\,d\xi$ の値を求めよ.

[⇨ **例題 10.5**, **例題 11.3**]

□□□

解　例題 10.5 より $\hat{f}(\xi)=\sqrt{\dfrac{2}{\pi}}\dfrac{1}{1-\xi^2}\cos\dfrac{\pi\xi}{2}$ である. 例題 11.3 で示したようにこれは可積分なので, パーセヴァル－プランシュレルの定理（定理 14.1）より

$$\int_{-\infty}^{\infty}\frac{1}{(1-\xi^2)^2}\cos^2\frac{\pi\xi}{2}\,d\xi=\frac{\pi}{2}\int_{-\infty}^{\infty}\left|\hat{f}(\xi)\right|^2d\xi\overset{\text{☉定理 14.1 (2)}}{=}\frac{\pi}{2}\int_{-\infty}^{\infty}\left|f(x)\right|^2dx$$

$$=\frac{\pi}{2}\times 2\int_0^{\pi/2}\cos^2 x\,dx=\frac{\pi}{2}\int_0^{\pi/2}(\cos 2x+1)\,dx=\frac{\pi^2}{4}.$$

◇

§14 の問題

確認問題

問 14.1　パーセヴァル－プランシュレルの定理を書け.

□□□ [⇨ 14・1]

問 14.2　ガウス関数 $g_\varepsilon(x)$ とそのフーリエ変換について $\|\hat{g}_\varepsilon\|_2=\|g_\varepsilon\|_2$ が成り立っていることを確かめよ [⇨ **定理 10.6**].　□□□ [⇨ 10・3 14・1]

問 14.3　ポアソン核の知識とパーセヴァル－プランシュレルの定理を用いて $\displaystyle\int_{-\infty}^{\infty}\frac{d\xi}{(1+\xi^2)^2}$ の値を求めよ [⇨ 例 11.1].　□□□ [⇨ 11・2 14・2]

§15 ディラックのデルタ関数

§15のポイント

- $x = 0$ で無限大，他で 0 となる**デルタ関数** $\delta(x)$ を考える．
- $\displaystyle\int_{-\infty}^{\infty} \delta(x)\,dx = 1,\ \int_{-\infty}^{\infty} \delta(x)\varphi(x)\,dx = \varphi(0).$
- 偏微分方程式を解くときにもデルタ関数が役立つ．
- フーリエ解析の基本的な定理の証明でデルタ関数の考え方を使う．

15・1 デルタ関数に「収束」する関数列

ディラックのデルタ関数について説明する．本書においてデルタ関数の使い道は大きく分けて 2 つある．まず，偏微分方程式を解くときにデルタ関数を使う．次に，フーリエ逆変換がフーリエ変換の逆であることを示すとき，さらにフーリエ級数について類似のことを示すときにデルタ関数の考え方を使う．

関数 $f_n(x)$ を次のようにおく．

$$f_n(x) = \begin{cases} 0 & (x \leq -1/n) \\ n^2 x + n & (-1/n < x \leq 0) \\ -n^2 x + n & (0 < x \leq 1/n) \\ 0 & (1/n < x). \end{cases} \tag{15.1}$$

グラフは折れ線であり，$(-1/n, 0)$, $(0, n)$, $(1/n, 0)$ を通る．n が大きいとき，グラフは細くて高い山の形になる（**図 15.1**）．

また，$f_n(x)$ の積分は三角形の面積で，

$$\int_{-\infty}^{\infty} f_n(x)\,dx = \int_{-1/n}^{1/n} f_n(x)\,dx = 1$$

である（✍）．直観的にいえば $n \to \infty$ の「極限」において

$$\lim_{n\to\infty} f_n(x) = \begin{cases} 0 & (x \neq 0) \\ \infty & (x = 0) \end{cases}$$

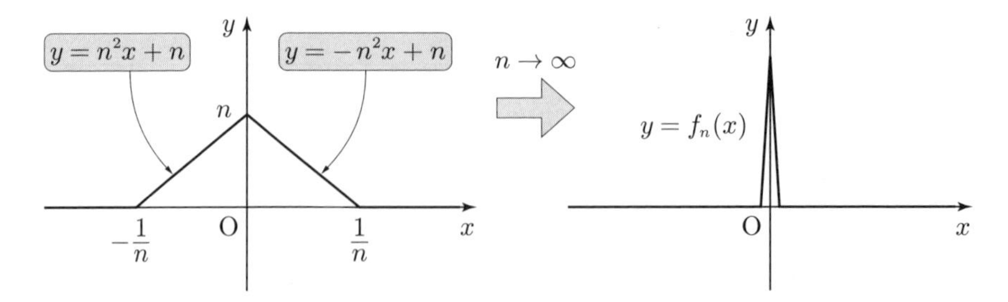

図 15.1　折れ線　$y = f_n(x)$

であり，各 n について積分の値が 1 なのだから「極限」においても

$$\int_{-\infty}^{\infty} \lim_{n\to\infty} f_n(x)\,dx = 1 \tag{15.2}$$

となるだろう．そこで，

$$\delta(x) = \begin{cases} 0 & (x \neq 0) \\ \infty & (x = 0) \end{cases}, \qquad \int_{-\infty}^{\infty} \delta(x)\,dx = 1 \tag{15.3}$$

という性質をもつ $\delta(x)$ というものを考え，**ディラックのデルタ関数**とよぶ．デルタ「関数」とはいっても，各点で有限の値をもつ通常の関数とは異なり，**超関数**とよばれるものの一例である．物理的には瞬間的な衝撃や点電荷などを表す．

(15.3) は厳密さに欠けるが，きちんとした理論がすでにできている[1)]．本書ではシュヴァルツの理論をヒントにして，**とっつきやすくて嘘のない方法でデルタ関数について説明し，それがフーリエ解析の根幹にあることを述べる．**

任意の連続関数 $\varphi(x)$ に対して，$x \neq 0$ では $\delta(x)\varphi(x) = 0$ だから

$$\int_{-\infty}^{\infty} \delta(x)\varphi(x)\,dx = \varphi(0) \tag{15.4}$$

が成り立つ（直観的な式）．また，

$$\int_{-\infty}^{\infty} f_n(x)\varphi(x)\,dx = \int_{-1/n}^{1/n} f_n(x)\varphi(x)\,dx$$

であり，n が大きいとき $-1/n \leq x \leq 1/n$ において $\varphi(x)$ はほぼ $\varphi(0)$ だから

---

1)　初学者向けの説明が参考文献［山根］にある．

$$\lim_{n\to\infty}\int_{-1/n}^{1/n} f_n(x)\varphi(x)\,dx = \varphi(0)\lim_{n\to\infty}\int_{-1/n}^{1/n} f_n(x)\,dx \overset{\because(15.2)}{=} \varphi(0) \quad (15.5)$$

が成り立つ[2]．以上より，

$$\lim_{n\to\infty}\int_{-\infty}^{\infty} f_n(x)\varphi(x)\,dx = \varphi(0) \quad (15.6)$$

である（これはちゃんとした式）．このことを

$$\lim_{n\to\infty} f_n(x) = \delta(x) \quad (15.7)$$

と**略記**する．(15.4) の $\delta(x)$ の正体がはっきりしないと思う人でも (15.6) は認めていただけるだろう．$\delta(x)$ なんてものが本当にあるのかと考え込む必要はなく，(15.7) は単なる略記法と考えればよい．大事な結果を印象的な形で短くズバリというために $\delta(x)$ が役立つ．

より一般に，

$$\lim_{n\to\infty} d_n(x) = \delta(x) \quad (15.8)$$

という式は，任意の関数 $\varphi(x)$ に対して

$$\lim_{n\to\infty}\int_{-\infty}^{\infty} d_n(x)\,\varphi(x)\,dx = \varphi(0) \quad (15.9)$$

となることを**略記**したものである．さきほどの $f_n(x)$ に限らず，グラフが細くて高い山になるものをもってくればいくらでも例はできる．

任意の関数 $\varphi(x)$ というとき，**計算がうまくいくような範囲で任意の関数**と思っておけばよい．その範囲については，個々の例に即して説明する．

---

2)　(15.5) を厳密に示すには次のようにする．

$-1/n \le x \le 1/n$ における $\left|\varphi(x)-\varphi(0)\right|$ の最大値を M_n とすると $M_n \to 0$ であり，

$$\left|\int_{-1/n}^{1/n}\bigl\{\varphi(x)-\varphi(0)\bigr\}f_n(x)\,dx\right| \le \int_{-\infty}^{\infty} M_n f_n(x)\,dx = M_n \to 0 \ (n\to\infty).$$

15・2　ガウス関数の極限

デルタ関数を使えばいろいろ便利なことがあるので，(15.8) の $d_n(x)$ のようにデルタ関数に近づく関数の列がほしい．まずはガウス関数について調べる．

一般に関数 $y = f(x)$ のグラフを C とするとき，$y = f(x/\varepsilon)$ $(\varepsilon > 0)$ のグラフは C を x 軸方向に ε 倍に拡大したものである（$0 < \varepsilon < 1$ のときは実際には縮小）．

$y = Af(x/\varepsilon)$ $(\varepsilon > 0,\ A > 0)$ のグラフは C を x 軸方向に ε 倍，y 軸方向に A 倍に拡大したものである．

図 15.2 は $y = g(x) = \exp(-x^2)$ のグラフである．$y = Ag(x/\varepsilon)$ の ε を小さくし，それにあわせて適度に A を大きくすれば，デルタ関数に近づく．$g_\varepsilon(x) = \dfrac{1}{\sqrt{\pi}\varepsilon}e^{-\frac{x^2}{\varepsilon^2}}$（**図 15.3**）がまさにそうである．なお，2つの図で y 軸のとり方は異なる．図 15.3 では $y = g_\varepsilon(x)$ のグラフは非常に細くて高い山をなす．

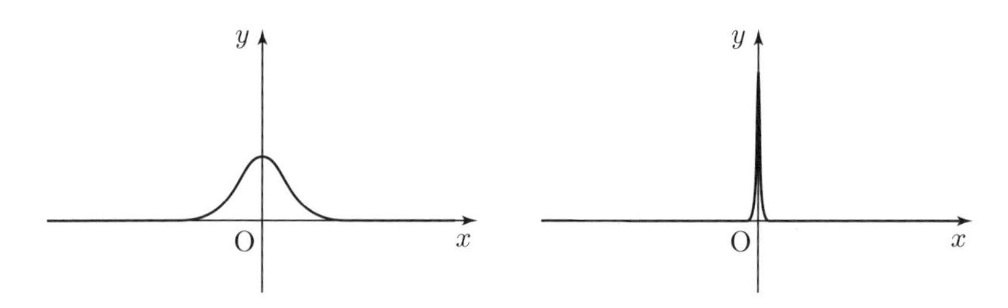

図 15.2　$y = \exp(-x^2)$　　**図 15.3**　$y = g_\varepsilon(x)$（ε は小さい）

定理 15.1（デルタ関数はガウス関数の極限）

ガウス関数 $g_\varepsilon(x) = \dfrac{1}{\sqrt{\pi}\varepsilon}e^{-\frac{x^2}{\varepsilon^2}}$ について

$$\lim_{\varepsilon \to +0} g_\varepsilon(x) = \delta(x). \tag{15.10}$$

正確に述べると，$\mathbb{R}$ 上の任意の有界連続関数 $\varphi(x)$ について

$$\lim_{\varepsilon \to +0} \int_{-\infty}^{\infty} g_\varepsilon(x)\varphi(x)\,dx = \varphi(0). \tag{15.11}$$

証明　$\displaystyle\int_{-\infty}^{\infty} g_\varepsilon(x)\,dx = 1$ であり，$x=0$ の近くを積分するだけでもほぼ 1 である．どれくらいの近さがよいか調べよう．$\varepsilon \to +0$ のとき $p(\varepsilon) \to 0$ となり，$-p(\varepsilon) \leq x \leq p(\varepsilon)$ における積分が 1 に収束するような $p(\varepsilon) > 0$ を見つけよう．

$$\int_{|x| \leq p(\varepsilon)} \frac{1}{\sqrt{\pi}\varepsilon} e^{-\frac{x^2}{\varepsilon^2}}\,dx \overset{\because x=\varepsilon y}{=} \int_{|y| \leq p(\varepsilon)/\varepsilon} \frac{1}{\sqrt{\pi}} e^{-y^2}\,dy \tag{15.12}$$

である．$p(\varepsilon)/\varepsilon \to \infty$ であれば，(15.12) の右辺は $\displaystyle\int_{-\infty}^{\infty} \frac{1}{\sqrt{\pi}} e^{-y^2}\,dy = 1$ に収束し，したがって左辺も 1 に収束する．そこで，$p(\varepsilon) = \sqrt{\varepsilon}$ としよう．

$$\int_{|x| \leq \sqrt{\varepsilon}} g_\varepsilon(x)\,dx = \int_{|y| \leq 1/\sqrt{\varepsilon}} \frac{1}{\sqrt{\pi}} e^{-y^2}\,dy \to 1, \tag{15.13}$$

$$\int_{|x| \geq \sqrt{\varepsilon}} g_\varepsilon(x)\,dx = \int_{|y| \geq 1/\sqrt{\varepsilon}} \frac{1}{\sqrt{\pi}} e^{-y^2}\,dy \to 0 \tag{15.14}$$

である．また，$M_\varepsilon = \displaystyle\max_{|x| \leq \sqrt{\varepsilon}} \bigl|\varphi(x) - \varphi(0)\bigr|$ とおくと，連続性より $M_\varepsilon \to 0$ で，

$$\begin{aligned}
&\left| \int_{|x| \leq \sqrt{\varepsilon}} g_\varepsilon(x)\varphi(x)\,dx - \int_{|x| \leq \sqrt{\varepsilon}} g_\varepsilon(x)\varphi(0)\,dx \right| \\
&\leq M_\varepsilon \int_{|x| \leq \sqrt{\varepsilon}} g_\varepsilon(x)\,dx \to 0 \cdot 1 = 0.
\end{aligned}$$

したがって，$x=0$ の近くの積分は (15.13) より

$$\lim_{\varepsilon \to +0} \int_{|x| \leq \sqrt{\varepsilon}} g_\varepsilon(x)\varphi(x)\,dx = \lim_{\varepsilon \to +0} \varphi(0) \int_{|x| \leq \sqrt{\varepsilon}} g_\varepsilon(x)\,dx = \varphi(0). \tag{15.15}$$

また，$\bigl|\varphi(x)\bigr| \leq M$ とすると，$x=0$ から離れたところの積分は (15.14) より

$$\left| \int_{|x| \geq \sqrt{\varepsilon}} g_\varepsilon(x)\varphi(x)\,dx \right| \leq M \int_{|x| \geq \sqrt{\varepsilon}} g_\varepsilon(x)\,dx \to M \cdot 0 = 0$$

であり，したがって $\displaystyle\int_{|x| \geq \sqrt{\varepsilon}} g_\varepsilon(x)\varphi(x)\,dx \to 0$ である．このことと (15.15) より，

$$\begin{aligned}
\int_{-\infty}^{\infty} g_\varepsilon(x)\varphi(x)\,dx &= \int_{|x| \leq \sqrt{\varepsilon}} g_\varepsilon(x)\varphi(x)\,dx + \int_{|x| \geq \sqrt{\varepsilon}} g_\varepsilon(x)\varphi(x)\,dx \\
&\to \varphi(0) + 0 = \varphi(0).
\end{aligned}$$

◇

15・3　ポアソン核の極限

定理 15.2（デルタ関数はポアソン核の極限でもある）

ポアソン核 $P_\varepsilon(x) = \dfrac{1}{\pi}\dfrac{\varepsilon}{x^2+\varepsilon^2}$ $(\varepsilon > 0)$ について

$$\lim_{\varepsilon\to+0} P_\varepsilon(x) = \delta(x) \tag{15.16}$$

である．正確に述べると，$\mathbb{R}$ 上の任意の有界連続関数 $\varphi(x)$ について

$$\lim_{\varepsilon\to+0}\int_{-\infty}^{\infty} P_\varepsilon(x)\varphi(x)\,dx = \varphi(0). \tag{15.17}$$

定理 15.1 と同様に，$|x| \leq \sqrt{\varepsilon}$ における積分と $|x| \geq \sqrt{\varepsilon}$ における積分に分ければ証明できる．詳細はサポートページで述べるが，それを見る前に自分でやってみることを勧める（✍）．ポアソン核は不定積分が arctan で書けるのでガウス関数より易しい．**図 15.4** は ε がほぼ 0 の場合のポアソン核のグラフである．

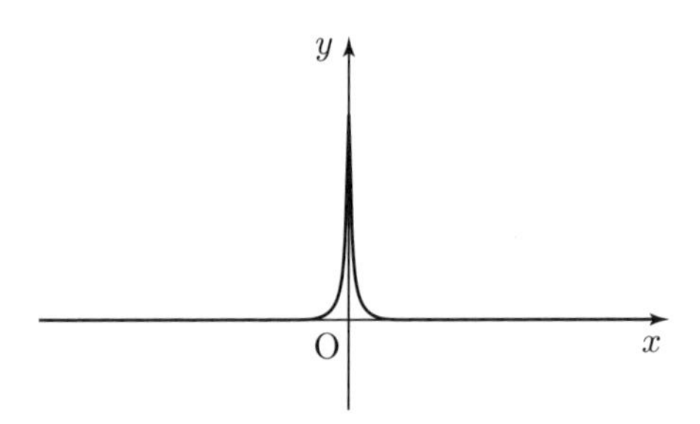

図 15.4　ポアソン核

厳密ではないが十分納得できる説明ならば，後述の例題 18.1 から得られる．

$$\left(\frac{\partial^2}{\partial x^2}+\frac{\partial^2}{\partial y^2}\right)u(x,y) = 0 \ \ (y > 0), \qquad u(x,+0) = \delta(x)$$

の解が $u(x,y) = P_y(x)$ である．初期条件が $u(x,+0) = \delta(x)$ だから，

$$\lim_{y\to+0} P_y(x) = \delta(x)$$

である．これは (15.16) に他ならない．デルタ関数に近づくだけではなく，重要な微分方程式の解だからポアソン核に注目するのである．

15・4 ディリクレ積分とデルタ関数

フーリエの積分公式（定理 11.3）およびフーリエ級数に関する類似の事実（§27）の証明で次の定理を用いる．

定理 15.3（三角関数によるデルタ関数の表現）

$$\lim_{p\to\infty}\frac{1}{\pi}\frac{\sin px}{x}=\delta(x) \tag{15.18}$$

である．正確に述べると，$\mathbb{R}$ 上の任意の可積分 C^1 級関数 $\varphi(x)$ について

$$\lim_{p\to\infty}\int_{-\infty}^{\infty}\frac{\sin px}{x}\varphi(x)\,dx=\pi\varphi(0). \tag{15.19}$$

証明　まず，定理 2.5（ディリクレ積分）より，任意の $a>0$ について

$$\lim_{p\to\infty}\int_{-a}^{a}\frac{\sin px}{x}\,dx \overset{\because px=y}{=} 2\lim_{p\to\infty}\int_{0}^{ap}\frac{\sin y}{y}\,dy \overset{\because \text{定理 } 2.5}{=} \pi \tag{15.20}$$

である．これを使って (15.19) を示そう．

$$\int_{-\infty}^{\infty}\frac{\sin px}{x}\varphi(x)\,dx$$

$$=\int_{-a}^{a}\frac{\sin px}{x}\varphi(x)\,dx+\int_{-\infty}^{-a}\frac{\sin px}{x}\varphi(x)\,dx+\int_{a}^{\infty}\frac{\sin px}{x}\varphi(x)\,dx \tag{15.21}$$

と分ける．$x\leq -a$，$a\leq x$ では $\left|\dfrac{1}{x}\varphi(x)\right|\leq\dfrac{1}{a}\left|\varphi(x)\right|$ なので $\dfrac{1}{x}\varphi(x)$ は可積分で

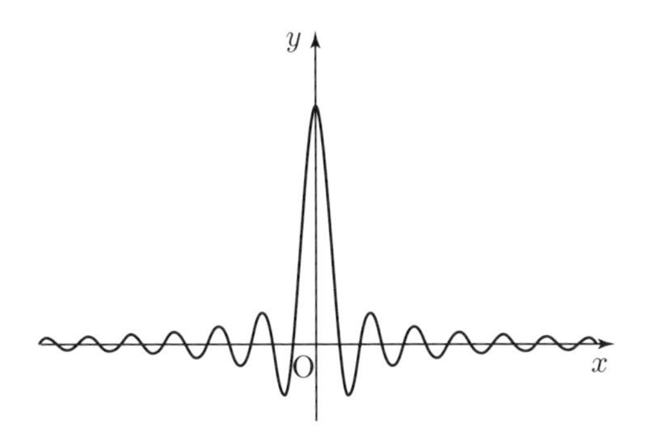

図 15.5　$y=\dfrac{\sin px}{x}$

ある．$x \leq -a$, $a \leq x$ でこの関数に一致し，他で 0 となる関数にリーマン－ルベーグの定理（定理 13.1）を適用できるので，(15.21) における $\int_{-\infty}^{-a}$ と $\int_a^{\infty}$ は $p \to \infty$ のとき 0 に収束する．次に，$\varphi(x) - \varphi(0) = x\psi(x)$ とおくと[3)]

$$\int_{-a}^{a} \frac{\sin px}{x} \varphi(x)\, dx = \int_{-a}^{a} \frac{\sin px}{x} \big(\varphi(0) + x\psi(x)\big)\, dx$$
$$= \varphi(0) \int_{-a}^{a} \frac{\sin px}{x}\, dx + \int_{-a}^{a} \psi(x) \sin px\, dx$$
$$\to \pi\varphi(0) \qquad (p \to \infty).$$

最後の極限の計算では，主役である第1項の積分を (15.20) で計算し，邪魔な第2項が消えることをリーマン－ルベーグの定理（定理 13.1）で示した（✍）．◇

ディリクレ核 $D_n(x)$（n は自然数）を

$$D_n(x) = \frac{\sin\left(n + \frac{1}{2}\right) x}{2 \sin \frac{x}{2}}, \quad D_n(2k\pi) = \lim_{x \to 2k\pi} D_n(x) = n + \frac{1}{2} \ \ (k \in \mathbb{Z})$$

で定義する（**図 15.6**）．$x = 0$ の近くで $2\sin\dfrac{x}{2}$ はほぼ x なので $D_n(x)$ は $\dfrac{\sin px}{x}$ と性質が似ており，$x = 0$ の近くで $\pi\delta(x)$ に収束する［⇨ **定理 27.1**］．フーリエ級数の収束の証明［⇨ §27］のときに $D_n(x)$ について詳しく述べる．

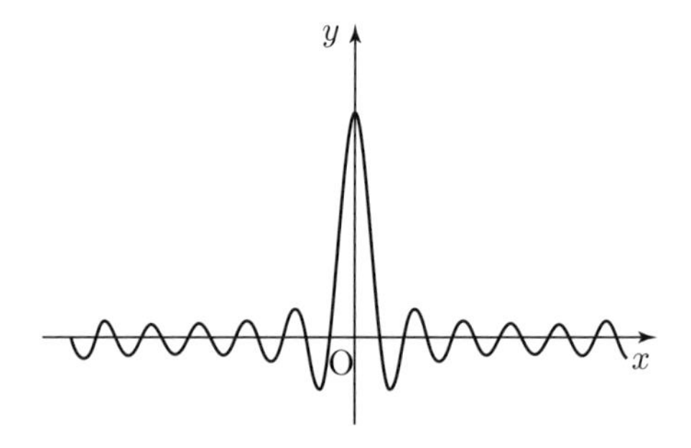

図 15.6　ディリクレ核

---

3) このような $\psi(x)$ が存在することを**アダマールの補題**という．$f(s) = \varphi(sx)$ とおくと $\varphi(x) - \varphi(0) = f(1) - f(0) = \int_0^1 f'(s)\, ds = x \int_0^1 \varphi'(sx)\, ds$ なので，$\psi(x) = \int_0^1 \varphi'(sx)\, ds$ とおけばよい．φ が C^1 級ならば ψ は連続である．

15・5　デルタ関数のその他の性質

例 15.1（平行移動）　$\mathbb{R}$ 上の有界で連続な任意の関数 $\varphi(x)$ について

$$\int_{-\infty}^{\infty} \varphi(x)\delta(x-a)\,dx = \varphi(a) \qquad (a \in \mathbb{R}) \tag{15.22}$$

であることを示そう．$d_n(x) \to \delta(x)$（ガウス関数の列）とする．(15.22) は

$$\lim_{n\to\infty} \int_{-\infty}^{\infty} d_n(x-a)\varphi(x)\,dx = \varphi(a) \tag{15.23}$$

という意味である．(15.23) の左辺は $\displaystyle\lim_{n\to\infty} \int_{-\infty}^{\infty} d_n(y)\varphi(y+a)\,dy$ と書き直せて，仮定より $\varphi(a)$ に等しい．これで (15.23) と (15.22) が示された．◆

例 15.2（デルタ関数は「偶関数」）

$$\delta(-x) = \delta(x) \tag{15.24}$$

を示そう．これは，$d_n(x) \to \delta(x)$ のとき $d_n(-x) \to \delta(x)$ という意味である．

有界で連続な任意の関数 $\varphi(x)$ について，$n \to \infty$ のとき

$$\int_{-\infty}^{\infty} d_n(y)\varphi(-y)\,dy \to \varphi(0) \qquad (\varphi(y) \text{ ではなく } \varphi(-y)).$$

$x = -y$ と置換して $\displaystyle\int_{-\infty}^{\infty} d_n(-x)\varphi(x)\,dx \to \varphi(0)$，つまり $d_n(-x) \to \delta(x)$.

なお，(15.24) の x に $x-a$ を代入すれば，

$$\delta(x-a) = \delta(a-x).$$

◆

上の 2 つの例をあわせれば次の定理が得られる．

定理 15.4（デルタ関数とたたみ込み）

$\mathbb{R}$ 上の有界で連続な任意の関数 $\varphi(x)$ について，次が成り立つ．

(1) $\displaystyle\int_{-\infty}^{\infty} \varphi(x)\delta(x-a)\,dx = \int_{-\infty}^{\infty} \varphi(x)\delta(a-x)\,dx = \varphi(a) \quad (a \in \mathbb{R})$.

(2) $\varphi * \delta(x) = \delta * \varphi(x) = \varphi(x)$.

例 15.3（デルタ関数のフーリエ変換）　形式的な計算により

$$\mathcal{F}[\delta](\xi) \overset{\because \text{定義 } 10.1}{=} \frac{1}{\sqrt{2\pi}} \int_{-\infty}^{\infty} e^{-i\xi x} \delta(x)\, dx = \frac{1}{\sqrt{2\pi}} e^{-i\xi 0} = \frac{1}{\sqrt{2\pi}} \tag{15.25}$$

である．デルタ関数は略記法だという立場に立ってもう少し詳しく説明する．定理 15.1 とその証明を参考に，ガウス関数 $g_\varepsilon(x) = \frac{1}{\sqrt{\pi}\varepsilon} e^{-\frac{x^2}{\varepsilon^2}}$ を使って

$$\mathcal{F}[\delta](\xi) \overset{\text{def.}}{=} \lim_{\varepsilon \to +0} \mathcal{F}[g_\varepsilon](\xi) \overset{\because \text{定義 } 10.1}{=} \lim_{\varepsilon \to +0} \frac{1}{\sqrt{2\pi}} \int_{-\infty}^{\infty} e^{-i\xi x} g_\varepsilon(x)\, dx$$

と定義する[4]．定理 10.6 より

$$\mathcal{F}\big[\delta(x)\big](\xi) = \lim_{\varepsilon \to +0} \frac{1}{\sqrt{2\pi}} \exp\left(-\frac{\varepsilon^2 x^2}{4}\right) = \frac{1}{\sqrt{2\pi}}$$

である．x と ξ を入れ替えて，指数の符号を変えれば

$$\mathcal{F}^*\big[\delta(\xi)\big](x) = \frac{1}{\sqrt{2\pi}}.$$

◆

§15 の問題

確認問題

問 15.1　デルタ関数とは直観的にいってどのようなものか．

□□□ [⇨ 15・1]

問 15.2　デルタ関数に収束する関数列の例にはどのようなものがあるか．

□□□ [⇨ 15・2 15・3 15・4]

---

4)　記号 $\overset{\text{def.}}{=}$ は左辺を右辺で定義することを意味する．

§16 フーリエの反転公式とフーリエの積分公式の証明 *

§16 のポイント

- **フーリエの反転公式**（定理 11.1）と**フーリエの積分公式**（定理 11.3）を証明する．

16・1 フーリエの反転公式（定理 11.1）の証明

フーリエ変換 $\mathcal{F}[f](\xi)$ とフーリエ逆変換 $\mathcal{F}^*[\varphi](x)$ の定義式は

$$\mathcal{F}[f](\xi) = \frac{1}{\sqrt{2\pi}} \int_{-\infty}^{\infty} e^{-i\xi x} f(x)\, dx, \tag{16.1}$$

$$\mathcal{F}^*[\varphi](x) = \frac{1}{\sqrt{2\pi}} \int_{-\infty}^{\infty} e^{ix\xi} \varphi(\xi)\, d\xi \tag{16.2}$$

である．フーリエの反転公式 $\mathcal{F}^*\mathcal{F}[f](x) = f(x)$ を証明しよう．(16.2) の $\varphi(\xi)$ に (16.1) の $\mathcal{F}[f](\xi)$ を代入したいのだが，変数の使い方に注意が必要である．(16.1) の右辺は x に関する積分であり，積分が終わったときには x は消えてしまう．ところが (16.2) で x を使っている．x という文字を 2 通りの意味で使うのは混乱の元なので，(16.1) では x の代わりに y を使って

$$\mathcal{F}[f](\xi) = \frac{1}{\sqrt{2\pi}} \int_{-\infty}^{\infty} e^{-i\xi y} f(y)\, dy$$

と書くことにしよう．そう書いて第 2 式に $\varphi(\xi) = \mathcal{F}[f](\xi)$ を代入すると

$$\mathcal{F}^*\mathcal{F}[f](x) = \frac{1}{2\pi} \int_{-\infty}^{\infty} e^{ix\xi} \left(\int_{-\infty}^{\infty} e^{-i\xi y} f(y) dy \right) d\xi$$

となる．後で積分順序を交換したいので

$$\mathcal{F}^*\mathcal{F}[f](x) = \lim_{\varepsilon \to +0} \frac{1}{2\pi} \int_{-\infty}^{\infty} \left(\int_{-\infty}^{\infty} \exp\bigl(-\varepsilon^2 \xi^2\bigr) e^{ix\xi} e^{-i\xi y} f(y) dy \right) d\xi$$

と書き直す（ξ について遠方で減少し，可積分）．x を固定して，$\left|e^{ix\xi}\right| = 1$, $\left|e^{-i\xi y}\right| = 1$ より

$$\left|\exp\bigl(-\varepsilon^2\xi^2\bigr) e^{ix\xi} e^{-i\xi y} f(y)\right| = \exp\bigl(-\varepsilon^2\xi^2\bigr) \left|f(y)\right|$$

であり，$\exp(-\varepsilon^2\xi^2)e^{ix\xi}e^{-i\xi y}f(y)$ は ξ についても y についても積分が収束するからフビニの定理（付録 §34）より積分順序が交換できる．その後で，ξ に関する積分について定理 10.6 を用い，さらに $x-y=z$ と置換して，

$$
\begin{aligned}
\mathcal{F}^*\mathcal{F}[f](x) &\overset{\because\text{フビニの定理}}{=} \lim_{\varepsilon\to+0}\frac{1}{2\pi}\int_{-\infty}^{\infty}f(y)\left(\int_{-\infty}^{\infty}\exp(-\varepsilon^2\xi^2)\xi^{i\xi(x-y)}d\xi\right)dy \\
&\overset{\because\text{定理 10.6(3)}}{=} \lim_{\varepsilon\to+0}\int_{-\infty}^{\infty}\frac{1}{2\sqrt{\pi}\varepsilon}\exp\left(-\frac{(x-y)^2}{4\varepsilon^2}\right)f(y)dy \\
&\overset{\because x-y=z}{=} \lim_{\varepsilon\to+0}\int_{-\infty}^{\infty}\frac{1}{2\sqrt{\pi}\varepsilon}\exp\left(-\frac{z^2}{4\varepsilon^2}\right)f(x-z)dz \\
&= \lim_{\varepsilon\to+0}\int_{-\infty}^{\infty}g_{2\varepsilon}(z)f(x-z)\,dz.
\end{aligned}
$$

定理 15.1 より $g_{2\varepsilon}(z)\to\delta(z)$ であり，$f(x)$ は有界かつ連続なので，

$$
\mathcal{F}^*\mathcal{F}[f](x)=f(x). \tag{16.3}
$$

16・2　フーリエの反転公式への補足

自分自身とそのフーリエ変換がともに可積分な $\mathbb{R}$ 上の有界かつ連続な複素数値関数全体の集合を $M(\mathbb{R})$ と表す［⇨ **定理 11.1**，注意 11.3］．独立変数を強調したいときは $M(\mathbb{R}_x)$, $M(\mathbb{R}_\xi)$ のように書いて区別する．

$M(\mathbb{R})$ は（$\mathbb{C}$ 上の）線形空間である．すなわち，$f(x), g(x)\in M(\mathbb{R})$ で $c\in\mathbb{C}$ のとき，$f(x)+g(x), cf(x)\in M(\mathbb{R})$ である．フーリエの反転公式（定理 11.1）から次の定理が出る［⇨ 参考文献［谷島 1］, [SW]］．

定理 16.1（フーリエ変換とフーリエ逆変換は互いに逆写像）

(1) $\mathcal{F}$ は $M(\mathbb{R}_x)$ から $M(\mathbb{R}_\xi)$ への線形写像である．

(2) $\mathcal{F}^*$ は $M(\mathbb{R}_\xi)$ から $M(\mathbb{R}_x)$ への線形写像である．

(3) 上の $\mathcal{F}$ と $\mathcal{F}^*$ は互いに逆写像である $(\mathcal{F}^*=\mathcal{F}^{-1})$．すなわち，

$$
\mathcal{F}^*\mathcal{F}[f](x)=f(x),\qquad f(x)\in M(\mathbb{R}_x),
$$
$$
\mathcal{F}\mathcal{F}^*[\varphi](\xi)=\varphi(\xi),\qquad \varphi(\xi)\in M(\mathbb{R}_\xi).
$$

証明　定義にしたがって証明済みの事実を積み重ねて示す．

(1)　$f(x) \in M(\mathbb{R}_x)$ とし，$\varphi(\xi) = \hat{f}(\xi) = \mathcal{F}[f](\xi)$ とおく．$\varphi(\xi) \in M(\mathbb{R}_\xi)$ であることを確かめよう．$\varphi(\xi)$ が可積分であることは $M(\mathbb{R}_x)$ の定義に含まれている．また，(13.2) あるいは問 11.1 とフーリエの反転公式より

$$\hat{\varphi}(x) = \check{\varphi}(-x) = f(-x)$$

であり，これは可積分である．

(2)　$\varphi(\xi) \in M(\mathbb{R}_\xi)$ とし，$f(x) = \check{\varphi}(x) = \hat{\varphi}(-x)$ とおく．$f(x) \in M(\mathbb{R}_x)$ であることを確かめよう．$M(\mathbb{R}_\xi)$ の定義より $f(x)$ は可積分である．また，一般に

$$\begin{aligned}\mathcal{F}\big[g(-x)\big](\xi) &\overset{☺(10.1)}{=} \frac{1}{\sqrt{2\pi}}\int_{-\infty}^{\infty} e^{-i\xi x} g(-x)\,dx \\ &\overset{☺\,-x=y}{=} \frac{1}{\sqrt{2\pi}}\int_{-\infty}^{\infty} e^{i\xi y} g(y)\,dy \overset{☺(11.1)}{=} \mathcal{F}^*\big[g(x)\big](\xi)\end{aligned}$$

である．以上より

$$\mathcal{F}[f](\xi) = \mathcal{F}\mathcal{F}^*\varphi(\xi) = \mathcal{F}\big[\hat{\varphi}(-x)\big](\xi) = \mathcal{F}^*\big[\hat{\varphi}(x)\big](\xi)$$

であり，フーリエの反転公式より，これは $\varphi(\xi)$ に一致し，$\mathcal{F}[f](\xi)$ は可積分である．こうして $f(x) \in M(\mathbb{R}_x)$ が示された．

(3)　第 1 式はフーリエの反転公式である．第 2 式は (2) の証明の中で示されている．　◇

$\mathbb{R}$ 上の C^∞ 級関数 $u(x)$ が，任意の非負整数 j, k について

$$\lim_{x \to \pm\infty} x^j u^{(k)}(x) = 0$$

をみたすとき，$u(x)$ は**急減少関数**であるという．ガウス関数とその導関数は急減少関数である．

急減少関数全体の集合を $\mathcal{S}(\mathbb{R})$ と表す[1)]．フーリエ変換 $\mathcal{F}$ とフーリエ逆変換 $\mathcal{F}^*$ はともに $\mathcal{S}(\mathbb{R})$ から $\mathcal{S}(\mathbb{R})$ への線形写像で，互いに逆写像になっている［⇨ 参考文献［谷島 1］p.258,［SS］p.142］．このことは，定理 10.5 とフーリエの反転公式を用いて証明できる．$\mathcal{S}(\mathbb{R})$ は偏微分方程式論で幅広く使われている．

1)　アルファベット S の筆記体 $\mathcal{S}$ については，裏見返しを参照するとよい．

16・3 フーリエの積分公式（定理 11.3）の証明

定理 16.2（ディリクレの積分公式）

$0<x<a$ の C^1 級関数 $\varphi(x)$ について $\varphi(x)$ と $\varphi'(x)$ が $0 \leq x \leq a$ まで連続に拡張できるならば（つまり $x \to +0,\ x \to a-0$ の極限値が存在するならば），

$$\lim_{p\to\infty}\int_0^a \frac{\sin px}{x}\varphi(x)\,dx = \frac{\pi}{2}\varphi(+0) = \frac{\pi}{2}\lim_{x\to+0}\varphi(x).$$

証明 $\dfrac{\sin px}{x}$ は $\pi\delta(x)$ に収束するというのが定理 15.3 だった．定理 16.2 は，直観的にいうと $\dfrac{\sin px}{x}$ の「右半分」は $\dfrac{\pi}{2}\delta(x)$ に収束することを意味する．

まず，定理 2.5 より，任意の $a>0$ について

$$\lim_{p\to\infty}\int_0^a \frac{\sin px}{x}\,dx \overset{\because\, px=y}{=} \lim_{p\to\infty}\int_0^{ap}\frac{\sin y}{y}\,dy \overset{\because\,\text{定理 }2.5}{=} \frac{\pi}{2}. \tag{16.4}$$

アダマールの補題［⇨ p.120 脚注 3］を用いて $\varphi(x)-\varphi(0)=x\psi(x)$ とおくと

$$\int_0^a \frac{\sin px}{x}\varphi(x)\,dx = \int_0^a \frac{\sin px}{x}\left(\varphi(0)+x\psi(x)\right)\,dx$$

$$= \underbrace{\varphi(0)\int_0^a \frac{\sin px}{x}\,dx}_{\text{主役となる項}} + \underbrace{\int_0^a \psi(x)\sin px\,dx}_{\text{邪魔な項}} \to \frac{\pi}{2}\varphi(0) \qquad (p\to\infty).$$

最後の極限移行は (16.4) とリーマン－ルベーグの定理（定理 13.1）による．◇

それでは，フーリエの積分公式（定理 11.3）を証明しよう．

上の定理 16.2 で $\dfrac{\sin px}{x}$ を考える動機は

$$\int_{-p}^{p} e^{-ix\xi}\,d\xi = \frac{2\sin px}{x} \tag{16.5}$$

である．左辺によく似た形が定理 11.3 の結論の式に現れる．

後の計算にあわせるために，変数 x の代わりに y を使う．関数 $\varphi(y)$ がフーリエの積分公式の仮定をみたすとすると，定理 16.2 とリーマン－ルベーグの定理（定理 13.1）より，十分小さい $a>0$ をとって，

$$\lim_{p\to\infty}\int_0^\infty \frac{\sin py}{y}\varphi(y)\,dy = \lim_{p\to\infty}\left\{\int_0^a \frac{\sin py}{y}\varphi(y)\,dy + \int_a^\infty \frac{\sin py}{y}\varphi(y)\,dy\right\}$$
$$= \frac{\pi}{2}\varphi(+0) \tag{16.6}$$

が成り立つ（✍）.

関数 $f(x)$ がフーリエの積分公式の仮定をみたすとする．以下の計算では x を固定し，y を動かす．$\varphi(y) = f(x+y) + f(x-y)$ も変数 y についてフーリエの積分公式の仮定をみたす．(16.6) より，$p\to\infty$ のとき

$$\frac{\pi}{2}\big\{f(x+0)+f(x-0)\big\} = \lim_{p\to\infty}\int_0^\infty \frac{\sin py}{y}\big\{f(x+y)+f(x-y)\big\}\,dy \tag{16.7}$$

が成り立つ（✍）．ここで

$$\int_0^\infty \frac{\sin py}{y} f(x-y)\,dy \overset{\because y=-w}{=} \int_0^{-\infty} \frac{\sin p(-w)}{-w} f(x+w)\,(-dw)$$
$$\overset{\because w=y}{=} \int_{-\infty}^0 \frac{\sin py}{y} f(x+y)\,dy \tag{16.8}$$

である．$y=-w$ と置換してから $w=y$（前の y とは違う新しい y）と置換した．(16.8) を (16.7) に代入し，$\displaystyle\int_0^\infty + \int_{-\infty}^0 = \int_{-\infty}^\infty$ とフビニの定理（付録 §34）を用いて

$$\frac{\pi}{2}\big\{f(x+0)+f(x-0)\big\} = \lim_{p\to\infty}\int_{-\infty}^\infty \frac{\sin py}{y} f(x+y)\,dy$$
$$\overset{\because (16.5)}{=} \lim_{p\to\infty}\int_{-\infty}^\infty \left(\frac{1}{2}\int_{-p}^p e^{-iy\xi}\,d\xi\right) f(x+y)\,dy$$
$$\overset{\because \text{フビニの定理}}{=} \frac{1}{2}\lim_{p\to\infty}\int_{-p}^p \left(\int_{-\infty}^\infty e^{-iy\xi} f(x+y)\,dy\right) d\xi$$
$$\overset{\because x+y=w}{=} \frac{1}{2}\lim_{p\to\infty}\int_{-p}^p \left(\int_{-\infty}^\infty e^{-i(w-x)\xi} f(w)\,dw\right) d\xi$$
$$= \frac{1}{2}\lim_{p\to\infty}\int_{-p}^p e^{ix\xi}\left(\int_{-\infty}^\infty e^{-i\xi w} f(w)\,dw\right) d\xi$$
$$\overset{\because (10.1)}{=} \frac{\sqrt{2\pi}}{2}\lim_{p\to\infty}\int_{-p}^p e^{ix\xi}\mathcal{F}[f](\xi)\,d\xi.$$

これでフーリエの積分公式の証明が終わった.

§16の問題

チャレンジ問題

問 16.1　$f(x)$ が**可積分**で $\hat{f}(\xi)$ が**可積分でない**例を挙げよ．（ヒント：すでに本文中に現れている．）　□□□ [⇨ 17・1]

第4章のまとめ

フーリエ変換

- **定義**：$\hat{f}(\xi) = \mathcal{F}[f](\xi) = \dfrac{1}{\sqrt{2\pi}} \displaystyle\int_{-\infty}^{\infty} e^{-i\xi x} f(x)\, dx \quad (\xi \in \mathbb{R}).$
- フーリエ変換は有界な連続関数.
- $\mathcal{F}[f^{(k)}](\xi) = (i\xi)^k \hat{f}(\xi), \qquad \mathcal{F}[x^k f](\xi) = i^k \dfrac{d^k}{d\xi^k} \hat{f}(\xi).$
- **リーマン－ルベーグの定理**：$\displaystyle\lim_{\xi \to \pm\infty} \hat{f}(\xi) = 0.$
- **パーセヴァル－プランシュレルの定理**：

  f と $\hat{f}$ が可積分のとき，$\displaystyle\int_{-\infty}^{\infty} \left|f(x)\right|^2 dx = \int_{-\infty}^{\infty} \left|\hat{f}(\xi)\right|^2 d\xi.$

フーリエ逆変換

- **定義**：$\check{\varphi}(x) = \mathcal{F}^*[\varphi](x) = \dfrac{1}{\sqrt{2\pi}} \displaystyle\int_{-\infty}^{\infty} e^{ix\xi} \varphi(\xi)\, d\xi \quad (x \in \mathbb{R}).$
- **フーリエの反転公式**：

  $f(x)$ と $\hat{f}(\xi)$ が可積分ならば，$\mathcal{F}^* \mathcal{F}[f](x) = f(x).$
- **フーリエの積分公式**：

$$\lim_{p \to \infty} \frac{1}{\sqrt{2\pi}} \int_{-p}^{p} e^{ix\xi} \hat{f}(\xi)\, d\xi = \frac{1}{2} \bigl\{ f(x+0) + f(x-0) \bigr\}.$$

- 自分自身とそのフーリエ変換がともに可積分な $\mathbb{R}$ 上の有界かつ連続な関数全体の集合を $M(\mathbb{R})$ と表すと，$\mathcal{F}$ と $\mathcal{F}^*$ はどちらも $M(\mathbb{R})$ から $M(\mathbb{R})$ への全単射で互いに逆写像になっている．

主な核のフーリエ変換

x の世界	ξ の世界	参照箇所
$\dfrac{1}{\sqrt{2\pi}}e^{-\varepsilon\|x\|}$	$P_\varepsilon(\xi) = \dfrac{1}{\pi}\dfrac{\varepsilon}{x^2+\varepsilon^2}$ (**ポアソン核**)	定理 10.1
$P_\varepsilon(x)$	$\dfrac{1}{\sqrt{2\pi}}e^{-\varepsilon\|\xi\|}$	例 11.1
$g_\varepsilon(x) = \dfrac{1}{\sqrt{\pi}\varepsilon}\exp\left(-\dfrac{x^2}{\varepsilon^2}\right)$ (**ガウス関数**)	$\dfrac{1}{\sqrt{2\pi}}\exp\left(-\dfrac{1}{4}\varepsilon^2\xi^2\right)$	定理 10.6
$\exp\left(-\dfrac{1}{2}x^2\right)$	$\exp\left(-\dfrac{1}{2}\xi^2\right)$	定理 10.6

デルタ関数

- $\delta(x) = \begin{cases} 0 & (x \neq 0) \\ \infty & (x = 0) \end{cases}$, $\displaystyle\int_{-\infty}^{\infty}\delta(x)\,dx = 1.$
- $f * \delta(x) = \delta * f(x) = f(x).$
- ポアソン核 $P_\varepsilon(\xi) = \dfrac{1}{\pi}\dfrac{\varepsilon}{x^2+\varepsilon^2}$ について，$\displaystyle\lim_{\varepsilon\to+0} P_\varepsilon(x) = \delta(x).$
- ガウス関数 $g_\varepsilon(x) = \dfrac{1}{\sqrt{\pi}\varepsilon}e^{-x^2/\varepsilon^2}$ について，$\displaystyle\lim_{\varepsilon\to+0} g_\varepsilon(x) = \delta(x).$
- $\displaystyle\lim_{p\to\infty}\frac{1}{\pi}\frac{\sin px}{x} = \delta(x).$
- $\mathcal{F}[\delta](\xi) = \dfrac{1}{\sqrt{2\pi}}.$

偏微分方程式（その1）

§17 熱伝導方程式（その1）

§17のポイント

- フーリエ変換を使って**熱伝導方程式**の初期値問題を解く．
- フーリエ変換のスローガン：「(x,t) の世界から (ξ,t) の世界へ」
- (ξ,t) の世界では熱伝導方程式は常微分方程式になる．
- フーリエ逆変換で (x,t) の世界に戻る．
- 解の性質は**物理的直観**に合う．

17・1 フーリエ変換による解

無限に長い針金を数直線とみなし，位置 x，時刻 t における温度を $u(x,t)$ とする．このとき，

$$u_t = u_{xx} \tag{17.1}$$

が成り立つことが知られている[1]．この方程式を**熱伝導方程式**という[2]．

熱伝導方程式 (17.1) を

$$\frac{\partial u}{\partial t}=\frac{\partial^2 u}{\partial x^2} \tag{17.2}$$

あるいは

$$\left(\frac{\partial}{\partial t}-\frac{\partial^2}{\partial x^2}\right)u=0 \tag{17.3}$$

と書くこともある．(17.3) のカッコをはずして展開すれば (17.2) が得られるのである．

熱伝導方程式の初期値問題を解くことを考えよう．$t=0$ における初期値 $u(x,0)$ をあたえて解く．後で **17・2** で説明するように，$t<0$ ではうまく解けないので，$t>0$ における解を探す．本書ではこのことを強調するために初期値を $u(x,+0)$ と書く．$t=0$ を代入したのではなく，右極限 $\lim_{t\to+0} u(x,t)$ をとるという意味である．もちろん，$u(x,t)$ が $t=0$ まで連続につながる場合は，$t=0$ での値と $t\to+0$ の極限値は一致する．

下の例題では

$$u(x,+0)=\delta(x)$$

という初期条件を課す．略さずにきちんと書けば，任意の有界な連続関数 $\varphi(x)$ について

$$\lim_{t\to+0}\int_{-\infty}^{\infty} u(x,t)\varphi(x)\,dx=\varphi(0)$$

であることを意味する [⇨ (15.6)]．

熱伝導方程式の初期値問題を解くため，**フーリエ変換を使って常微分方程式の初期値問題に書き直そう**．偏微分方程式を常微分方程式に書き直せば易しくなる．

---

[1] 係数が簡単になるように位置と時間の時間の単位を選んでいる．例えば，$s=2t$ によって時間の単位を変えれば，$u_t=\dfrac{\partial u}{\partial t}=\dfrac{\partial u}{\partial s}\dfrac{\partial s}{\partial t}=2\dfrac{\partial u}{\partial s}=2u_s$ である．

[2] フーリエ解析のはじまりはジョゼフ・フーリエによる熱伝導方程式の研究である．

例題 17.1　次の熱伝導方程式の初期値問題を解け．

$$\left(\frac{\partial}{\partial t}-\frac{\partial^2}{\partial x^2}\right)u(x,t)=0 \qquad (t>0,\ x\in\mathbb{R}), \tag{17.4}$$

$$u(x,+0)=\delta(x) \qquad (x\in\mathbb{R}). \tag{17.5}$$

□□□

解　x から ξ へのフーリエ変換をこれまで通り $\mathcal{F}$ あるいは $\hat{}$ で表すと，

$$\mathcal{F}\left[\frac{\partial^2}{\partial x^2}u(x,t)\right](\xi) \overset{☺(10.7)}{=} (i\xi)^2\mathcal{F}\big[u(x,t)\big](\xi)=-\xi^2\hat{u}(\xi).$$

$\partial^2/\partial x^2$ が $-\xi^2$ に変わる．一方，t はフーリエ変換に関わらないので

$$\begin{aligned}\mathcal{F}\left[\frac{\partial}{\partial t}u(x,t)\right](\xi) &= \frac{1}{\sqrt{2\pi}}\int_{-\infty}^{\infty}e^{-i\xi x}\frac{\partial}{\partial t}u(x,t)\,dx \\ &= \frac{\partial}{\partial t}\frac{1}{\sqrt{2\pi}}\int_{-\infty}^{\infty}e^{-i\xi x}u(x,t)\,dx=\frac{d}{dt}\hat{u}(\xi,t).\end{aligned}$$

t に関する微分はそのままである．$\dfrac{\partial}{\partial t}$ を $\dfrac{d}{dt}$ と書き直したのは本質的でない．初期条件は，

$$\begin{aligned}&\hat{u}(\xi,+0)=\lim_{t\to+0}\hat{u}(\xi,t)=\lim_{t\to+0}\mathcal{F}\big[u(x,t)\big](\xi) \\ &=\lim_{t\to+0}\frac{1}{\sqrt{2\pi}}\int_{-\infty}^{\infty}e^{-i\xi x}u(x,t)\,dx=\frac{1}{\sqrt{2\pi}}\int_{-\infty}^{\infty}e^{-i\xi x}\lim_{t\to+0}u(x,t)\,dx \\ &\overset{☺(17.5)}{=}\frac{1}{\sqrt{2\pi}}\int_{-\infty}^{\infty}e^{-i\xi x}\delta(x)\,dx \overset{☺例15.3}{=} \frac{1}{\sqrt{2\pi}}.\end{aligned} \tag{17.6}$$

以上より，(17.4) と (17.5) のそれぞれの両辺をフーリエ変換すると，

$$\left(\frac{d}{dt}+\xi^2\right)\hat{u}(\xi,t)=0 \quad (\textbf{常微分方程式}), \qquad \hat{u}(\xi,+0)=\frac{1}{\sqrt{2\pi}}. \tag{17.7}$$

(17.7) の解は $\hat{u}(\xi,t)=e^{-t\xi^2}/\sqrt{2\pi}$ である［⇨ 付録の**定理 32.4**］．フーリエの反転公式（定理 11.1）と例 11.2 より

$$u(x,t)=\frac{1}{2\sqrt{\pi t}}\exp\left(-\frac{1}{4t}x^2\right) \quad （ガウス関数）. \tag{17.8}$$

◇

例題 17.2　熱伝導方程式の初期値問題

$$\left(\frac{\partial}{\partial t}-\frac{\partial^2}{\partial x^2}\right)u(x,t)=0 \qquad (t>0,\ x\in\mathbb{R}), \tag{17.9}$$

$$u(x,+0)=f(x) \qquad (x\in\mathbb{R}) \tag{17.10}$$

を解け．$f(x)$ は有界な連続関数とする．

解　例題 17.1 の解 (17.8) を $u_0(x,t)$ と表す．任意の $y\in\mathbb{R}$ について

$$\left(\frac{\partial}{\partial t}-\frac{\partial^2}{\partial x^2}\right)u_0(x-y,t)=0, \qquad u_0(x-y,+0)=\delta(x-y)$$

が成り立つ．求める解は

$$u(x,t) = u_0(x,t)*f(x)=\int_{-\infty}^{\infty}u_0(x-y,t)f(y)\,dy \tag{17.11}$$

$$\overset{☺(17.8)}{=}\int_{-\infty}^{\infty}\frac{1}{2\sqrt{\pi t}}\exp\left(-\frac{1}{4t}(x-y)^2\right)f(y)\,dy \tag{17.12}$$

である．実際，このuについて，微分と積分の順序交換（付録 §34）と 15・2 より

$$\left(\frac{\partial}{\partial t}-\frac{\partial^2}{\partial x^2}\right)u(x,t)\overset{☺(17.11)}{=}\left(\frac{\partial}{\partial t}-\frac{\partial^2}{\partial x^2}\right)\int_{-\infty}^{\infty}u_0(x-y,t)f(y)\,dy$$

$$=\int_{-\infty}^{\infty}\left(\frac{\partial}{\partial t}-\frac{\partial^2}{\partial x^2}\right)u_0(x-y,t)f(y)\,dy\overset{☺(17.9)}{=}\int_{-\infty}^{\infty}0f(y)\,dy=0, \tag{17.13}$$

$$u(x,+0)\overset{☺(17.11)}{=}u_0(x,+0)*f(x)\overset{☺(17.10)}{=}\delta(x)*f(x)\overset{☺\text{定理 }15.4}{=}f(x). \tag{17.14}$$

直前の式は定理 15.1 を使えば厳密に述べられる．$f(x)$ が有界で連続という仮定はそのためにある．

別解　まず $f(x)$ と $\hat{f}(\xi)$ が可積分（よって $\mathcal{F}^*\mathcal{F}[f]=f$）と仮定する．例題 17.1 と同様に，(17.9) と (17.10) それぞれの両辺をフーリエ変換して**常**微分方程式の初期値問題に書き直す．例題 17.1 の (17.7) と違うのは初期条件だけで，

$$\left(\frac{d}{dt}+\xi^2\right)\hat{u}(\xi,t)=0\ (t>0),\qquad \hat{u}(\xi,+0)=\hat{f}(\xi)$$

となる．その解は

$$\hat{u}(\xi,t)=\hat{f}(\xi)\exp(-t\xi^2) \tag{17.15}$$

である．フーリエ逆変換すれば $u(x,t)$ が得られる．積 $\hat{f}(\xi)\exp(-t\xi^2)$ をフーリエ逆変換すると，$\hat{f}(\xi)$ の逆変換である $f(x)$ と $\exp(-t\xi^2)$ の逆変換である $\exp(-x^2/(4t))$ のたたみ込みになる [⇨ 注意 12.1]．つまり

$$\begin{aligned}u(x,t)&=f(x)*\frac{1}{2\sqrt{\pi t}}\exp\left(-\frac{1}{4t}x^2\right)\\&=\int_{-\infty}^{\infty}\frac{1}{2\sqrt{\pi t}}\exp\left(-\frac{1}{4t}(x-y)^2\right)f(y)\,dy.\end{aligned} \tag{17.16}$$

次に，$f(x)$ と $\hat{f}(\xi)$ が可積分という仮定は忘れて，問題文にあるように $f(x)$ は有界な連続関数とだけ仮定する．フーリエ変換で見つけたという経緯も忘れて，いきなり[3] (17.16) または (17.12) で $u(x,t)$ を定義する．後は (17.13), (17.14) を使えば，この $u(x,t)$ が求める解であることがわかる．　◇

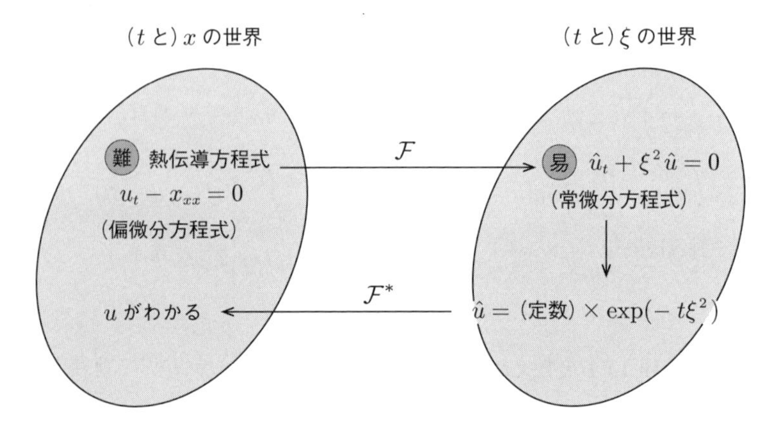

図 17.1　熱伝導方程式をフーリエ変換で解く

---

[3] 見つけるまでの経緯に触れずにいきなり定義することを「**天下りに**定義する」という．動機がわかりにくくなる代わりに議論の見通しが良くなる利点がある．

17・2 解の性質と物理的考察

解の具体的な表示を使って解の性質を調べる．それは物理的直観に合う．

解の性質 (17.12) より，$t > 0$ において $u(x,t)$ は C^∞ 級である [⇨ 付録 §34 の微分と積分の順序交換]．熱は広がる性質があるから，熱分布は滑らかなのである．また，$\lim_{t\to\infty} u(x,t) = 0$ である．

考察 先の2つの例題は $t > 0$ だからうまく行ったが，$t < 0$ では $\xi \to \pm\infty$ で $\exp(-t\xi^2)$ が急速に増大するので破綻する [⇨ 30・1]．このことは物理的直観に合う．例題 17.1 の初期値が $\delta(x)$ というのは1箇所だけ熱い状態である．もし $t < 0$ で解けたとすれば，過去になんらかの熱分布があり，その熱が集まってきて $t = 0$ には1箇所に集中することになる．それは不自然である．

注意 17.1 解の具体的な表示式 (17.16) を得たので，例題 17.2 の**解が存在する**ことが証明できた．解が他にないことも証明できるが，本書では省略する．

§17の問題

確認問題

問 17.1 熱伝導方程式を書け．　□□□ [⇨ 17・1]

基本問題

問 17.2 (17.8) の $u(x,t)$ が熱伝導方程式の解であることを直接偏微分することによって示せ．　□□□ [⇨ 17・1]

問 17.3 $f(x) = e^{-x^2/2}$ のとき，例題 17.2 の解 $u(x,t)$ を求めよ．　□□□ [⇨ 17・1]

§18 ラプラス方程式

§18のポイント

- フーリエ変換を使って**ラプラス方程式**の初期値問題を解く．
- 初期値は1つでちょうどよい．

前節では1次元空間（針金）において熱伝導方程式を考えた．2次元空間（板）でも熱伝導方程式を考えることができ，それは

$$\left(\frac{\partial}{\partial t}-\frac{\partial^2}{\partial x^2}-\frac{\partial^2}{\partial y^2}\right)u(x,y,t)=0 \tag{18.1}$$

という形をしている．さて，時間が十分経って温度変化がなくなったとすると，$\partial u/\partial t=0$ なので (18.1) より

$$\left(\frac{\partial^2}{\partial x^2}+\frac{\partial^2}{\partial y^2}\right)u(x,y)=0 \tag{18.2}$$

が得られる．この方程式を**ラプラス方程式**という．ラプラス方程式の解のことを**調和関数**という．

注意 18.1　ラプラス方程式 (18.2) は複素解析（関数論）でも現れる．$f(z)$ が $z=x+iy$ $(x,y\in\mathbb{R})$ の正則関数のとき，$f(z)$ の実部も虚部も調和関数である（$f(z)$ も調和関数である）．証明は簡単である．記号を濫用して $f(z)$ を $f(x,y)$ と表すとき，正則関数がみたすコーシー－リーマンの方程式は

$$\left(\frac{\partial}{\partial x}+i\frac{\partial}{\partial y}\right)f(x,y)=0 \tag{18.3}$$

と書ける．$f(x,y)$ の実部を $u(x,y)$，虚部を $v(x,y)$ として (18.3) に $f=u+iv$ を代入すれば，$(u_x-v_y)+i(u_y+v_x)=0$，すなわち

$$u_x-v_y=u_y+v_x=0 \tag{18.4}$$

となる．(18.4) よりも (18.3) の方が覚えやすい．(18.3) は $f(z)=z$ すなわち $f(x,y)=x+iy$ のときに成り立つように符号が決まっている．

$f(z)$ が正則とすると (18.3) が成り立つので，

$$\left(\frac{\partial}{\partial x} - i\frac{\partial}{\partial y}\right)\left(\frac{\partial}{\partial x} + i\frac{\partial}{\partial y}\right) f(x,y) = \left(\frac{\partial}{\partial x} - i\frac{\partial}{\partial y}\right) 0 = 0 \qquad (18.5)$$

も成り立つ．ゆえに

$$\left(\frac{\partial^2}{\partial x^2} + \frac{\partial^2}{\partial y^2}\right) f = 0 \quad \text{つまり} \quad \left(\frac{\partial^2}{\partial x^2} + \frac{\partial^2}{\partial y^2}\right)(u+iv) = 0$$

となって，f, u, v が調和関数であることがわかる．

18・1　初期値がデルタ関数の場合

例題 18.1　ラプラス方程式の初期値問題

$$\left(\frac{\partial^2}{\partial x^2} + \frac{\partial^2}{\partial y^2}\right) u(x,y) = 0 \qquad (y > 0,\ x \in \mathbb{R}),$$

$$u(x,+0) = \delta(x) \qquad (x \in \mathbb{R})$$

をフーリエ変換を用いて解け．［⇨ 例 11.1，**定理 15.2**］ □□□ ✍

解　y をパラメータとみなし，x についてフーリエ変換して

$$\left(-\xi^2 + \frac{\partial^2}{\partial y^2}\right) \hat{u}(\xi,y) = 0 \quad (y > 0), \qquad \hat{u}(\xi,+0) = \frac{1}{\sqrt{2\pi}} \text{ (✍)}.$$

第 1 式は y に関する常微分方程式（ξ はパラメータ）である．一般解は $e^{\pm\xi y}$ を用いて表せる［⇨ **定理 8.1**］が，これらは $\xi \to \pm\infty$（複号同順）で指数関数的に増大するため，フーリエ逆変換できない（可積分でない）．そこで，$e^{\pm|\xi|y}$ を用いて，一般解を $\hat{u}(\xi,y) = C_1(\xi)e^{-|\xi|y} + C_2(\xi)e^{|\xi|y}$ と書く．$y > 0$ において，もし $C_2(\xi) \neq 0$ ならば第 2 項はフーリエ逆変換できないので，$C_2(\xi) = 0$ とする．

$\hat{u}(\xi,+0) = \dfrac{1}{\sqrt{2\pi}}$ より $\hat{u}(\xi,y) = \dfrac{1}{\sqrt{2\pi}}e^{-|\xi|y}$ である．フーリエ逆変換すれば，例 11.1 より，

$$u(x,y) = \frac{1}{\pi}\frac{y}{x^2+y^2} = P_y(x) \qquad \text{（ポアソン核）}. \qquad (18.6)$$

◇

18・2 初期値が通常の関数の場合

例題 18.2 次のラプラス方程式の初期値問題を解け．

$$\left(\frac{\partial^2}{\partial x^2}+\frac{\partial^2}{\partial y^2}\right)u(x,y)=0 \quad (y>0,\ x\in\mathbb{R}), \qquad u(x,+0)=f(x) \quad (x\in\mathbb{R}).$$

$f(x)$ は有界な連続関数とする．

解 例題 17.1 を使って例題 17.2 を解いたのと同様に，例題 18.1 より

$$u(x,y) \overset{\because (18.6)}{=} P_y(x)*f(x)=\int_{-\infty}^{\infty}\frac{1}{\pi}\frac{yf(t)}{(x-t)^2+y^2}\,dt\ (✍).$$

別解 $\left(-\xi^2+\dfrac{\partial^2}{\partial y^2}\right)\hat{u}(\xi,y)=0\ (y>0)$，$\hat{u}(\xi,0)=\hat{f}(\xi)$ である．フーリエ逆変換できるものに限れば，第1式の一般解は $\hat{u}(\xi,y)=C(\xi)e^{-|\xi|y}$ である．第2式より $\hat{u}(\xi,y)=\hat{f}(\xi)e^{-|\xi|y}$ で，フーリエ逆変換して

$$u(x,y) \overset{\because 例\ 11.1,\ 注意\ 12.1}{=} P_y(x)*f(x)=\int_{-\infty}^{\infty}\frac{1}{\pi}\frac{yf(t)}{(x-t)^2+y^2}\,dt\ (✍). \quad (18.7)$$

後は，フーリエ変換を忘れて天下りに $u(x,y)=P_y(x)*f(x)$ とおき，これがあたえられた方程式の解であることを確かめればよい． ◇

§18 の問題

確認問題

問 18.1 ラプラス方程式の定義を書け． □□□ [⇨ 18・1]

基本問題

問 18.2 $u(x,y)=P_y(x)$ がラプラス方程式をみたすことを，直接偏微分して示せ． □□□ [⇨ 18・1]

問 18.3 $f(x)=P_\varepsilon(x)$ のとき，例題 18.2 を解け． □□□ [⇨ 18・2]

§19 シュレーディンガー方程式（その 1）

§19 のポイント

- フーリエ変換を使って**シュレーディンガー方程式**の初期値問題を解く.
- 解の性質は**量子力学的**に意味づけられる.

量子力学によれば, 外力がないとき, 直線上での粒子の運動は**波動関数**とよばれる関数 $u(x,t)$ で表される. $a \leq x \leq b$ に粒子が見つかる確率は $\displaystyle\int_a^b \left|u(x,t)\right|^2 dx$（2 乗に注意）であり［⇨ 参考文献［GS］］, $u(x,t)$ は**シュレーディンガー方程式**

$$iu_t + u_{xx} = 0 \quad \text{つまり} \quad \left(i\frac{\partial}{\partial t} + \frac{\partial^2}{\partial x^2}\right)u(x,t) = 0 \tag{19.1}$$

をみたす（単位を取り直して係数を簡単にした）.

確率の話をするには $\displaystyle\int_{-\infty}^{\infty} \left|u(x,t)\right|^2 dx = 1$（∵ 場所を限定しない全確率は 1）ならば都合が良いが, (19.1) の解が必ずそうなるとは限らない. このことは後で注意 19.2 で考察することにして, まずはとにかく解を求めよう.

19・1 初期値問題の解

例題 19.1 シュレーディンガー方程式の初期値問題

$$\left(i\frac{\partial}{\partial t} + \frac{\partial^2}{\partial x^2}\right)u(x,t) = 0 \qquad (t, x \in \mathbb{R}), \tag{19.2}$$

$$u(x,0) = f(x) \qquad (x \in \mathbb{R}) \tag{19.3}$$

を解け. $f(x)$ と $\xi^2 \hat{f}(\xi)$ は可積分とする.

解 $\displaystyle\left(i\frac{\partial}{\partial t} - \xi^2\right)\hat{u}(\xi,t) = 0$ $(t \in \mathbb{R})$, $\quad \hat{u}(\xi,0) = \hat{f}(\xi)$ より（✍）

$$\hat{u}(\xi,t) = \hat{f}(\xi)\exp(-it\xi^2) \tag{19.4}$$

である（✍）．(19.4) の両辺をフーリエ逆変換すると

$$u(x,t) \overset{☺(11.1)}{=} \frac{1}{\sqrt{2\pi}}\int_{-\infty}^{\infty} e^{ix\xi}\hat{f}(\xi)\exp(-it\xi^2)\,d\xi \tag{19.5}$$

である．初期条件 (19.3) をみたすことは

$$u(x,0) = \frac{1}{\sqrt{2\pi}}\int_{-\infty}^{\infty} e^{ix\xi}\hat{f}(\xi)\,d\xi = \mathcal{F}^*\mathcal{F}[f](x) = f(x)$$

よりわかる．次に，$\left|\xi^2 e^{ix\xi}\hat{f}(\xi)\exp(-it\xi^2)\right| \le \left|\xi^2\hat{f}(\xi)\right|$ であり，仮定より右辺は可積分[1]なので，微分と積分の順序交換（付録の定理 34.3）より

$$i\frac{\partial}{\partial t}u(x,t) \overset{☺\text{順序交換}}{=} \frac{i}{\sqrt{2\pi}}\int_{-\infty}^{\infty} e^{ix\xi}\hat{f}(\xi)\frac{\partial}{\partial t}\exp(-it\xi^2)\,d\xi \tag{19.6}$$

$$= \frac{1}{\sqrt{2\pi}}\int_{-\infty}^{\infty} \xi^2 e^{ix\xi}\hat{f}(\xi)\exp(-it\xi^2)\,d\xi,$$

$$\frac{\partial^2}{\partial x^2}u(x,t) \overset{☺\text{順序交換}}{=} \frac{1}{\sqrt{2\pi}}\int_{-\infty}^{\infty} \frac{\partial^2}{\partial x^2}e^{ix\xi}\hat{f}(\xi)\exp(-it\xi^2)\,d\xi \tag{19.7}$$

$$= \frac{1}{\sqrt{2\pi}}\int_{-\infty}^{\infty} (-\xi^2)e^{ix\xi}\hat{f}(\xi)\exp(-it\xi^2)\,d\xi$$

であり，(19.5) の $u(x,t)$ は (19.2) をみたす（✍）．

(19.5) を書き直そう．$\hat{f}(\xi)$ の定義式 (10.1) を代入すると

$$u(x,t) = \frac{1}{2\pi}\int_{-\infty}^{\infty} e^{ix\xi}\left(\int_{-\infty}^{\infty} e^{-iy\xi}f(y)\,dy\right)\exp(-it\xi^2)\,d\xi$$

$$= \frac{1}{2\pi}\int_{-\infty}^{\infty} \exp(ix\xi - it\xi^2)\left(\int_{-\infty}^{\infty} e^{-iy\xi}f(y)\,dy\right)d\xi. \tag{19.8}$$

$e^{-\varepsilon\xi^2}$ によって ξ 方向に減少させれば，積分の順序を交換できる（✍）．

$$u(x,t) = \lim_{\varepsilon\to+0}\frac{1}{2\pi}\int_{-\infty}^{\infty} e^{-\varepsilon\xi^2}e^{ix\xi-it\xi^2}\left(\int_{-\infty}^{\infty} e^{-iy\xi}f(y)\,dy\right)d\xi$$

---

[1] 熱伝導方程式の場合は $\exp(-t\xi^2)$ が急速に減少するので，$\hat{f}(\xi)$ の有界性 [⇨ **定理 10.4**] で十分だった．特に仮定を付け加えなかったので，(19.6), (19.7) に対応する計算は省略した．

$$= \lim_{\varepsilon\to+0}\frac{1}{2\pi}\int_{-\infty}^{\infty}\exp\left(ix\xi-(\varepsilon+it)\xi^2\right)\left(\int_{-\infty}^{\infty}e^{-iy\xi}f(y)\,dy\right)d\xi$$

$$= \lim_{\varepsilon\to+0}\frac{1}{2\pi}\int_{-\infty}^{\infty}f(y)\left\{\int_{-\infty}^{\infty}\exp\left(i\xi(x-y)-(\varepsilon+it)\xi^2\right)d\xi\right\}dy.$$

（∵ $e^{-\varepsilon\xi^2}$ による減少が効いてフビニの定理（付録の定理 34.4）が使える）

例 11.2 より，$\sqrt{\varepsilon+it}$ の偏角の絶対値は $\dfrac{\pi}{4}$ より小さいとすると

$$\frac{1}{\sqrt{2\pi}}\int_{-\infty}^{\infty}\exp\left(i\xi(x-y)-(\varepsilon+it)\xi^2\right)d\xi=\frac{1}{\sqrt{2(\varepsilon+it)}}\exp\left(-\frac{(x-y)^2}{4(\varepsilon+it)}\right)$$

なので（∵ $\exp(-(\varepsilon+it)\xi^2)$ のフーリエ逆変換の x に $x-y$ を代入した（✍））

$$u(x,t)=\frac{1}{2\sqrt{\pi t}}e^{\mp\frac{1}{4}\pi i}\int_{-\infty}^{\infty}f(y)\exp\left(\frac{i(x-y)^2}{4t}\right)dy\quad(\pm t>0)\qquad(19.9)$$

である（✍）．$\pm t>0$ とすると $\sqrt{\varepsilon+it}$ の偏角は $\varepsilon\to+0$ で $\pm\dfrac{\pi}{4}$ に近づくから，上の式は $e^{\mp\frac{1}{4}\pi i}$（複号同順）という因子をもつ． ◇

注意 19.1 上の例題 19.1 では $f(x)$ と $\xi^2\hat{f}(\xi)$ が可積分と仮定した．この仮定をみたす $f(x)$ としては e^{-x^2}, $\dfrac{1}{1+x^{2m}}$ $(m\geq 1)$ などがある [⇨ **定理 10.5** (1)].

19・2 解の性質

例題 19.1 の解の性質を調べよう．

(19.4) において $\left|\exp(-it\xi^2)\right|=1$ だから

$$\left|\hat{u}(\xi,t)\right|=\left|\hat{f}(\xi)\right|$$

である．この式の両辺を 2 乗して積分すると[2)]

$$\left\|\hat{u}(\xi,t)\right\|_2=\left\|\hat{f}(\xi)\right\|_2$$

---

2) $\hat{f}(\xi)$ は連続だから $|\xi|\leq 1$ で可積分．$\xi^2\hat{f}(\xi)$ が可積分だから $\hat{f}(\xi)$ は $|\xi|\geq 1$ で可積分．あわせると $\hat{f}(\xi)$ は $\mathbb{R}$ 上で可積分である．また，$f(x)$ は仮定より可積分．注意 14.2 より $\hat{f}(\xi)^2$ は可積分である．すなわち，$\left\|\hat{f}(\xi)\right\|_2$ は有限である．

である．パーセヴァル – プランシュレルの定理（定理 14.1）の (2) より

$$\|u(x,t)\|_2 = \|f(x)\|_2 = \|u(x,0)\|_2 \tag{19.10}$$

となる．$\|u(x,t)\|_2$ は時間によらないことがわかった．

注意 19.2（全確率は 1）　確率の話をするには $\|u(x,t)\|_2 = 1$ であることが望ましいが，もしそうでなくても調整（**正規化**）できる．もし $\|u(x,t)\|_2 = C > 0$ ならば[3]，$v(x,t) = C^{-1}u(x,t)$ とおけば

$$\|v(x,t)\|_2 = 1 \qquad \text{（全確率は時間によらず常に 1）}$$

である（✍）．さらに，$v(x,t)$ もシュレーディンガー方程式 (19.2) の解である．ここでは，C が t によらない [⇨ (19.10)] ことを用いている．もし C が t によるならば，$v(x,t)$ は解でなくなってしまう（✍）．こうして，§19 の冒頭で後回しにした課題が解決した．(19.10) が**全確率の保存**[4]の根拠である [⇨ 注意 31.1]．

ある時刻 t_0 において $\|u(x,t_0)\|_2 = 0$ ならば，(19.10) より任意の時刻 t において $\|u(x,t)\|_2 = 0$ なので，任意の t, x について $u(x,t) = 0$ となってしまう．この解は自明（当たり前すぎてつまらない）なので，検討の対象としない．

注意 19.3　$\hat{u}(\xi,t)$ の具体的表示を使わずに方程式だけを使って (19.10) を証明しよう．ただし，$\lim_{x\to\pm\infty} uu_x = 0$ としておく．一般に複素数 z について $|z|^2 = z\bar{z}$ であることを用いる．$iu_t + u_{xx} = 0$ より $u_t = iu_{xx}$，$\bar{u}_t = -i\bar{u}_{xx}$ なので，

$$\frac{d}{dt}\int_{-\infty}^{\infty} |u(x,t)|^2\,dx = \int_{-\infty}^{\infty} \frac{\partial}{\partial t}(u\bar{u})\,dx = \int_{-\infty}^{\infty} (u_t\bar{u} + u\bar{u}_t)\,dx$$

$$= \int_{-\infty}^{\infty} \left\{(iu_{xx})\bar{u} + u(-i\bar{u}_{xx})\right\} dx = \int_{-\infty}^{\infty} i(u_{xx}\bar{u} - u\bar{u}_{xx})\,dx$$

$$\overset{\because\text{部分積分}}{=} i\Big[u_x\bar{u} - u\bar{u}_x\Big]_{-\infty}^{\infty} = 0$$

より $\|u(x,t)\|_2^2$ は t によらないから (19.10) が出る．

---

3)　ノルムは必ず 0 以上なので，>0 と $\neq 0$ は同じことである．

4)　ある量が時間によらないとき，その量は「**保存される**」という．このような量を**保存量**という．保存量に注目するという考え方は数学や物理でしばしば現れる．

注意 19.4　$C = \dfrac{1}{2\sqrt{\pi}} \displaystyle\int_{-\infty}^{\infty} \big|f(y)\big|\, dy$ とおけば，(19.9) より，

$$\big|u(x,t)\big| \leq \frac{1}{2\sqrt{\pi t}} \int_{-\infty}^{\infty} \big|f(y)\big|\, dy \leq \frac{C}{\sqrt{t}}$$

であり，$a < b$ のとき

$$\int_a^b \big|u(x,t)\big|^2\, dx \leq \frac{C^2}{t}$$

である．これは，時間が経てば $a \leq x \leq b$ に粒子が見つかる確率が減少することを表している．粒子が遠くに見つかる確率が増えるということである．

$t \to \infty$ における挙動は［黒田］,［AF］に詳しく述べられている．特に，［AF］で用いられている**停留位相の方法**はフーリエ解析の発展的な話題として大変興味深いものである．

§19の問題

確認問題

問 19.1　シュレーディンガー方程式の定義を書け．　□□□［⇨ 19・1］

基本問題

問 19.2　(19.9) の $K(x,y,t) = \dfrac{1}{2\sqrt{\pi t}} \exp\left(\dfrac{i(x-y)^2}{4t}\right)$ がシュレーディンガー方程式の解であることを示せ．ただし，y はパラメータとみなし，値は固定して考えよ．　□□□［⇨ 19・1］

問 19.3　$f(x) = e^{-x^2/2}$ のとき，例題 19.1 の解 $u(x,t)$ を求めよ．　□□□［⇨ 19・2］

§20 波動方程式（その1）

§20 のポイント

- **波動方程式** $u_{tt} - u_{xx} = 0$ の初期値問題を解く．
- まずフーリエ変換で解く．
- **ダランベールの公式**が得られる．
- 波動が伝わる速さは**影響領域**，**依存領域**で表現される．

20・1 フーリエ変換による解

弦の振動を表す方程式について調べよう．弦を数直線と同一視し，位置 x，時刻 t における変位（静止している場合からのずれ）を $u(x,t)$ とすると $u_{tt} - u_{xx} = 0$ が成り立つ．これを（1次元の）**波動方程式**という．本当は弦の材質と張力で決まる定数 $c > 0$ があって $u_{tt} = c^2 u_{xx}$ なのだが，ここでは $c = 1$ とする．もし $c \neq 1$ だとしても $ct = \tau$ とおけば $u_{\tau\tau} = u_{xx}$ と書き換えられる［⇨ 20・3］．本書では扱わないが，音の伝播はこの方程式の3次元版で表される．

例題 20.1　波動方程式の初期値問題

$$\left(\frac{\partial^2}{\partial t^2} - \frac{\partial^2}{\partial x^2}\right) u(x,t) = 0 \quad (t, x \in \mathbb{R}), \tag{20.1}$$

$$u(x,0) = f(x), \quad \frac{\partial u}{\partial t}(x,0) = g(x) \quad (x \in \mathbb{R}) \tag{20.2}$$

をフーリエ変換で解け．

解　$f(x)$ と $g(x)$ がみたすべき条件について，厳密さにこだわらずに計算する［⇨ **定理 20.1**］．常微分方程式の初期値問題

$$\left(\frac{d^2}{dt^2} + \xi^2\right) \hat{u}(\xi,t) = 0, \quad \hat{u}(\xi,0) = \hat{f}(\xi), \quad \frac{\partial \hat{u}}{\partial t}(\xi,0) = \hat{g}(\xi)$$

に書き換える（✍）．一般解は $\cos\xi t$, $\sin\xi t$ で表され，初期条件を考慮すれば

$$\hat{u}(\xi,t) = \hat{f}(\xi)\cos\xi t + \frac{\hat{g}(\xi)}{\xi}\sin\xi t \tag{20.3}$$

である（✍）．これのフーリエ逆変換を求めよう［⇨ 参考文献［Strichartz］§5.3］．まず

$$\begin{aligned}\mathcal{F}\big[f(x\pm t)\big](\xi) &\overset{\text{☺}(10.1)}{=} \frac{1}{\sqrt{2\pi}}\int_{-\infty}^{\infty} e^{-i\xi x} f(x\pm t)\,dx \\ &\overset{\text{☺}\,x\,\pm\,t\,=\,y}{=} \frac{1}{\sqrt{2\pi}}\int_{-\infty}^{\infty} e^{-i\xi(y\mp t)} f(y)\,dy = e^{\pm i\xi t}\hat{f}(\xi)\end{aligned}$$

なので

$$\frac{1}{2}\mathcal{F}\big[f(x+t)+f(x-t)\big](\xi) = \frac{e^{i\xi t}+e^{-i\xi t}}{2}\hat{f}(\xi) = \hat{f}(\xi)\cos\xi t \tag{20.4}$$

である（✍）．これは (20.3) の右辺第 1 項に他ならない．同じ計算で

$$\frac{1}{2}\mathcal{F}\big[g(x+s)+g(x-s)\big](\xi) = \hat{g}(\xi)\cos\xi s \tag{20.5}$$

である．次に，

$$\int_0^t g(x-s)\,ds \overset{\text{☺}\,-s\,=\,\sigma}{=} \int_0^{-t} g(x+\sigma)\,(-d\sigma) = \int_{-t}^{0} g(x+s)\,ds$$

より，(20.5) の両辺を s について 0 から t まで積分すると，

$$\frac{1}{2}\mathcal{F}\left[\int_{-t}^{t} g(x+s)\,ds\right] = \hat{g}(\xi)\frac{\sin\xi t}{\xi} \tag{20.6}$$

である（✍）．これは (20.3) の右辺第 2 項に他ならない．

(20.3), (20.4), (20.6) より

$$\hat{u}(\xi,t) = \frac{1}{2}\mathcal{F}\big[f(x+t)+f(x-t)\big](\xi) + \frac{1}{2}\mathcal{F}\left[\int_{-t}^{t} g(x+s)\,ds\right]$$

である．したがって，フーリエ逆変換して

$$u(x,t) = \frac{1}{2}\big\{f(x+t)+f(x-t)\big\} + \frac{1}{2}\int_{-t}^{t} g(x+s)\,ds \tag{20.7}$$

が求める解である（✍）．この式を**ダランベールの公式**という．　◇

20・2　ダランベールの公式からはじめる

(20.1), (20.2) において，$f(x)$ は C^2 級，$g(x)$ は C^1 級とする．可積分でなくてもよいし，有界でなくてもよい．また，$u(x,t)$ を (20.7) で定義する．**フーリエ変換のことは忘れて，天下りにこのように定義する**．このとき，$u(x,t)$ が波動方程式 (20.1) と初期条件 (20.2) をみたすことを確かめよう．

$$u_1(x,t) = \frac{1}{2}\bigl\{f(x+t) + f(x-t)\bigr\}, \quad u_2(x,t) = \frac{1}{2}\int_{-t}^{t} g(x+s)\,ds \quad (20.8)$$

とおけば，$u = u_1 + u_2$ である．

$$\frac{\partial^2}{\partial t^2} f(x \pm t) = f''(x \pm t), \qquad \frac{\partial^2}{\partial x^2} f(x \pm t) = f''(x \pm t)$$

なので u_1 は波動方程式をみたす（✍）．次に，$G'(x) = g(x)$ となるような関数 $G(x)$（$g(x)$ の原始関数）は C^2 級で

$$u_2(x,t) = \frac{1}{2}\bigl\{G(x+t) - G(x-t)\bigr\}$$

であり，これが波動方程式をみたすことは u_1 の場合と同様に示せる（✍）．以上より $u = u_1 + u_2$ も波動方程式をみたす．なぜなら，

$$\begin{aligned} u_{tt} - u_{xx} &= (u_1+u_2)_{tt} - (u_1+u_2)_{xx} = (u_1)_{tt} + (u_2)_{tt} - (u_1)_{xx} - (u_2)_{xx} \\ &= \bigl\{(u_1)_{tt} - (u_1)_{xx}\bigr\} + \bigl\{(u_2)_{tt} - (u_2)_{xx}\bigr\} = 0 + 0 = 0 \end{aligned}$$

だからである．

後は初期値について調べればよい．

$$u(x,0) = \frac{1}{2}\bigl\{f(x) + f(x)\bigr\} + \frac{1}{2}\int_0^0 g(x+s)\,ds = f(x),$$

$$\frac{\partial}{\partial t}u(x,0) = \frac{1}{2}\bigl\{f'(x) - f'(x)\bigr\} + \frac{1}{2}\bigl\{G'(x) + G'(x)\bigr\} = g(x)$$

なので，たしかに初期条件がみたされる．

以上をまとめると次の定理を得る．

定理 20.1（ダランベールの公式）

$f(x)$ が C^2 級，$g(x)$ が C^1 級のとき，波動方程式の初期値問題

$$\left(\frac{\partial^2}{\partial t^2} - \frac{\partial^2}{\partial x^2}\right) u(x,t) = 0 \quad (t, x \in \mathbb{R}),$$
$$u(x,0) = f(x), \quad \frac{\partial u}{\partial t}(x,0) = g(x) \quad (x \in \mathbb{R})$$

の解は

$$u(x,t) = \frac{1}{2}\{f(x+t) + f(x-t)\} + \frac{1}{2}\int_{-t}^{t} g(x+s)\, ds. \tag{20.9}$$

例 20.1　$f(x) = \sin ax$ のとき $\frac{1}{2}\{f(x+t) + f(x-t)\} = \sin ax \cos at$ であり，$g(x) = \sin ax$ $(a \neq 0)$ のとき $\frac{1}{2}\int_{-t}^{t} g(x+s)\, ds = \frac{1}{a}\sin ax \sin at$ である（✍）．これらの形の解はフーリエ級数を使って波動方程式を解くときにも登場する．

◆

点 (x_0, t_0) における u の値 $u(x_0, t_0)$ は何に依存して決まるのだろうか．

$$u(x_0, t_0) = \frac{1}{2}\{f(x_0+t_0) + f(x_0-t_0)\} + \frac{1}{2}\int_{-t_0}^{t_0} g(x_0+s)\, ds$$

である．f については 2 点 $x = x_0 \pm t_0$ における値にしか依存しない．g については線分 $x_0 - t_0 \leq x \leq x_0 + t_0$ における値にしか依存しない．これらのことから，$x_0 - t_0 \leq x \leq x_0 + t_0$ を点 (x_0, t_0) の**依存領域**という（**図 20.1**）．

こんどは逆に，x 軸上の点 $(a, 0)$ における f, g の値 $f(a)$, $g(a)$ がどのような (x,t)（における u の値）に影響をあたえるか調べよう．(20.7) より，f は $x \pm t = a$ となる (x,t) たちに影響をあたえる．g は $x - t \leq a \leq x + t$ となる (x,t) たちに影響をあたえる．この不等式は $a - t \leq x \leq a + t$ と書き直せて，2 本の直線に囲まれる領域を表す．これを $(a, 0)$ の**影響領域**という（**図 20.2**）．

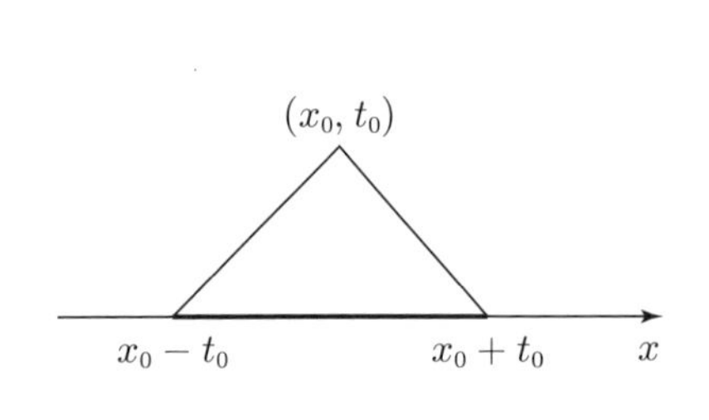

図 20.1　依存領域（太線部分）

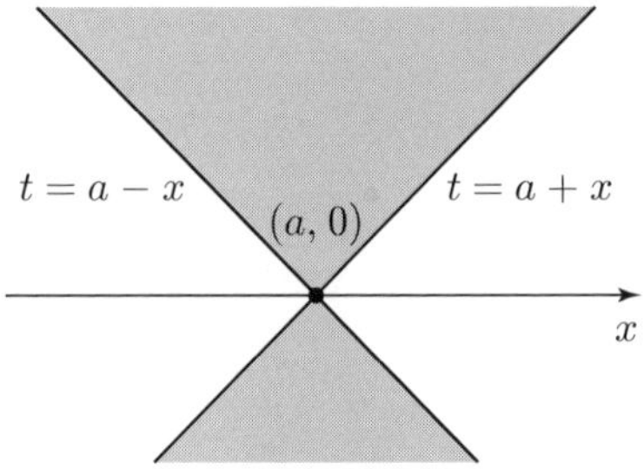

$t = a - x$　$t = a + x$　$(a, 0)$　x

図 20.2　影響領域

注意 20.1　熱伝導方程式では，初期値が滑らかでなくても $t > 0$ において解は C^∞ 級になるのだった．波動方程式はこれとは異なる性質をもつ．(20.9) の右辺第1項に現れる $\frac{1}{2}\{f(x+t)+f(x-t)\}$ は元の $f(x)$ 以上には滑らかにならないし，$\frac{1}{2}\int_{-t}^{t} g(x+s)\,ds$ も $g(x)$ に比べて1回多く微分できるに過ぎない．

超関数論によれば，$f(x)$, $g(x)$ が微分可能でなくても，(20.9) は波動方程式の通常の意味での解でないにしても，広い意味での解になっている［⇨ 参考文献［金子］］．

20・3　波動の速さ

(20.9) の $\frac{1}{2}\{f(x+t)+f(x-t)\}$ という項について調べよう．t は固定する．$y = f(x \pm t)$ のグラフは $y = f(x)$ のグラフを x 軸方向に $\mp t$ だけ平行移動したものである．$y = f(x)$ のグラフが速度 ∓ 1 で平行移動すると考えればよい．$t = 0$ のとき $\frac{1}{2}\{f(x+t)+f(x-t)\}$ は $f(x)$ に一致する．**図 20.3** では $t = 0$ のときグラフは山になっている．これを左右に平行移動して2で割ったものが $t > 0$ における図であり，低い山が2つある（✍）．もちろん t が正で0に近いときは2つの小山が重なってやや複雑な形になる．

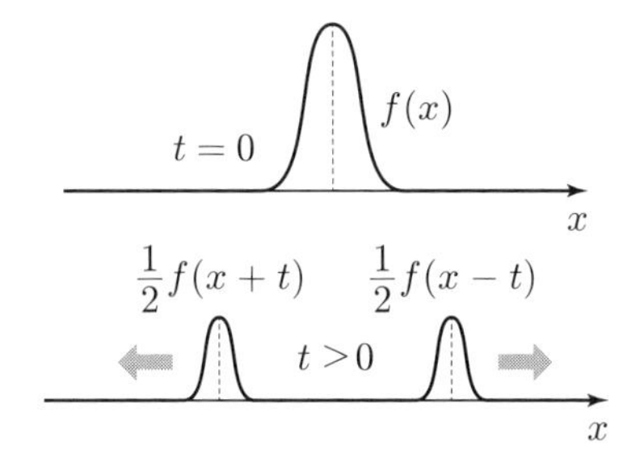

図 20.3　波の伝播

$\int g(x)\,dx = G(x) + C$ とすれば，(20.9) の $\int_{-t}^{t} g(x+s)\,ds$ という積分は $G(x+t) - G(x-t)$ と書ける．$y = G(x \pm t)$ のグラフは $y = G(x)$ のグラフを x 軸方向に $\mp t$ だけ平行移動したものである．$y = G(x)$ のグラフが速度 ∓ 1 で平行移動すると考えればよい．

以上より，波動方程式 $u_{tt} = u_{xx}$ は速さ 1 の波動を表す［⇨ **29・4**］．

波動方程式の係数を一般化して考察しよう．c が正定数のとき，

$$u_{tt} = c^2 u_{xx}, \quad u(x,0) = f(x), \quad u_t(x,0) = g(x) \tag{20.10}$$

を解くには，$ct = \tau$, $u(x,t) = \tilde{u}(x,\tau)$ とおいて $\tilde{u}_{\tau\tau} = \tilde{u}_{xx}$ と書き直せばよい．初期値については $u_t(x,0) = c\tilde{u}_\tau(x,0)$ に注意して，$\tilde{u}_\tau(x,0) = \tilde{g}(x) = \dfrac{1}{c}g(x)$ とおく．$f(x)$ はそのままでよい．ダランベールの公式（定理 20.1）より

$$\tilde{u}(x,\tau) = \frac{1}{2}\bigl\{f(x+\tau) + f(x-\tau)\bigr\} + \frac{1}{2}\int_{-\tau}^{\tau} \tilde{g}(x+s)\,ds \tag{20.11}$$

である．したがって，

$$u(x,t) = \frac{1}{2}\bigl\{f(x+ct) + f(x-ct)\bigr\} + \frac{1}{2c}\int_{-ct}^{ct} g(x+s)\,ds. \tag{20.12}$$

$c = 1$ の場合と同様に考察すれば，これは速さが c の波動を表すことがわかる．

§20の問題

確認問題

問20.1　波動方程式の定義を書け.　□□□ [⇨ 20・1]

基本問題

問20.2　$u_{tt} - u_{xx} = 0$, $u(x, 0) = \cos x$, $u_t(x, 0) = x$ の解を求めよ.

□□□ [⇨ 20・2]

第5章のまとめ

- 1つの変数についてフーリエ変換すると，微分が多項式倍に変わるので，残りの変数に関する常微分方程式になる.
- **熱伝導方程式**：$\left(\frac{\partial}{\partial t} - \frac{\partial^2}{\partial x^2}\right) u(x, t) = 0.$
- フーリエ変換を使って解の表示を得ることができる．さらに，フーリエ変換のことを忘れて，得られた表示から話をはじめれば，初期値に関する条件を弱められることがある.
- **ラプラス方程式**：$\left(\frac{\partial^2}{\partial x^2} + \frac{\partial^2}{\partial y^2}\right) u(x, y) = 0.$
- **シュレーディンガー方程式**：$\left(i\frac{\partial}{\partial t} + \frac{\partial^2}{\partial x^2}\right) u(x, t) = 0.$
- **波動方程式**：$\left(\frac{\partial^2}{\partial t^2} - \frac{\partial^2}{\partial x^2}\right) u(x, t) = 0.$

フーリエ級数

§21 フーリエ級数でやりたいこと

§21のポイント

- 周期関数は三角関数の無限和で表せる．
- フーリエ級数を使って偏微分方程式を解く．
- フーリエ級数を使ってさまざまな級数の値を求める．

$\cos nx$, $\sin nx$ は周期 2π をもつから，これらの和

$$\frac{a_0}{2}+\sum_{n=1}^{\infty}(a_n\cos nx+b_n\sin nx)\quad (a_0, a_1, b_1, a_2, b_2, \ldots \text{ は定数})\tag{21.1}$$

も周期 2π をもつ[1)]．この形の級数を**フーリエ級数**という．a_n, b_n を**フーリエ係数**という．

とくに三角関数と関係のない周期関数があったとしよう．例えば $-\pi < x \leq \pi$ では $f(x)=x$ とし，その他のところでは

$$f(x+2k\pi)=f(x)\qquad (k\in\mathbb{Z})$$

とすれば $f(x)$ は周期 2π をもつ．**図 21.1** は $y=f(x)$ のグラフである．実は，この $f(x)$ はほとんど (21.1) の形で表せる［⇨ **例 24.2**］．

1) ここで $\cos 0x=1$ なので，定数項 $\dfrac{a_0}{2}$ も cos の項の 1 つとみなせる．$\sin 0x=0$ なので sin については $n=0$ の項はない．

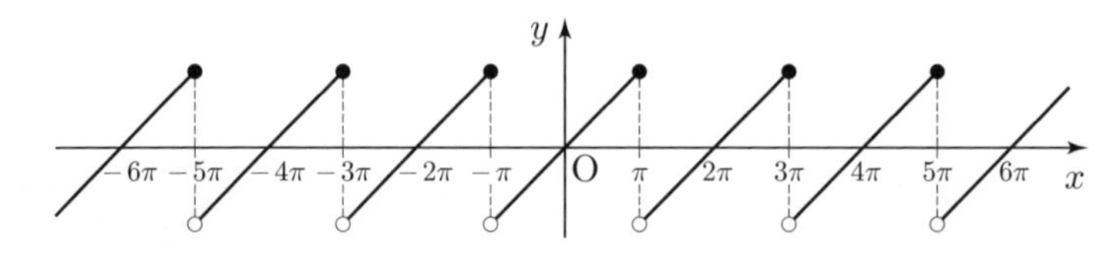

図 21.1　$y = f(x)$

フーリエ変換では x の世界 $(\mathbb{R})$ から ξ の世界 $(\mathbb{R})$ へ行くことを思い出そう．いまここでは，周期関数 $f(x)$ があたえられたとき，それに (21.1) の形の級数を対応させることにより，x の世界 $(-\pi < x \leq \pi)$ から n の世界 $(n = 0, 1, 2, \ldots)$ に行くのである．次節で説明するように，フーリエ係数 a_n, b_n は $f(x)$ を含む積分で求めることができる．そしてフーリエ級数の和はたいてい元の関数 $f(x)$ に一致する．こうして，n の世界から x の世界に戻ることができる．

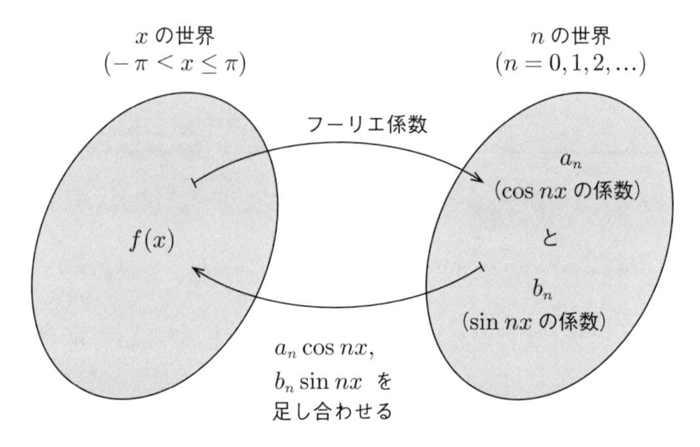

図 21.2　x の世界と n の世界

フーリエ級数も偏微分方程式を解くための強力な道具となる．また，さまざまな級数の値を求めるのにも役立つ．例えば，有名な級数 $\displaystyle\sum_{n=1}^{\infty} \frac{1}{n^2}$ をはじめとして，自然数の偶数乗分の1の和 $\displaystyle\sum_{n=1}^{\infty} \frac{1}{n^{2m}}$（$m$ は正整数）はフーリエ級数を使ってすべて求められる．

§22 フーリエ級数とフーリエ係数

§22 のポイント

- あたえられた関数の**フーリエ級数**を求める．
- 偶関数，奇関数の場合はフーリエ級数を求める計算が楽になる．

22・1 フーリエ級数とは

関数 $f(x)$ が周期 $2L$ をもつとは

$$f(x) = f(x + 2kL) \qquad (x \in \mathbb{R},\ k \in \mathbb{Z})$$

が成り立つということである［⇨ **基本事項の復習**］．

$\cos x$, $\sin x$ は周期 2π をもつ．さらに，m が整数のとき，$\cos mx$ と $\sin mx$ も周期 2π をもつ．他の例については，**図 22.1** や §24 のグラフを見てほしい．

関数について調べるとき，テイラー（マクローリン）の定理は便利な道具である．テイラーの定理を使うと，$f(x)$ を $x = 0$ の近くでは多項式でうまく近似できる．しかし，x が 0 から離れると近似は悪くなるので周期性をうまく扱えない．そこで，**周期関数を調べるときは，多項式ではなく三角関数たちの和で近似する．あるいは，そういう和の極限としてその関数を表す**．本当にそんなにうまく表せるのか[1]という疑問は後回しにして，まずはそう表せるものに限定して考える．周期 2π をもつ関数 $f(x)$ が

$$f(x) = \frac{a_0}{2} + \sum_{n=1}^{\infty} (a_n \cos nx + b_n \sin nx) \tag{22.1}$$

と表せると**仮定**しよう．右辺の形の級数を**フーリエ級数**という．$a_n = a_n(f)$ $(n \geq 0)$，$b_n = b_n(f)$ $(n \geq 1)$ を**フーリエ係数**という[2]．定数項を a_0 ではなく $\dfrac{a_0}{2}$ としておくと後で都合がよい．また，$\sin 0x = 0$ なので b_0 は導入しても無

---

1) 実はたいていはうまくいく．後で次節まで進むとわかる．

2) フーリエ係数とフーリエ級数という用語は 22・2 で改めて定義する．

意味である．(22.1) を仮定すると

$$a_n = a_n(f) = \frac{1}{\pi}\int_{-\pi}^{\pi} f(x)\cos nx\,dx \quad (n \geq 0), \tag{22.2}$$

$$b_n = b_n(f) = \frac{1}{\pi}\int_{-\pi}^{\pi} f(x)\sin nx\,dx \quad (n \geq 1) \tag{22.3}$$

が成り立つことを示そう．**三角関数の直交性**[3)]［⇨ 問 22.1］

$$\int_{-\pi}^{\pi} \cos nx\cos mx\,dx = \pi\delta_{mn} \quad (n, m \geq 1), \tag{22.4}$$

$$\int_{-\pi}^{\pi} \sin nx\sin mx\,dx = \pi\delta_{mn} \quad (n, m \geq 1), \tag{22.5}$$

$$\int_{-\pi}^{\pi} \cos nx\sin mx\,dx = 0 \qquad (n, m \geq 1). \tag{22.6}$$

ここで

$$\delta_{mn} = \begin{cases} 1 & (m = n) \\ 0 & (m \neq n) \end{cases} \quad \text{（クロネッカーのデルタ）} \tag{22.7}$$

を使って (22.2), (22.3) を導こう．$m \geq 1$ のとき

$$\begin{aligned}\int_{-\pi}^{\pi} f(x)\cos mx\,dx &\overset{\because (22.1)}{=} \frac{a_0}{2}\int_{-\pi}^{\pi}\cos mx\,dx + \sum_{n=1}^{\infty} a_n\int_{-\pi}^{\pi}\cos nx\cos mx\,dx \\ &\qquad + \sum_{n=1}^{\infty} b_n\int_{-\pi}^{\pi}\sin nx\cos mx\,dx \\ &\overset{\because (22.4),\ (22.6)}{=} a_m\int_{-\pi}^{\pi}\cos^2 mx\,dx = \pi a_m\end{aligned}$$

であり，同様に

$$\int_{-\pi}^{\pi} f(x)\sin mx\,dx = \pi b_m$$

なので (✍)，(22.2), (22.3) が $n \geq 1$ について成り立つ[4)]．$\cos 0x = 1$ より，(22.2) の $n = 0$ の場合は

$$\int_{-\pi}^{\pi} f(x)\cos 0x\,dx = \int_{-\pi}^{\pi} f(x)\,dx$$

---

3)　この性質を直交性とよぶ理由は §14 で述べる．

4)　$f(x)\cos nx$ としてしまうと，$\cos nx$ の n が $\sum_{n=1}^{\infty}$ の中の文字 n と区別がつかないので $f(x)\cos mx$ の積分を計算した．このとき m は定数で n は変数である．

$$\overset{\odot(22.1)}{=} \frac{a_0}{2}\int_{-\pi}^{\pi} dx + \sum_{n=1}^{\infty} a_n \int_{-\pi}^{\pi} \cos nx\, dx + \sum_{n=1}^{\infty} b_n \int_{-\pi}^{\pi} \sin nx\, dx$$

$$= \frac{a_0}{2}\cdot 2\pi = \pi a_0$$

からわかる．a_0 を 2 で割ってあるので (22.2) に合う．

22・2　フーリエ係数の計算

周期 2π の関数 $f(x)$ があたえられたとする．(22.1) は**仮定しない**．それでも (22.2), (22.3) によって a_n, b_n を定めることはできる[5]．これらを $f(x)$ の**フーリエ係数**とよび，

$$\frac{a_0}{2} + \sum_{n=1}^{\infty}(a_n \cos nx + b_n \sin nx) \quad (f(x) \text{ に一致するかまだ不明！}) \tag{22.8}$$

を $f(x)$ の**フーリエ級数**という．

22・1 では (22.1) によって $f(x)$ が (22.8) の形に表せると**はじめから仮定**して形式的な計算を進めた．いまはそのように仮定しない．はじめは関数 $f(x)$ だけがあって級数はない．そして，(22.2), (22.3) によってフーリエ級数 (22.8) を作る．いまのところ

- $f(x)$ のフーリエ級数は収束するか
- 収束する場合，$f(x)$ に一致するか

の 2 つ[6]は不明なので（実はたいていうまくいくのだが，必ずどこでもうまくいく訳ではない），$f(x)$ とそのフーリエ級数を安易に等号で結ぶわけにはいかない．そこで，近似の記号 $\sim$ を用いて

$$f(x) \sim \frac{a_0}{2} + \sum_{n=1}^{\infty}(a_n \cos nx + b_n \sin nx) \tag{22.9}$$

---

5) 積分 (22.2), (22.3) が収束するように，$f(x)$ は $-\pi < x \leq \pi$ で可積分［⇨付録 §34］と仮定する．

6) この 2 つが成り立てば (22.1) が成り立つ．

と**遠慮がちに**記すことにしよう[7]．明らかに次の2つの定理が成り立つ．

定理 22.1（2つの関数が有限個の点を除いて一致する場合）

周期 2π の2つの関数 $f(x)$, $g(x)$ が $-\pi < x \leq \pi$ で有限個の点を除いて一致するとき，$a_n(f) = a_n(g)$, $b_n(f) = b_n(g)$ が成り立つ．

定理 22.2（フーリエ係数の線形性）

$f(x)$ のフーリエ係数を $a_n(f)$, $b_n(f)$ と表す．このとき，写像 $f \mapsto a_n(f)$, $f \mapsto b_n(f)$ は線形である．すなわち，周期 2π の関数 $f(x)$, $g(x)$ と定数 c について

$$a_n(f+g) = a_n(f) + a_n(g), \quad b_n(f+g) = b_n(f) + b_n(g),$$
$$a_n(cf) = ca_n(f), \qquad b_n(cf) = cb_n(f).$$

例 22.1（方形波） $f(x) = \begin{cases} 0 & (-\pi < x \leq 0) \\ 1 & (0 < x \leq \pi) \end{cases}$ とし，周期 2π に拡張する（**図 22.1**）．すなわち，$f(x + 2n\pi) = f(x)$ $(-\pi < x \leq \pi,\ n \in \mathbb{Z})$ とおく．

このとき，(22.7) の記号（クロネッカーのデルタ）を用いれば，

$$a_n = \frac{1}{\pi}\int_0^{\pi} \cos nx\, dx = \delta_{n0} \quad (n \geq 0),$$
$$b_n = \frac{1}{\pi}\int_0^{\pi} \sin nx\, dx = \frac{1}{\pi n}\{1 - (-1)^n\} = \begin{cases} 0 & (n \geq 2 \text{ が偶数}) \\ \dfrac{2}{\pi n} & (n \text{ が奇数}) \end{cases}$$

なので（✍），(22.9) は

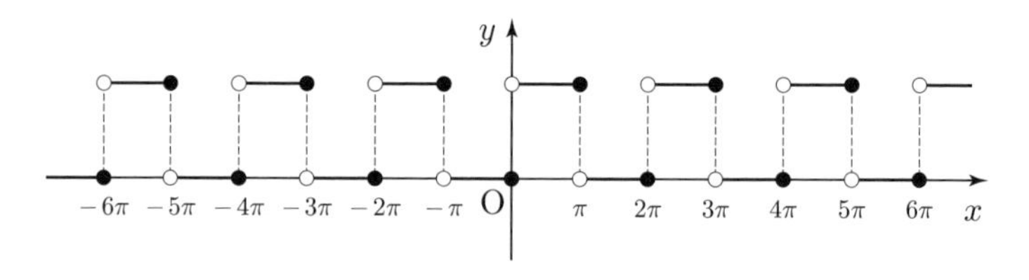

図 22.1　方形波

[7] 後で等号に置き換えることもある．そうしてよいかどうかは f にも x にもよる．

$$f(x) \sim \frac{1}{2} + \frac{2}{\pi}\left(\sin x + \frac{1}{3}\sin 3x + \frac{1}{5}\sin 5x + \cdots\right)$$
$$= \frac{1}{2} + \frac{2}{\pi}\sum_{k=1}^{\infty}\frac{1}{2k-1}\sin(2k-1)x.$$

きちんとした説明は後回しにするが，$x \neq n\pi$ $(n \in \mathbb{Z})$ においてはこの級数の和は $f(x)$ に一致する［⇨ **例 23.1**］．級数を途中の項までで打ち切れば近似式になる．$k=5$（$\sin 9x$ の項）までの和のグラフを載せておく（**図 22.2**）．もっと大きな k まで加えればより良い近似になる．サポートページで述べるように，無料のソフトウェアあるいは Web サイトでこのようなグラフを容易に作成できる． ◆

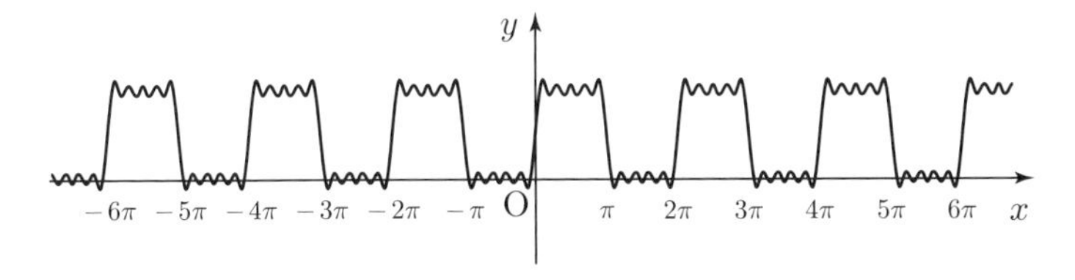

図 22.2 方形波を三角関数で近似（$k=5$ までの和）

例 22.2 （例 22.1 の続き）周期 2π の 2 つの関数 $f(x)$, $g(x)$ は

$$f(x) = \begin{cases} 0 & (-\pi < x \leq 0) \\ 1 & (0 < x \leq \pi) \end{cases}, \quad g(x) = \begin{cases} 0 & (-\pi < x < 0) \\ 1 & (0 \leq x \leq \pi) \end{cases}$$

をみたすとする．定理 22.1 より $f(x)$ と $g(x)$ のフーリエ級数は同じで，

$$f(x) \sim \frac{1}{2} + \frac{2}{\pi}\sum_{k=1}^{\infty}\frac{1}{2k-1}\sin(2k-1)x,$$
$$g(x) \sim \frac{1}{2} + \frac{2}{\pi}\sum_{k=1}^{\infty}\frac{1}{2k-1}\sin(2k-1)x$$

である．例 23.1 で示すように，x が π の整数倍でなければこの 2 つの $\sim$ を $=$ で置き換えることができる．しかし，例えば $x=0$ でうっかり置き換えると，$0 = f(0) = \frac{1}{2}$, $1 = g(0) = \frac{1}{2}$ となって矛盾する．この種の話は，**関数が不連続なところではそのままではうまくいかず，工夫が必要になる**［⇨ **定理 23.1**］． ◆

定理 22.3（フーリエ級数と偶関数・奇関数）

関数 $f(x)$ のフーリエ係数を a_n, b_n とするとき，次が成り立つ．
(1) $f(x)$ が偶関数ならば $b_n = 0\ (n \geq 1)$ であり，$a_n = \dfrac{2}{\pi}\displaystyle\int_0^\pi f(x)\cos nx\,dx$ である．フーリエ級数は定数項と cos だけからなる．
(2) $f(x)$ が奇関数ならば $a_n = 0\ (n \geq 0)$ であり，$b_n = \dfrac{2}{\pi}\displaystyle\int_0^\pi f(x)\sin nx\,dx$ である．フーリエ級数は sin だけからなる．

証明　一般に $g(x)$ が偶関数ならば $\displaystyle\int_{-a}^a g(x)\,dx = 2\int_0^a g(x)\,dx$ であり，$g(x)$ が奇関数ならば $\displaystyle\int_{-a}^a g(x)\,dx = 0$ である［⇨ **基本事項の復習**］．

$f(x)$ が偶関数ならば，(22.3) の $f(x)\sin nx$ は奇関数で，(22.2) の $f(x)\cos nx$ は偶関数である．$f(x)$ が奇関数ならば，$f(x)\sin nx$ は偶関数で $f(x)\cos nx$ は奇関数である．これに上で述べた一般論をあてはめると，(1), (2) がわかる．◇

注意 22.1　周期 2π の関数 $f(x)$ が $-\pi < x \leq \pi$ の有限個の点を除いて偶関数あるいは奇関数と一致するとき（いわば「ほとんど偶関数（奇関数）」であるとき），定理 22.1 より定理 22.3 と同じ結論が成り立つ．一部の本ではこのような関数のことも偶関数あるいは奇関数とよんでいる［⇨ **例 22.3**］．

注意 22.2　$-\pi < x < \pi$ の偶関数を周期 2π の関数として拡張すれば（ほとんど）$\mathbb{R}$ 上の偶関数になる．奇関数についても同様のことがいえる．

例 22.3　周期 2π の関数 $\tilde{f}(x)$ は

$$\tilde{f}(x) = f(x) - \frac{1}{2} = \begin{cases} -1/2 & (-\pi < x \leq 0) \\ 1/2 & (0 < x \leq \pi) \end{cases}$$

をみたすとする．$f(x)$ は例 22.1 の $f(x)$ である．

$\tilde{f}(x)$ はほとんど奇関数である［⇨ **注意 22.1**］．$x = n\pi\ (n \in \mathbb{Z})$ での値を 0 に

変えれば周期 2π の奇関数になる[8]．注意 22.1 より，フーリエ係数を計算するときは $\tilde{f}(x)$ を奇関数として扱ってよく，定理 22.3 より $a_n(\tilde{f})=0$ である．また，

$$b_n(\tilde{f}) = \frac{2}{\pi}\int_0^{\pi} \tilde{f}(x)\sin nx\,dx = \frac{2}{\pi}\int_0^{\pi} \frac{1}{2}\sin nx\,dx$$
$$= \frac{1-(-1)^n}{n\pi} = \begin{cases} 0 & (n \text{ は偶数}) \\ \dfrac{2}{n\pi} & (n \text{ は奇数}) \end{cases}$$

である（✍）．以上より $\tilde{f}(x) \sim \dfrac{2}{\pi}\displaystyle\sum_{k=1}^{\infty}\frac{1}{2k-1}\sin(2k-1)x.$ ◆

§22 の問題

確認問題

問 22.1 (22.4), (22.5), (22.6) を示せ．三角関数の積和公式を用いよ．あるいは複素数の指数関数を用いよ．

□□□ [⇨ 22・1]

問 22.2 フーリエ係数 a_n, b_n の定義式を書け．

□□□ [⇨ 22・1]

基本問題

問 22.3 $-\pi < x \leq \pi$ であたえられた次の各関数を周期 2π で拡張するとき，それらのフーリエ級数を求めよ．なお，その答えは §24 であたえられるが，まずは自力で計算することを勧める．

(1) $|x|$ [⇨ 例 24.1]　(2) x [⇨ 例 24.2]

(3) $\cos ax$（a は整数でない実数） [⇨ 例題 24.2]

□□□ [⇨ 22・2]

---

[8] 奇関数ならば $f(-n\pi)=-f(n\pi)$，周期 2π ならば $f(-n\pi)=f(n\pi)$ である．両方みたすならば $f(n\pi)=f(-n\pi)=0$.

§23 フーリエ級数と元の関数の関係

§23のポイント

- ある関数のフーリエ級数は元の関数にたいてい等しい．
- $f(x)$ の 2 乗の積分は，フーリエ係数の 2 乗の和と関係がある（**パーセヴァルの等式**）．

23・1 重要な 2 つの定理

定義 23.1（区分的に連続，区分的に滑らか）

閉区間 $a \leq x \leq b$ を I とする．関数 $f(x)$ が I で**区分的に連続**であるとは，有限個の点 $a = a_0 < a_1 < \cdots < a_n = b$ があって，$1 \leq j \leq n$ について

(1)　$f(x)$ は開区間 $a_{j-1} < x < a_j$ の連続関数であり，

(2)　$f(a_{j-1}+0) = \displaystyle\lim_{x \to a_{j-1}+0} f(x)$, $f(a_j-0) = \displaystyle\lim_{x \to a_j-0} f(x)$ が存在する[1)]

ことをいう．

　$f(x)$ が I で**区分的に滑らか**であるとは，$f(x)$ と $f'(x)$ がともに I で区分的に連続であることをいう．

周期 2π の関数 $f(x)$ があたえられたとき，フーリエ係数 a_n, b_n を (22.2), (22.3) で定義する．こうして決まるフーリエ級数 $\dfrac{a_0}{2} + \displaystyle\sum_{n=1}^{\infty}(a_n \cos nx + b_n \sin nx)$ は収束して $f(x)$ に一致するのだろうか．ここで，次の定理が成り立つ．

---

1) $f(a+0)$, $f(b-0)$ の存在を仮定するが，$f(a-0)$, $f(b+0)$ についてはなにもいっていない．次の定理 23.1 では周期性を仮定するので $f(-\pi-0)$, $f(\pi+0)$ が存在し，$f'(x)$ も区分的に連続と仮定するので $f'(-\pi-0)$, $f'(\pi+0)$ が存在する．本書では $f(a_k)$ $(k = 0, 1, 2, \ldots, n)$ は定義されていなくてもよいとする．

定理 23.1（フーリエ級数は元の関数に（ほぼ）一致）

周期 2π の関数 $f(x)$ が $-\pi \leq x \leq \pi$ で区分的に滑らかならば，そのフーリエ級数は各点 x で収束して $\dfrac{1}{2}\{f(x+0)+f(x-0)\}$ に一致する．$f(x)$ が x で連続ならば $f(x)$ に一致する．

なお，$f(x)$ の周期性より $f(\pi+0)=f(-\pi+0)$, $f(-\pi-0)=f(\pi-0)$ である．

次の定理も便利である．§28 で大まかに説明する．

定理 23.2（パーセヴァルの等式）

周期 2π をもつ実数値関数 $f(x)$ が 2 乗可積分，つまり，$\displaystyle\int_{-\pi}^{\pi} f(x)^2\,dx < \infty$ ならば

$$\frac{1}{2\pi}\int_{-\pi}^{\pi} f(x)^2\,dx = \left(\frac{a_0}{2}\right)^2 + \frac{1}{2}\sum_{n=1}^{\infty}(a_n^2+b_n^2).$$

23・2　フーリエ級数の具体例

例 23.1　周期 2π の関数が $-\pi < x \leq \pi$ で

$$f(x) = \begin{cases} 0 & (-\pi < x \leq 0) \\ 1 & (0 < x \leq \pi) \end{cases}$$

ならば，$f(x) \sim \dfrac{1}{2} + \displaystyle\sum_{k=1}^{\infty}\frac{2}{\pi}\frac{1}{2k-1}\sin(2k-1)x$ [⇨ **例 22.1**]．**定理 23.1** より

$$\frac{1}{2} + \sum_{k=1}^{\infty}\frac{2}{\pi}\frac{1}{2k-1}\sin(2k-1)x = \begin{cases} 0 & (-\pi < x < 0) \\ 1 & (0 < x < \pi) \\ \dfrac{1}{2} & (x = 0, \pi) \end{cases}$$

である．$x = 0, \pi$ では左辺は 0 にも 1 にも収束せず，平均値 $\dfrac{1}{2}$ に収束する[2]．

$x = \dfrac{\pi}{2}$ を代入して

$$\sum_{k=1}^{\infty} \frac{(-1)^{k-1}}{2k-1} = \frac{\pi}{4} \tag{23.1}$$

を得る（✍）．これは**ライプニッツの級数**として有名である．

また，定理 23.2 より $\dfrac{1}{2} = \left(\dfrac{1}{2}\right)^2 + \dfrac{1}{2}\displaystyle\sum_{k=1}^{\infty}\left(\dfrac{2}{\pi}\dfrac{1}{2k-1}\right)^2$ なので（✍）

$$\sum_{k=1}^{\infty} \frac{1}{(2k-1)^2} = \frac{\pi^2}{8} \tag{23.2}$$

である．なお，これを使って $\displaystyle\sum_{n=0}^{\infty} \frac{1}{n^2} = \frac{\pi^2}{6}$ を証明できる ［⇨ 注意 24.1］．◆

§23 の問題

確認問題

問 23.1　パーセヴァルの等式を書け．

基本問題

問 23.2　$f(x) = \dfrac{a_0}{2} + \displaystyle\sum_{n=1}^{N}(a_n \cos nx + b_n \sin nx)$ のとき[3]パーセヴァルの等式が成り立つことを証明せよ．一般の N で難しければ，まずは $N = 1$ の場合を考えよ．　□□□ ［⇨ 23・1］

---

[2] sin の項はすべて 0 なので，収束などというまでもない．

[3] このような有限和を**三角多項式**という．

§24 バーゼル問題など

§24のポイント

- フーリエ級数を利用して $\displaystyle\sum_{n=1}^{\infty}\frac{1}{n^2}$, $\displaystyle\sum_{n=1}^{\infty}\frac{1}{n^4}$ などの値を求める．

以下，a_n, b_n は (22.2), (22.3) のフーリエ係数である．

24・1　2乗分の1の和，4乗分の1の和

例 24.1　$f(x)=|x|$ $(-\pi<x\leq\pi)$ を周期 2π で拡張する（**図 24.1**）．偶関数なので $b_n=0$ である［⇨ **定理 22.3**］．また，(22.2) より

$$a_0=\frac{2}{\pi}\int_0^{\pi}x\,dx=\pi,$$

$$a_n=\frac{2}{\pi}\int_0^{\pi}x\cos nx\,dx\overset{\because\text{部分積分}}{=}\frac{2}{n\pi}\left(\Big[x\sin nx\Big]_0^{\pi}-\int_0^{\pi}\sin nx\,dx\right)$$

$$=\begin{cases}0 & (n\text{ は偶数}\geq 2)\\ -\dfrac{4}{n^2\pi} & (n\text{ は奇数})\end{cases}$$

なので，定理 23.1 より（奇数の n を $n=2k-1$ とおいて）

$$f(x)=|x|=\frac{a_0}{2}+\sum_{n=1}^{\infty}(a_n\cos nx+b_n\sin nx)$$

$$=\frac{\pi}{2}-\frac{4}{\pi}\sum_{k=1}^{\infty}\frac{1}{(2k-1)^2}\cos(2k-1)x. \qquad (24.1)$$

$|x|$ を周期 2π で拡張するとき（**図 24.1**），$x=m\pi$ $(m\in\mathbb{Z})$ を含めて**至ると**

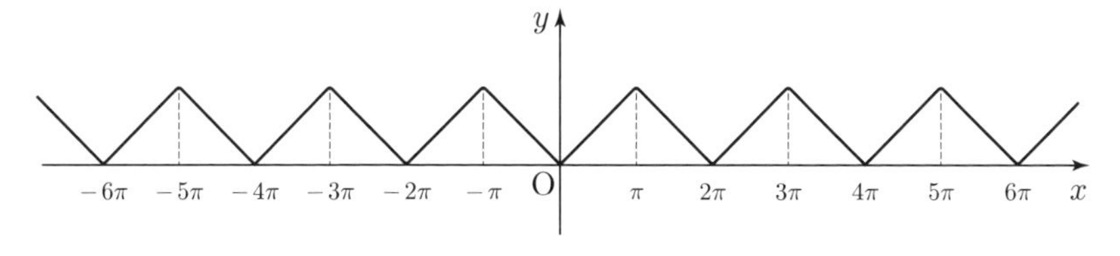

図 24.1　$y=|x|$ を周期 2π で拡張

ころ連続になる[1)]．したがって，至るところで (24.1) が成り立つ．(22.9) のように遠慮がちに近似記号 $\sim$ で書かなくてもよい．

$k=3$ までの部分和のグラフを載せておこう（**図 24.2**）．たったの 3 項の和でもかなり良い近似になっている．

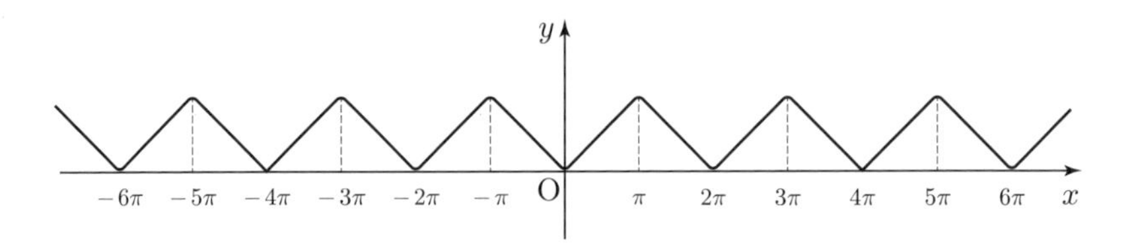

図 24.2　$y=|x|$ を三角関数で近似（部分和）

$x=0$ を代入すれば (23.2) の別証明ができる（✍）．

$$\sum_{k=1}^{\infty}\frac{1}{(2k-1)^2}=\frac{\pi^2}{8}. \tag{24.2}$$

また，パーセヴァルの等式より（✍）

$$\sum_{k=1}^{\infty}\frac{1}{(2k-1)^4}=\frac{\pi^4}{96}. \tag{24.3}$$

◆

例 24.2　$f(x)=x\ (-\pi<x\leq\pi)$ を周期 2π で拡張すると $x=(2m+1)\pi\ (m\in\mathbb{Z})$ では不連続になる．

$f(x)=x$ は奇関数なので $a_n=0$ であり［⇨ **定理 22.3**, **注意 22.1**］,

$$b_n=\frac{2}{\pi}\int_0^{\pi}x\sin nx\,dx\overset{\text{☺部分積分}}{=}\frac{2}{n\pi}\left\{\Big[-x\cos nx\Big]_0^{\pi}+\int_0^{\pi}\cos nx\,dx\right\}$$
$$=\frac{(-1)^{n-1}\cdot 2}{n}$$

である（✍）．ゆえに $x=\displaystyle\sum_{n=1}^{\infty}\frac{(-1)^{n-1}\cdot 2}{n}\sin nx\quad(-\pi<x<\pi)$.

1)　$\displaystyle\lim_{x\to\pi+0}f(x)\overset{\text{☺拡張}}{=}\lim_{x\to-\pi+0}f(x)=\pi=f(\pi)$ より $x=\pi$ で連続．他も同様．

$n=5$ の項までの部分和のグラフを載せておこう（**図 24.3**）[2]．

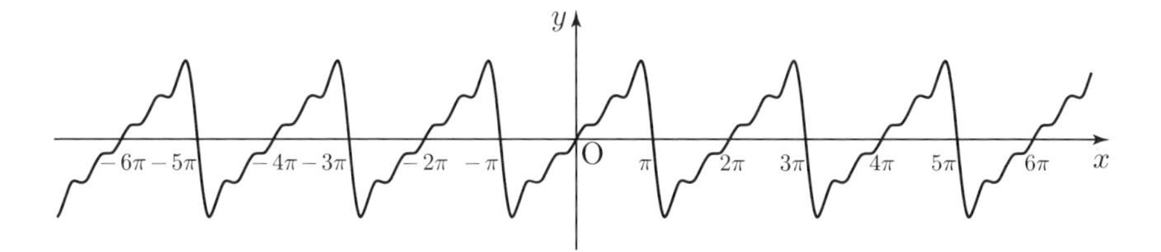

図 24.3　$y=x$ を三角関数で近似（部分和）

$x=\dfrac{\pi}{2}$ とおくと n が奇数の項だけが残って (23.1) の別証明が得られる（✍）．また，パーセヴァルの等式より

$$\sum_{n=1}^{\infty}\frac{1}{n^2}=\frac{\pi^2}{6} \tag{24.4}$$

である（✍）［⇨ **例題 25.2**］．この和を求める問題を**バーゼル問題**という．◆

注意 24.1　$S=\displaystyle\sum_{n=1}^{\infty}\frac{1}{n^2}$ とし，正の偶数の 2 乗分の 1 の和を E とすれば $E=\displaystyle\sum_{k=1}^{\infty}\frac{1}{(2k)^2}=\frac{1}{4}\sum_{k=1}^{\infty}\frac{1}{k^2}=\frac{1}{4}S$ である．正の奇数の 2 乗分の 1 の和を O とすれば $S=E+O$ なので $O=\dfrac{3}{4}S$ である（✍）．ゆえに，S と O の片方がわかればもう片方もわかる．(24.4) で $S=\dfrac{\pi^2}{6}$ がわかれば $O=\dfrac{3}{4}\dfrac{\pi^2}{6}=\dfrac{\pi^2}{8}$，すなわち (24.2) が出る．逆に (24.2) から (24.4) を導ける．また，$A=\displaystyle\sum_{n=1}^{\infty}\frac{(-1)^{n-1}}{n^2}$ とおくと，$S+A=2O$ より $A=\dfrac{1}{2}S$，すなわち，

$$\sum_{n=1}^{\infty}\frac{(-1)^{n-1}}{n^2}=\frac{\pi^2}{12}.$$

---

[2] このようなグラフはインストール不要の Web アプリで作成できる．Desmos, GRAPES-light, GeoGebra などがある．サポートページでも紹介する．

例題 24.1　$f(x)=x^2\ (-\pi<x\le\pi)$ を周期 2π で拡張する（**図 24.4**）.

(1)　$f(x)$ のフーリエ級数を求めよ.

(2)　$\displaystyle\sum_{n=1}^{\infty}\frac{1}{n^2},\ \sum_{n=1}^{\infty}\frac{(-1)^{n-1}}{n^2},\ \sum_{n=1}^{\infty}\frac{1}{n^4},\ \sum_{k=1}^{\infty}\frac{1}{(2k-1)^4},\ \sum_{n=1}^{\infty}\frac{(-1)^{n-1}}{n^4}$ の値を求めよ［⇨ 注意 31.3］.

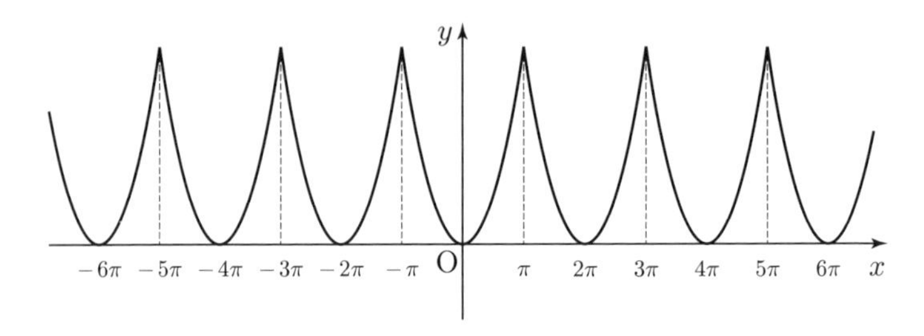

図 24.4　$y=x^2$ を周期 2π で拡張

解　(1)　$f(x)=x^2$ は偶関数なので，定理 22.3 より $b_n=0$ である.

残る a_n を求めよう.

まず $a_0=\dfrac{2}{\pi}\displaystyle\int_0^{\pi}f(x)\cos 0x\,dx=\frac{2}{\pi}\int_0^{\pi}x^2\,dx=\frac{2}{3}\pi^2$ である.

$n\ge 1$ のとき $a_n=\dfrac{2}{\pi}\displaystyle\int_0^{\pi}x^2\cos nx\,dx$ は 2 回部分積分すれば求められるが，ここでは微分と積分の順序交換（付録 §34）を使ってみよう.

$I_a=\displaystyle\int_0^{\pi}\cos ax\,dx\ (a>0)$ とおく．$I_a=\dfrac{1}{a}\sin\pi a$ である．また，

$$\frac{d^2}{da^2}I_a\overset{\because\text{順序交換}}{=}\int_0^{\pi}\frac{\partial^2}{\partial a^2}\cos ax\,dx=-\int_0^{\pi}x^2\cos ax\,dx$$

である．ゆえに，ライプニッツの公式 $(uv)''=u''v+2u'v'+uv''$ より

$$\begin{aligned}-\int_0^{\pi}x^2\cos ax\,dx&=\frac{d^2}{da^2}I_a=\frac{d^2}{da^2}\left(\frac{1}{a}\sin\pi a\right)\\&=\frac{2}{a^3}\sin\pi a-\frac{2\pi}{a^2}\cos\pi a-\frac{\pi^2}{a}\sin\pi a\end{aligned}$$

である（✍）．$a = n \geq 1$ を代入して[3)]

$$\int_0^\pi x^2 \cos nx\, dx = \frac{2\pi}{n^2}\cos n\pi = \frac{2(-1)^n \pi}{n^2}, \quad a_n = \frac{2}{\pi}\cdot\frac{2(-1)^n\pi}{n^2} = \frac{4(-1)^n}{n^2}$$

を得る（✍）．以上より

$$\begin{aligned} x^2 &= \frac{a_0}{2} + \sum_{n=1}^{\infty}(a_n \cos nx + b_n \sin nx) \\ &= \frac{1}{3}\pi^2 + \sum_{n=1}^{\infty}\frac{4(-1)^n}{n^2}\cos nx \quad (-\pi \leq x \leq \pi). \end{aligned} \tag{24.5}$$

$n = 3$ までの部分和のグラフを載せておこう（**図 24.5**）．

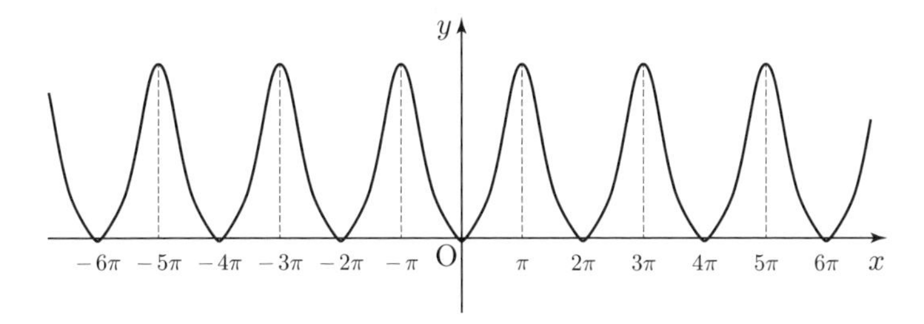

図 24.5　$y = x^2$ を三角関数で近似（部分和）

(2)　$x = 0, \pi$ を (24.5) に代入して

$$\sum_{n=1}^{\infty}\frac{(-1)^{n-1}}{n^2} = \frac{\pi^2}{12}, \qquad \sum_{n=1}^{\infty}\frac{1}{n^2} = \frac{\pi^2}{6}$$

を得る（✍）．

パーセヴァルの等式（定理 23.2）より $\displaystyle\frac{1}{2\pi}\int_{-\pi}^{\pi} x^4\, dx = \left(\frac{1}{3}\pi^2\right)^2 + \frac{1}{2}\sum_{n=1}^{\infty}\frac{4^2}{n^4}$

なので

$$\sum_{n=1}^{\infty}\frac{1}{n^4} = \frac{\pi^4}{90} \tag{24.6}$$

である（✍）．$\displaystyle S' = \sum_{n=1}^{\infty}\frac{1}{n^4} = \frac{\pi^4}{90}$, $\displaystyle E' = \sum_{k=1}^{\infty}\frac{1}{(2k)^4} = \frac{1}{2^4}S' = \frac{\pi^4}{1440}$ とおく．ま

---

3) sin の項はここで消えるから雑に計算してよい．cos の項は丁寧に．

た，$O' = \sum_{k=1}^{\infty} \frac{1}{(2k-1)^4}$, $A' = \sum_{n=1}^{\infty} \frac{(-1)^{n-1}}{n^4}$ とおく．このとき，$E' + O' = S'$, $S' + A' = 2O'$ より（✍），$O' = \frac{15}{16}S'$, $A' = \frac{7}{8}S'$，すなわち

$$\sum_{k=1}^{\infty} \frac{1}{(2k-1)^4} = \frac{\pi^4}{96}, \qquad \sum_{n=1}^{\infty} \frac{(-1)^{n-1}}{n^4} = \frac{7}{720}\pi^4.$$

◇

24・2　部分分数分解と偶数乗分の1の和

例題 24.2　a は整数でない実数とする．$f(x) = \cos ax \ (-\pi < x \leq \pi)$ を周期 2π に拡張する．

(1)　$f(x)$ のフーリエ級数を求めよ．

(2)　$\sum_{n=1}^{\infty} \frac{(-1)^n}{a^2 - n^2}$, $\sum_{n=1}^{\infty} \frac{1}{a^2 - n^2}$ の値を求めよ［⇨ **問 24.2**］．

解　(1)　$f(x)$ は偶関数なので $b_n = 0$ である［⇨ **定理 22.3**］．また，

$$\begin{aligned}
&2\int_0^{\pi} \cos ax \cos nx \, dx \\
&= \int_0^{\pi} \left\{ \cos(a+n)x + \cos(a-n)x \right\} dx \\
&= \left[\frac{\sin(a+n)x}{a+n} + \frac{\sin(a-n)x}{a-n} \right]_0^{\pi} = \frac{\sin(a+n)\pi}{a+n} + \frac{\sin(a-n)\pi}{a-n} \\
&= \frac{(-1)^n \sin \pi a}{a+n} + \frac{(-1)^n \sin \pi a}{a-n} = \frac{(-1)^n 2a \sin \pi a}{a^2 - n^2}
\end{aligned}$$

なので

$$a_n = \frac{2}{\pi} \int_0^{\pi} f(x) \cos nx \, dx = \frac{2a \sin \pi a}{\pi} \frac{(-1)^n}{a^2 - n^2} \quad (n \geq 0)$$

である．したがって，

$$\cos ax = \frac{\sin \pi a}{\pi a} + \frac{2a \sin \pi a}{\pi} \sum_{n=1}^{\infty} \frac{(-1)^n}{a^2 - n^2} \cos nx \quad (-\pi < x \le \pi). \tag{24.7}$$

なお，$\cos \pi a = \cos(-\pi)a$ より，$f(x)$（を拡張したもの）は $\mathbb{R}$ 全体で連続であり，そのフーリエ級数は $f(x)$ に一致する．とくに，$x = \pi$ でも一致する．

(2)　(24.7) に $x = 0, \pi$ を代入して両辺に $\dfrac{\pi a}{\sin \pi a}$ をかけると（✍）

$$\frac{\pi a}{\sin \pi a} = 1 + 2a^2 \sum_{n=1}^{\infty} \frac{(-1)^n}{a^2 - n^2}, \tag{24.8}$$

$$\pi a \cot \pi a = 1 + 2a^2 \sum_{n=1}^{\infty} \frac{1}{a^2 - n^2}. \tag{24.9}$$

ゆえに

$$\sum_{n=1}^{\infty} \frac{(-1)^n}{a^2 - n^2} = \frac{1}{2a^2} \left(\frac{\pi a}{\sin \pi a} - 1 \right), \tag{24.10}$$

$$\sum_{n=1}^{\infty} \frac{1}{a^2 - n^2} = \frac{1}{2a^2} (\pi a \cot \pi a - 1). \tag{24.11}$$

◇

注意 24.2　(24.8), (24.9) のような式は複素解析では**有理型関数の部分分数分解**とよばれている．(24.8) のもっともらしさを確かめよう．左辺で分母が 0，分子が $\neq 0$ なのは $a = \pm n \neq 0$ のところなので右辺に合う．さらに，$a - n$ 倍して $a \to n$ としたときの極限は両辺ともに $(-1)^n n$ である（✍）．$a \to 0$ の極限も合う．(24.9) についても同様の考察ができる（✍）．

注意 24.3（バーゼル問題の一般化）　$\displaystyle\sum_{n=1}^{\infty} \frac{1}{n^{2m}}$ $(m = 1, 2, \ldots)$ の値は (24.11) を用いてすべて求めることができる．このことはサポートページで説明する [⇨ 参考文献 [SS] p.96, p.167, [神保] p.111]．

§24 の問題

確認問題

問 24.1　$\displaystyle\sum_{n=1}^{\infty}\frac{1}{n^2}$ の値はなにか（とくに有名なので覚えておくことを勧める）．

□□□ [⇨ 24・1]

基本問題

問 24.2　a は整数でない実数とする．(24.7) とパーセヴァルの等式を用いて $\displaystyle\sum_{n=1}^{\infty}\frac{1}{(a^2-n^2)^2}$ を求めよ．

□□□ [⇨ 24・2]

問 24.3　$f(x)$ は周期 2π をもち，

$$f(x)=\begin{cases} 0 & (-\pi<x<0) \\ 2\cos x & (0\leq x\leq\pi) \end{cases}$$

をみたすとする．このとき，$f(x)$ のフーリエ級数を求めよ．また，それを用いて $\displaystyle\sum_{k=1}^{\infty}\frac{k^2}{(4k^2-1)^2}$ の値を求めよ．

□□□ [⇨ 24・2]

§25 フーリエ余弦・正弦級数と複素型フーリエ級数

§25 のポイント

- $0 < x \leq \pi$ の関数を**偶関数として拡張**すれば cos だけで展開できる.
- $0 < x \leq \pi$ の関数を**奇関数として拡張**すれば sin だけで展開できる.
- 周期 2π の関数を複素数の指数関数 $e^{\pm inx}$ で展開できる.

25・1 フーリエ余弦・正弦級数：右半分から延ばす

これまで $-\pi < x \leq \pi$ の関数を考えてきたが，ここでは**「右半分」**$0 \leq x \leq \pi$ の関数 $f(x)$ を考える．周期 2π の偶関数あるいは（ほとんど）奇関数として拡張できる．

$$\text{偶関数：}\quad f(x) = f(-x) \qquad (-\pi < x \leq 0)$$

$$\text{奇関数：}\quad f(x) = -f(-x) \quad (-\pi < x \leq 0)$$

とおいて周期 2π で拡張すれば $\mathbb{R}$ 上の偶関数（**図 25.1**）あるいは（ほとんど）奇関数（**図 25.2**）になる［⇨ 注意 22.1，p.159 脚注 8］.

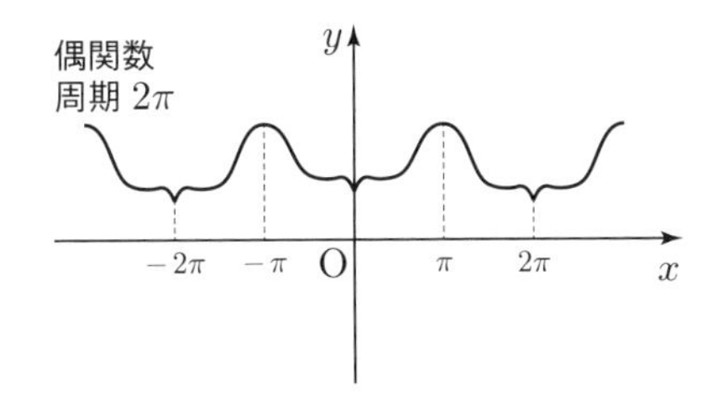

図 25.1　偶関数として拡張

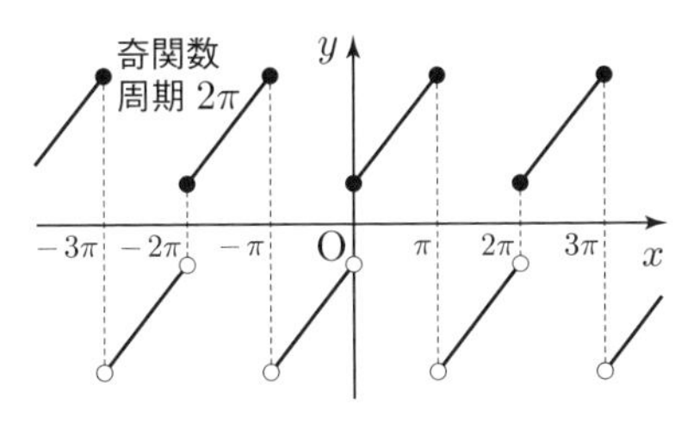

図 25.2　ほとんど奇関数として拡張

フーリエ級数を求めれば，

- 偶関数：定数項と cos からなる級数
- 奇関数：sin からなる級数

が得られる．前者を**フーリエ余弦級数**，後者を**フーリエ正弦級数**という．

定理 25.1（フーリエ余弦・正弦級数）

- フーリエ余弦級数

$$a_n = \frac{2}{\pi}\int_0^{\pi} f(x)\cos nx\,dx \text{ とおくと } f(x) \sim \frac{a_0}{2} + \sum_{n=1}^{\infty} a_n \cos nx.$$

- フーリエ正弦級数

$$b_n = \frac{2}{\pi}\int_0^{\pi} f(x)\sin nx\,dx \text{ とおくと } f(x) \sim \sum_{n=1}^{\infty} b_n \sin nx.$$

定理 23.1 が適用できる場合は $\sim$ を $=$ に置き換えることができる．

証明　(22.2), (22.3) と偶関数，奇関数の性質から出る．　◇

例 25.1　$f(x) = x\ (0 \leq x \leq \pi)$ を周期 2π の偶関数として拡張したものが例 24.1，周期 2π のほとんど奇関数として拡張したものが例 24.2 である．後者の不連続点 $x = \pi$ を避けると

$$\text{偶関数：}\ |x| = \frac{\pi}{2} - \frac{4}{\pi}\sum_{k=1}^{\infty}\frac{1}{(2k-1)^2}\cos(2k-1)x \quad (-\pi < x \leq \pi),$$

$$\text{奇関数：}\ x = \sum_{n=1}^{\infty}\frac{(-1)^{n-1}\cdot 2}{n}\sin nx \quad (-\pi < x < \pi)$$

である．$0 \leq x < \pi$ では x が 2 通りに展開されている [⇨ **問 26.2**]．　◆

後で**偏微分方程式**の章で，$0 \leq x \leq \pi$ の関数で $f(0) = f(\pi) = 0$ をみたすものと $f'(0) = f'(\pi) = 0$ をみたすものを考える．フーリエ正弦級数とフーリエ余弦級数がそれぞれ条件に合う．

注意 25.1（計算のコツ）

$\dfrac{\pi}{2}b_n = \displaystyle\int_0^{\pi} f(x)\sin nx\,dx$ から式を書き始めて最後に $\dfrac{2}{\pi}$ 倍すれば計算が簡素化できる．$\dfrac{\pi}{2}a_n$ も同様である．次の例題 25.1 ではそのようにやってみる．

例題 25.1　$f(x) = x(\pi - x)\ (0 \leq x \leq \pi)$ のフーリエ正弦級数を求めよ．また，$\displaystyle\sum_{k=1}^{\infty} \frac{(-1)^{k-1}}{(2k-1)^3}$ の値を求めよ．[⇨ 例題 30.1, 問 30.4, 例題 31.1]

□□□ ✍

解　$\displaystyle \frac{\pi}{2} b_n \overset{\because\,\text{定理 } 25.1}{=} \int_0^{\pi} x(\pi - x) \sin nx\, dx = \int_0^{\pi} (\pi x - x^2) \left(-\frac{1}{n}\cos nx\right)' dx$

$$\overset{\because\,\text{部分積分}}{=} \underbrace{\left[-\frac{1}{n}(\pi x - x^2)\cos nx\right]_0^{\pi}}_{0\text{ になって消える}} + \frac{1}{n}\int_0^{\pi} (\pi - 2x)\cos nx\, dx$$

$$= \frac{1}{n^2}\int_0^{\pi} (\pi - 2x)(\sin nx)'\, dx$$

$$\overset{\because\,\text{部分積分}}{=} \frac{1}{n^2}\left\{\underbrace{\Big[(\pi - 2x)\sin nx\Big]_0^{\pi}}_{0\text{ になって消える}} - \int_0^{\pi} (-2)\sin nx\, dx\right\}$$

$$= \frac{2}{n^2}\int_0^{\pi} \sin nx\, dx = \frac{-2}{n^3}\Big[\cos nx\Big]_0^{\pi} = \frac{2}{n^3}\{1 - (-1)^n\}$$

なので n が偶数のとき $b_n = 0$ であり，n が奇数のとき $n = 2k-1$ とおくと

$$f(x) = \sum_{k=1}^{\infty} b_n \sin nx = \sum_{k=1}^{\infty} \frac{8}{\pi(2k-1)^3}\sin(2k-1)x \quad (0 \leq x \leq \pi) \qquad (25.1)$$

と表せる．$x = \dfrac{\pi}{2}$ を代入すれば $\displaystyle\sum_{k=1}^{\infty} \frac{(-1)^{k-1}}{(2k-1)^3} = \frac{\pi^3}{32}$ がわかる．

別解

$$\int_0^{\pi} fg''\, dx \overset{\because\,\text{部分積分}}{=} \Big[fg'\Big]_0^{\pi} - \int_0^{\pi} f'g'\, dx$$

$$\overset{\because\,\text{部分積分}}{=} \Big[fg'\Big]_0^{\pi} - \Big[f'g\Big]_0^{\pi} + \int_0^{\pi} f''g\, dx$$

という一般的な式に（✍），$f = f(x) = x(\pi - x)$，$g = g(x) = -\dfrac{1}{n^2}\sin nx$ を代入すれば，$[fg']_0^{\pi}$ と $[f'g]_0^{\pi}$ は消える．後の計算は易しい．　◇

25・2　複素型フーリエ級数

これまでに述べたフーリエ級数の理論は，（パーセヴァルの等式を除いて）$f(x)$ が複素数の値をとるときもほぼそのまま成り立つ．$f(x)$ の実部を $f_1(x)$，虚部を $f_2(x)$ とすれば，$f(x)=f_1(x)+if_2(x)$ であり，例えば

$$a_n(f)=\frac{1}{\pi}\int_{-\pi}^{\pi}f(x)\cos nx\,dx=\frac{1}{\pi}\int_{-\pi}^{\pi}\bigl\{f_1(x)+if_2(x)\bigr\}\cos nx\,dx$$
$$=a_n(f_1)+ia_n(f_2)$$

である．$f_1(x)$ と $f_2(x)$ がフーリエ級数で表せるならば，$f(x)$ もそうである．

複素数値関数に対しては，パーセヴァルの等式は手直しが必要である ［⇨ **定理 25.3**］．複素数 z のただの 2 乗 z^2 の代わりに絶対値の 2 乗 $|z|^2$ を使えばうまくいく．ここで，$z=x+iy$ $(x,y\in\mathbb{R})$ に対して，その複素共役 $\bar{z}$ と絶対値 $|z|$ は

$$\bar{z}=x-iy,\qquad |z|=\sqrt{x^2+y^2}=\sqrt{z\bar{z}}$$

である．したがって，$\bigl|a_n(f)\bigr|^2=a_n(f_1)^2+a_n(f_2)^2$ であり，b_n についても同様である．

$e^{\pm inx}=\cos nx\pm i\sin nx$ より

$$\cos nx=\frac{e^{inx}+e^{-inx}}{2}=\frac{e^{inx}+e^{i(-n)x}}{2},\tag{25.2}$$
$$\sin nx=\frac{e^{inx}-e^{-inx}}{2i}=\frac{e^{inx}-e^{i(-n)x}}{2i}\tag{25.3}$$

なので，フーリエ級数は $e^{\pm inx}=e^{i(\pm n)x}$ $(n=0,1,2,\ldots)$ を使って書き直せる．負の番号 $-n$ が現れていることに注意せよ．

フーリエ級数は cos, sin の両方を使うので，計算量が多くなりがちである．複素数の指数関数を使えば，三角関数を使うよりも計算が簡潔になることがある．少なくとも，cos の計算と sin の計算の 2 つをする代わりに，e^{inx}（n は整数で，負の整数も含む）の計算 1 つをするだけで済む．

$f(x)$ は複素数値で，周期 2π をもつとする．そのフーリエ級数（実数値関数の場合と同様）を複素数の指数関数で書き直そう．

$$a_n \cos nx + b_n \sin nx = c_n e^{inx} + c_{-n} e^{-inx} \quad (n \geq 1)$$

とすると (25.2), (25.3) より，$n \geq 1$ のとき

$$c_n = \frac{a_n - ib_n}{2} = \frac{1}{2\pi} \int_{-\pi}^{\pi} f(x) e^{-inx}\, dx,$$
$$c_{-n} = \frac{a_n + ib_n}{2} = \frac{1}{2\pi} \int_{-\pi}^{\pi} f(x) e^{inx}\, dx$$

である (✍)．また，

$$c_0 = \frac{a_0}{2} = \frac{1}{2\pi} \int_{-\pi}^{\pi} f(x)\, dx$$

とおく．結局 n の**正負にかかわらず**，$n = 0$ の場合も含めて 1 つの式で

$$c_n = \frac{1}{2\pi} \int_{-\pi}^{\pi} f(x) e^{-inx}\, dx \qquad (n = 0, \pm 1, \pm 2, \ldots) \tag{25.4}$$

と表せる．この式で現れるのは e^{inx} ではなく e^{-inx} であることに注意せよ．$f(x) = e^{inx}$ のとき $c_n = 1$ となるようにうまくできている[1)]．

三角関数によるフーリエ級数では定数項だけ 2 で割って $\dfrac{a_0}{2}$ とするのが煩わしかったが，下で見るように**複素型フーリエ級数の場合はその煩わしさがない．**

フーリエ級数 (22.8) の部分和 $S_n(x)$ は

$$\begin{aligned} S_n(x) &= \frac{a_0}{2} + \sum_{m=1}^{n} (a_m \cos mx + b_m \sin mx) \\ &= c_0 + \sum_{m=1}^{n} (c_m e^{imx} + c_{-m} e^{-imx}) \\ &= c_0 + \sum_{m=1}^{n} c_m e^{imx} + \sum_{k=-n}^{-1} c_k e^{ikx} = \sum_{m=-n}^{n} c_m e^{imx} \end{aligned}$$

と書ける (✍)．以上をまとめて次のように定義する．

---

1) 難しい例だけでなく，うんと簡単な例も数学の勉強では重要である．

定義 25.1（複素型フーリエ級数）

周期 2π をもつ複素数値関数 $f(x)$ の**複素型フーリエ級数**を

$$f(x) \sim \sum_{n=-\infty}^{\infty} c_n e^{inx} = \lim_{N\to\infty} \sum_{n=-N}^{N} c_n e^{inx},$$

$$c_n = \frac{1}{2\pi}\int_{-\pi}^{\pi} f(x)e^{-inx}\,dx \qquad (n = 0, \pm 1, \pm 2, \ldots)$$

と定義する（c_n の定義における e の肩の**マイナス**に注意せよ）.

実数の場合の結果を次のように言い換えることができる（✍）.

定理 25.2（複素型フーリエ級数は元の関数に（ほぼ）一致）

周期 2π の複素数値関数 $f(x)$ が $-\pi \leq x \leq \pi$ で区分的に滑らかならば，その複素型フーリエ級数は各点 $x \in \mathbb{R}$ で収束して $\frac{1}{2}\bigl\{f(x+0)+f(x-0)\bigr\}$ に一致する．すなわち，

$$\lim_{N\to\infty} \sum_{n=-N}^{N} c_n e^{inx} = \frac{1}{2}\bigl\{f(x+0)+f(x-0)\bigr\}.$$

定理 25.3（複素型のパーセヴァルの等式）

複素数値関数 $f(x)$ が 2 乗可積分，つまり，$\int_{-\pi}^{\pi} |f(x)|^2\,dx < \infty$ ならば

$$\frac{1}{2\pi}\int_{-\pi}^{\pi} |f(x)|^2\,dx = \sum_{n=-\infty}^{\infty} |c_n|^2.$$ ［⇨ 参考文献［谷島 1］§3.4］

注意 25.2（偶関数，奇関数の場合）　偶関数は $\cos nx = \dfrac{e^{inx}+e^{-inx}}{2}$ だけで書けるので，複素型フーリエ級数で書けば $c_{-n} = c_n$（n について偶関数）である．奇関数は $\sin nx = \dfrac{e^{inx}-e^{-inx}}{2i}$ だけで書けるので，複素型フーリエ級数で書けば $c_{-n} = -c_n$（n について奇関数），とくに $c_0 = 0$ である．このことは検算に使える．例えば次の例題 25.2 は奇関数の場合である．

例題 25.2　周期 2π の関数 $f(x)$ が $f(x) = x \ (-\pi < x \leq \pi)$ をみたすとする．$f(x)$ の複素型フーリエ級数を求めよ．また，それを利用して $\displaystyle\sum_{n=1}^{\infty} \frac{1}{n^2}$ の値を求めよ．[⇨ 例 24.2]　□□□

解　まず $c_0 \overset{\because 定義 25.1}{=} \displaystyle\int_{-\pi}^{\pi} x\,dx = 0$ である．次に，$n \neq 0$ のとき

$$c_n \overset{\because 定義 25.1}{=} \frac{1}{2\pi}\int_{-\pi}^{\pi} xe^{-inx}\,dx = \frac{1}{2\pi}\int_{-\pi}^{\pi} x\left(\frac{i}{n}e^{-inx}\right)'\,dx$$

$$\overset{\because 部分積分}{=} \frac{1}{2\pi}\left\{\left[\frac{ix}{n}e^{-inx}\right]_{-\pi}^{\pi} - \int_{-\pi}^{\pi}\frac{i}{n}e^{-inx}\,dx\right\}$$

$$= \frac{1}{2\pi}\left\{\frac{\pi i}{n}(e^{-in\pi} + e^{in\pi}) + \left[\frac{1}{n^2}e^{-inx}\right]_{-\pi}^{\pi}\right\} \overset{\because n \in \mathbb{Z}}{=} \frac{i}{n}(-1)^n$$

である（✍）[2]．以上より

$$x \sim \sum_{|n|\geq 1} \frac{(-1)^n i}{n}e^{inx} \quad (c_0 = 0 \text{ だから } n = 0 \text{ の項はない}) \tag{25.5}$$

である[3]．複素型のパーセヴァルの等式より $\displaystyle\frac{1}{2\pi}\int_{-\pi}^{\pi} x^2\,dx = \sum_{|n|\geq 1}\frac{1}{n^2} = \sum_{n=1}^{\infty}\frac{2}{n^2}$ なので

$$\sum_{n=1}^{\infty}\frac{1}{n^2} = \frac{\pi^2}{6}.$$

◇

---

2) c_n は n の奇関数なので注意 25.2 で述べたことに合う．

3) $|x| < \pi$ のとき (25.5) の両辺は一致し，(25.5) の両辺を $=$ でつないでよい．

§25 の問題

確認問題

問 25.1　フーリエ余弦級数，フーリエ正弦級数とはなにか．その係数はどのように決まるか．

□□□ [⇨ **25・1**]

基本問題

問 25.2　$\sin x$ $(0 \leq x < \pi)$ のフーリエ余弦級数を求めよ．また，それを利用して $\displaystyle\sum_{k=1}^{\infty} \frac{(-1)^k}{(2k-1)(2k+1)}$ と $\displaystyle\sum_{k=1}^{\infty} \frac{1}{(2k-1)^2(2k+1)^2}$ の値を求めよ．

□□□ [⇨ **25・1**]

問 25.3　$\sin^2 x$ $(0 \leq x < \pi)$ のフーリエ正弦級数を求めよ．また，それを利用して $\displaystyle\sum_{k=1}^{\infty} \frac{(-1)^k}{(2k-3)(2k-1)(2k+1)}$ と $\displaystyle\sum_{k=1}^{\infty} \frac{1}{(2k-3)^2(2k-1)^2(2k+1)^2}$ の値を求めよ．

□□□ [⇨ **25・1**]

問 25.4　$f(x) = e^{-bx}$ $(-\pi < x \leq \pi)$ を周期 2π に拡張する．b は複素数でもよいが整数の i 倍ではないとする．$f(x)$ の複素型フーリエ級数を求めよ．また，それを利用して

$$\sum_{n=1}^{\infty} \frac{(-1)^n}{b^2+n^2} = \frac{1}{2b^2}\left(\frac{\pi b}{\sinh \pi b} - 1\right), \qquad \sum_{n=1}^{\infty} \frac{1}{b^2+n^2} = \frac{1}{2b^2}(\pi b \coth \pi b - 1)$$

を証明せよ．ただし，

$$\sinh z = \frac{e^z - e^{-z}}{2}, \qquad \coth z = \frac{e^z + e^{-z}}{e^z - e^{-z}}$$

である．また，例題 24.2 の (24.8), (24.9) を導け．

□□□ [⇨ **25・2**]

§26 一般の周期をもつ関数

§26 のポイント

- 周期 $2L$ の関数をフーリエ級数で表す.
- 周期 L の関数を周期 $2L$ の偶関数あるいは奇関数として拡張し，フーリエ余弦級数あるいはフーリエ正弦級数で表す.

26・1 一般の周期の関数

ここまで周期 2π の関数のフーリエ級数を調べてきた．今度は一般の周期 $2L$ の関数について調べよう．関数 $f(x)$ が周期 $2L$ をもつならば $\tilde{f}(y) = f\left(\dfrac{Ly}{\pi}\right)$ は周期 2π の関数である．実際，

$$\tilde{f}(y+2\pi) = f\left(\frac{L(y+2\pi)}{\pi}\right) = f\left(\frac{Ly}{\pi} + 2L\right) = f\left(\frac{Ly}{\pi}\right) = \tilde{f}(y)$$

である．周期 2π ならば簡単で，

$$\tilde{f}(y) \overset{\because (22.9)}{\sim} \frac{a_0}{2} + \sum_{n=1}^{\infty} (a_n \cos ny + b_n \sin ny),$$

$$a_n \overset{\because (22.2)}{=} \frac{1}{\pi}\int_{-\pi}^{\pi} \tilde{f}(y) \cos ny\, dy, \quad b_n \overset{\because (22.3)}{=} \frac{1}{\pi}\int_{-\pi}^{\pi} \tilde{f}(y) \sin ny\, dy$$

である．$x = \dfrac{Ly}{\pi}$ とおくと $\tilde{f}(y) = f(x)$ であり，$f(x)$ のフーリエ級数は

$$f(x) \sim \frac{a_0}{2} + \sum_{n=1}^{\infty} \left(a_n \cos \frac{n\pi x}{L} + b_n \sin \frac{n\pi x}{L}\right),$$

$$a_n = \frac{1}{\pi}\int_{-\pi}^{\pi} f\left(\frac{Ly}{\pi}\right) \cos ny\, dy = \frac{1}{L}\int_{-L}^{L} f(x) \cos \frac{n\pi x}{L}\, dx,$$

$$b_n = \frac{1}{\pi}\int_{-\pi}^{\pi} f\left(\frac{Ly}{\pi}\right) \sin ny\, dx = \frac{1}{L}\int_{-L}^{L} f(x) \sin \frac{n\pi x}{L}\, dx$$

である (✍)．定理 23.1 の類似が成り立つ．

26・2　一般のフーリエ余弦・正弦級数

長さ L の区間であたえられた関数は，周期 $2L$ の偶関数あるいは奇関数に拡張してフーリエ余弦級数あるいはフーリエ正弦級数を考えることができる．定理 25.1 より，係数はそれぞれ

$$\text{フーリエ余弦級数：}\quad a_n \overset{\because \text{定理 } 25.1}{=} \frac{2}{L}\int_0^L f(x)\cos\frac{n\pi x}{L}\,dx \quad (✍)$$

$$\text{フーリエ正弦級数：}\quad b_n \overset{\because \text{定理 } 25.1}{=} \frac{2}{L}\int_0^L f(x)\sin\frac{n\pi x}{L}\,dx \quad (✍)$$

例題 26.1　$f(x) = \begin{cases} x & (0 \leq x < L/2) \\ L-x & (L/2 \leq x \leq L) \end{cases}$ のフーリエ正弦級数とフーリエ余弦級数を求めよ．[⇨ **問 29.2**，**例題 30.3** (3)，**問 31.1** (3)]

□□□ ✍

解　sin　フーリエ正弦級数（**図 26.1** の奇関数のフーリエ級数）を求める．

$$b_n = \frac{2}{L}\left(\int_0^{L/2} x\sin\frac{n\pi x}{L}\,dx + \int_{L/2}^{L}(L-x)\sin\frac{n\pi x}{L}\,dx\right)$$

である．( ) 内の第 2 項の積分で $L-x=z$ と置換すると第 1 項の積分の $(-1)^{n-1}$ 倍であることがわかる (✍).

n が偶数ならば $b_n = 0$ である．

n が奇数のとき，

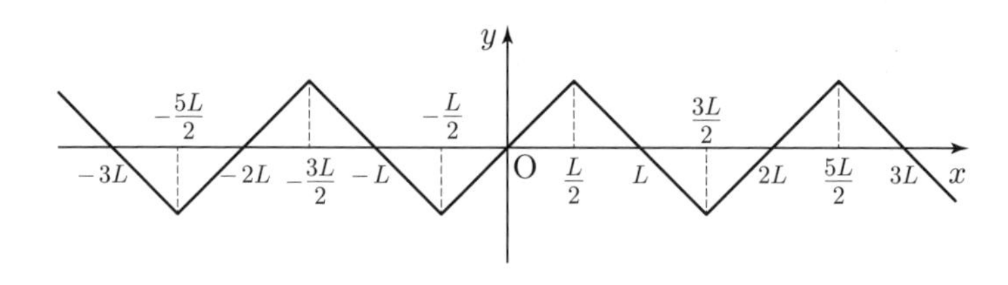

図 26.1　例題 26.1 の $f(x)$ を周期 $2L$ の奇関数として拡張

$$
\begin{aligned}
b_n &= \frac{4}{L}\int_0^{\frac{L}{2}} x\sin\frac{n\pi x}{L}\,dx \\
&\overset{\because\text{部分積分}}{=} \frac{4}{L}\left(\left[-\frac{L}{n\pi}x\cos\frac{n\pi x}{L}\right]_0^{\frac{L}{2}} + \int_0^{\frac{L}{2}}\frac{L}{n\pi}\cos\frac{n\pi x}{L}\,dx\right) \\
&= \frac{4}{L}\left(-\frac{L^2}{2n\pi}\underbrace{\cos\frac{n\pi}{2}}_{\text{消える}} + \left[\left(\frac{L}{n\pi}\right)^2\sin\frac{n\pi x}{L}\right]_0^{\frac{L}{2}}\right) \\
&\overset{\because n\text{は奇数}}{=} (-1)^{\frac{n-1}{2}}\frac{4L}{n^2\pi^2}.
\end{aligned}
$$

n が偶数の項はなく，n が奇数のときは，$n = 2k-1$ $(k = 1, 2, \ldots)$ とおいて

$$
f(x) \sim \frac{4L}{\pi^2}\sum_{k=1}^{\infty}\frac{(-1)^{k-1}}{(2k-1)^2}\sin\frac{(2k-1)\pi x}{L} \quad \text{（フーリエ正弦級数）}. \qquad (26.1)
$$

なお，§29 の図 29.2 は $L = \pi$ とした場合の部分和のグラフである．

cos　フーリエ余弦級数（**図 26.2** の偶関数のフーリエ級数）を求める．

$$
a_n = \frac{2}{L}\left(\int_0^{L/2} x\cos\frac{n\pi x}{L}\,dx + \int_{L/2}^{L}(L-x)\cos\frac{n\pi x}{L}\,dx\right)
$$

である．まず，$a_0 = \dfrac{L}{2}$ である．以下では $n \geq 1$ とする．第 2 の積分で $L - x = z$ と置換すると第 1 の積分の $(-1)^n$ 倍であることがわかる（✍）．

n が奇数ならば $a_n = 0$ である．

$n \geq 2$ が偶数のとき，

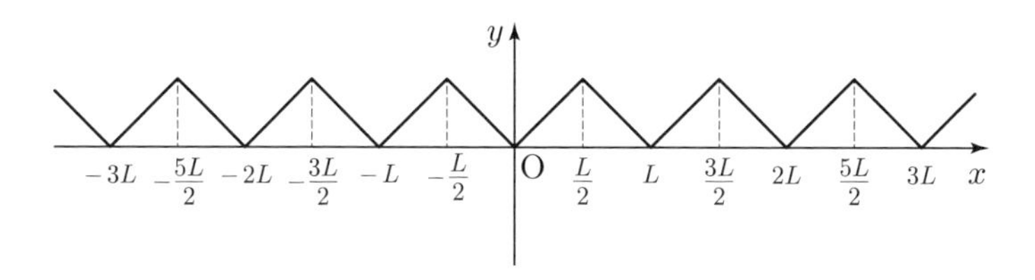

図 26.2　例題 26.1 の $f(x)$ を周期 $2L$ の偶関数として拡張

$$a_n = \frac{4}{L}\int_0^{\frac{L}{2}} x\cos\frac{n\pi x}{L}\,dx$$

$$\overset{\text{☺部分積分}}{=} \frac{4}{L}\left(\left[\frac{L}{n\pi}x\sin\frac{n\pi x}{L}\right]_0^{\frac{L}{2}} - \int_0^{\frac{L}{2}}\frac{L}{n\pi}\sin\frac{n\pi x}{L}\,dx\right)$$

$$= \frac{4}{L}\left(\frac{L^2}{2n\pi}\underbrace{\sin\frac{n\pi}{2}}_{\text{消える}} + \left[\left(\frac{L}{n\pi}\right)^2\cos\frac{n\pi x}{L}\right]_0^{\frac{L}{2}}\right) \overset{\text{☺}n\text{は偶数}}{=} \frac{4L}{n^2\pi^2}\left\{(-1)^{\frac{n}{2}} - 1\right\}$$

である (✍). $n = 2j$ $(j = 1, 2, \ldots)$ とおいた上で j の偶奇で場合分けして

$$a_n = a_{2j} = \frac{L}{j^2\pi^2}\left\{(-1)^j - 1\right\} = \begin{cases} 0 & (j : \text{偶数}) \\ \dfrac{-2L}{j^2\pi^2} & (j : \text{奇数}). \end{cases} \quad (✍) \qquad (26.2)$$

残るのは $j = 2m - 1$ $(m = 1, 2, \ldots)$ とおいて $n = 2j = 4m - 2$ の項だけであり,

$$f(x) \sim \frac{L}{4} - \frac{2L}{\pi^2}\sum_{m=1}^{\infty}\frac{1}{(2m-1)^2}\cos\frac{(4m-2)\pi}{L}x \quad (\text{フーリエ余弦級数}).$$

◇

§26 の問題

確認問題

問 26.1 周期 $2L$ の関数をフーリエ級数で表すとき，また，周期 $0 \leq x < L$ の関数をフーリエ余弦級数あるいはフーリエ正弦級数で表すとき，それらの係数はどのように決まるか.

□□□ [⇨ 26・1 26・2]

基本問題

問 26.2 $f(x) = x$ $(0 < x \leq L)$ のフーリエ余弦級数とフーリエ正弦級数を求めよ [⇨ 例 25.1].

□□□ [⇨ 26・2]

§27 フーリエ級数が元の関数に一致することの証明 *

§27 のポイント

- 定理 23.1 を証明する．**ディリクレ核**と**デルタ関数**を使う．

27・1 ディリクレ核とデルタ関数

§15 で導入したディリクレ核 $D_n(x) = \dfrac{\sin\left(n+\frac{1}{2}\right)x}{2\sin\frac{x}{2}}$ を用いて定理 23.1 を証明する．次の定理 27.1 がその証明で重要な役割を果たす．この定理は，$D_n(x)$ の「右半分」と「左半分」が $\dfrac{\pi}{2}\delta(x)$ ずつに収束することを意味している ［⇨ **定理 15.3**］．周期性より $x = 2m\pi$ $(m \in \mathbb{Z})$ の近くでも同様のことがいえるのだが，$x = 0$ の近くに話を限りたいので $a < 2\pi$ と仮定する．

定理 27.1（ディリクレ核の右半分と左半分）

$0 < x < a$ $(< 2\pi)$ の C^1 級関数 $\varphi(x)$ について $\varphi(x)$ と $\varphi'(x)$ が $0 \leq x \leq a$ まで連続に拡張できるならば（つまり $x \to +0$, $x \to a-0$ の極限値が存在するならば），

$$\lim_{n\to\infty}\int_0^a D_n(x)\varphi(x)\,dx = \frac{\pi}{2}\varphi(+0) = \frac{\pi}{2}\lim_{x\to+0}\varphi(x)$$

が成り立つ．また，$-a < x < 0$ の C^1 級関数 $\varphi(x)$ について $\varphi(x)$ と $\varphi'(x)$ が $-a \leq x \leq 0$ まで連続に拡張できるならば（つまり $x \to -0$, $x \to -a+0$ の極限値が存在するならば），

$$\lim_{n\to\infty}\int_{-a}^0 D_n(x)\varphi(x)\,dx = \frac{\pi}{2}\varphi(-0) = \frac{\pi}{2}\lim_{x\to-0}\varphi(x).$$

証明　$\Delta_n(y) = \dfrac{\sin ny}{y}$ とおく．関数 $\psi(y)$ が $0 < y < a$ で定理 16.2 の仮定をみたすならば，$\psi(2y)$ は $0 < y < a/2$ で仮定をみたし，

$$\lim_{m\to\infty}\int_0^{a/2}\Delta_m(y)\psi(2y)\,dy = \frac{\pi}{2}\psi(+0)$$

である．$y=x/2$, $m=2n+1$ とおいて

$$\lim_{n\to\infty}\int_0^a \Delta_{2n+1}\left(\frac{x}{2}\right)\psi(x)\,dx=\pi\psi(+0). \tag{27.1}$$

$0<x<a\ (<2\pi)$ で $\psi(x)=\dfrac{x}{4\sin\frac{x}{2}}\varphi(x)$ とおいて，この式を用いる（✍）．

$$D_n(x)=\frac{\sin(2n+1)\frac{x}{2}}{2\sin\frac{x}{2}}=\Delta_{2n+1}\left(\frac{x}{2}\right)\frac{x}{4\sin\frac{x}{2}} \text{ なので，} \lim_{x\to 0}\frac{x}{4\sin\frac{x}{2}}=\frac{1}{2} \text{ より}$$

$$\begin{aligned}\lim_{n\to\infty}\int_0^a D_n(x)\varphi(x)\,dx &= \lim_{n\to\infty}\int_0^a \Delta_{2n+1}\left(\frac{x}{2}\right)\frac{x}{4\sin\frac{x}{2}}\varphi(x)\,dx\\ &\overset{☺(27.1)}{=} \frac{\pi}{2}\varphi(+0)\end{aligned} \tag{27.2}$$

となる（✍）．これで定理の前半が示せた．次に，$D_n(x)$ が偶関数であることと (27.2) を用いれば後半はただちにしたがう．◇

27・2　定理 23.1 の証明

$D_n(x)=\dfrac{\sin\left(n+\frac{1}{2}\right)x}{2\sin\frac{x}{2}}$ は

$$D_n(x)=\frac{1}{2}+(\cos x+\cos 2x+\cdots+\cos nx) \tag{27.3}$$

とも表せる．証明は

$$\begin{aligned}&\frac{1}{2}+(\cos x+\cos 2x+\cdots+\cos nx)=-\frac{1}{2}+\frac{1}{2}\sum_{m=0}^{n}(e^{imx}+e^{-imx})\\ &=-\frac{1}{2}+\frac{1}{2}\left(\frac{1-e^{i(n+1)x}}{1-e^{ix}}+\frac{1-e^{-i(n+1)x}}{1-e^{-ix}}\right)\\ &=-\frac{1}{2}+\frac{1}{2}\left(\frac{e^{-ix/2}-e^{i(n+1/2)x}}{e^{-ix/2}-e^{ix/2}}+\frac{e^{ix/2}-e^{-i(n+1/2)x}}{e^{ix/2}-e^{-ix/2}}\right)\\ &=-\frac{1}{2}+\frac{1}{2}\left(1+\frac{e^{i(n+1/2)x}-e^{-i(n+1/2)x}}{e^{ix/2}-e^{-ix/2}}\right)=D_n(x)\end{aligned}$$

とすればよい（✍）．

部分和 $S_n(x) = \dfrac{a_0}{2} + \displaystyle\sum_{m=1}^{n}(a_m \cos mx + b_m \sin mx)$ は (27.3) より

$$S_n(x) = \frac{1}{\pi}\int_{-\pi}^{\pi} f(y)D_n(x-y)\,dy \tag{27.4}$$

とも表せる [⇨ 問 27.1]．$D_n(x)$ は偶関数であり，$f_n(x)$ も $D_n(x)$ も周期 2π なので，(27.4) で $y = x + z$ と置換すると（x は定数扱い），

$$\begin{aligned} S_n(x) &= \frac{1}{\pi}\int_{-\pi-x}^{\pi-x} f(x+z)D_n(-z)\,dz \\ &\overset{\because\,\text{偶関数}}{=} \frac{1}{\pi}\int_{-\pi-x}^{\pi-x} f(x+z)D_n(z)\,dz \\ &\overset{\because\,\text{周期}\,2\pi}{=} \frac{1}{\pi}\int_{-\pi}^{\pi} f(x+z)D_n(z)\,dz. \end{aligned} \tag{27.5}$$

$n \to \infty$ の極限を考える．$0 < a < \pi$ とすると，定理 27.1 とリーマン－ルベーグの定理（定理 13.1）の (13.5) より（$a \leq z \leq \pi$ で $f(x+z)/2\sin\dfrac{z}{2}$ は可積分），

$$\int_0^{\pi} f(x+z)D_n(z)\,dz = \underbrace{\int_0^{a} f(x+z)D_n(z)\,dz}_{\text{定理 27.1}} + \underbrace{\int_a^{\pi} f(x+z)D_n(z)\,dz}_{\text{リーマン－ルベーグの定理より消える}}$$

$$\to \frac{\pi}{2}f(x+0),$$

$$\int_{-\pi}^{0} f(x+z)D_n(z)\,dz \to \frac{\pi}{2}f(x-0)$$

が成り立つ（✍）．したがって，$\displaystyle\lim_{n\to\infty} S_n(x) = \frac{1}{2}\bigl\{f(x+0) + f(x-0)\bigr\}$.

§27 の問題

確認問題

問 27.1　(27.4) を示せ．

問 27.2　$\displaystyle\int_{-\pi}^{\pi} D_n(x)\,dx$ と $\displaystyle\lim_{x\to 0} D_n(x)$ を求めよ．　□□□ [⇨ 27・2]

§28 線形代数：内積と正規直交基底，パーセヴァルの等式 *

§28のポイント

- 関数の集合を空間と考え，内積を入れる．
- フーリエ解析は**無限次元線形代数**とみなせる．

28・1 3次元ユークリッド空間の正規直交基底

$\mathbb{R}^3$ の基底 $\{\boldsymbol{u}_1, \boldsymbol{u}_2, \boldsymbol{u}_3\}$ が**正規直交基底**であるとは，互いに直交してどれも大きさが1ということである．すなわち，$j, k \in \{1, 2, 3\}$ について，

$$(\boldsymbol{u}_j, \boldsymbol{u}_k) = \delta_{jk} \quad (\text{クロネッカーのデルタ}) \tag{28.1}$$

ということである．(28.1) の性質を**正規直交性**という．なお，本書では内積を $(\ ,\ )$ と表すが，$\langle\ ,\ \rangle$ と表す本もある．高校数学では $\vec{a} \cdot \vec{b}$ のような記号を用いる．

$\{\boldsymbol{u}_1, \boldsymbol{u}_2, \boldsymbol{u}_3\}$ が $\mathbb{R}^3$ の正規直交基底のとき，$\mathbb{R}^3$ の任意のベクトル $\boldsymbol{v}$ は

$$\boldsymbol{v} = c_1\boldsymbol{u}_1 + c_2\boldsymbol{u}_2 + c_3\boldsymbol{u}_3$$

の形に（一意に）表せる．両辺で $\boldsymbol{u}_j$ との内積をとれば，正規直交性より

$$\begin{aligned}(\boldsymbol{v}, \boldsymbol{u}_j) &= (c_1\boldsymbol{u}_1 + c_2\boldsymbol{u}_2 + c_3\boldsymbol{u}_3, \boldsymbol{u}_j)\\ &= c_1(\boldsymbol{u}_1, \boldsymbol{u}_j) + c_2(\boldsymbol{u}_2, \boldsymbol{u}_j) + c_3(\boldsymbol{u}_3, \boldsymbol{u}_j) = c_j\end{aligned}$$

だから

$$c_j = (\boldsymbol{v}, \boldsymbol{u}_j) \quad (j = 1, 2, 3). \tag{28.2}$$

フーリエ係数はこれの類似である [⇨ 28・4]．また，$\|\boldsymbol{v}\| = \sqrt{(\boldsymbol{v}, \boldsymbol{v})}$ について，

$$\|\boldsymbol{v}\|^2 = c_1^2 + c_2^2 + c_3^2 \tag{28.3}$$

である．このことは

$$\begin{aligned}\|\boldsymbol{v}\|^2 &= (c_1\boldsymbol{u}_1 + c_2\boldsymbol{u}_2 + c_3\boldsymbol{u}_3, c_1\boldsymbol{u}_1 + c_2\boldsymbol{u}_2 + c_3\boldsymbol{u}_3)\\ &= \sum_{j=1}^{3}\sum_{k=1}^{3} c_j c_k (\boldsymbol{u}_j, \boldsymbol{u}_k) \overset{\because (28.1)j \neq k}{=} \sum_{j=1}^{3} c_j^2 (\boldsymbol{u}_j, \boldsymbol{u}_j) \overset{\because (28.1)j = k}{=} \sum_{j=1}^{3} c_j^2\end{aligned}$$

よりわかる．パーセヴァルの等式（定理23.2）は (28.3) の類似である．

28・2　一般の内積空間の正規直交基底

$\mathbb{R}^2, \mathbb{R}^3$ の内積を一般化しよう．和と実数倍の定義された集合を（$\mathbb{R}$ 上の）**線形空間**という[1]．線形空間の例には，$\mathbb{R}^n$ の他に（一定以下の次数の）多項式の空間，$0 \leq x \leq 1$ の連続関数の空間などがある．線形空間 V の 2 つのベクトル $\boldsymbol{u}, \boldsymbol{v}$ に対して実数 $(\boldsymbol{u}, \boldsymbol{v})$ を対応させる対応 $(\ ,\ )$ が次の条件をみたすとき，線形空間 V の**内積**という．

- $(\boldsymbol{u}+\boldsymbol{u}', \boldsymbol{v}) = (\boldsymbol{u}, \boldsymbol{v}) + (\boldsymbol{u}', \boldsymbol{v})$,
- $(c\boldsymbol{u}, \boldsymbol{v}) = c(\boldsymbol{u}, \boldsymbol{v})$,
- $(\boldsymbol{u}, \boldsymbol{v}) = (\boldsymbol{v}, \boldsymbol{u})$,
- $\boldsymbol{u} \neq \boldsymbol{0}$ ならば $(\boldsymbol{u}, \boldsymbol{u}) > 0$.

ここで $\boldsymbol{u}, \boldsymbol{u}', \boldsymbol{v} \in V$, $c \in \mathbb{R}$ である．内積をもつ線形空間を**内積空間**という．

$\boldsymbol{u} \in V$ に対して

$$\|\boldsymbol{u}\| = \sqrt{(\boldsymbol{u}, \boldsymbol{u})}$$

とおき，$\boldsymbol{u}$ の**ノルム**（大きさ，長さ）という．

$$\|c\boldsymbol{u}\| = |c|\|\boldsymbol{u}\|$$

が成り立つ．

$\boldsymbol{u} \in V$ と $\boldsymbol{v} \in V$ との**距離**を $\|\boldsymbol{u} - \boldsymbol{v}\|$ で定義する．

$(\boldsymbol{u}, \boldsymbol{v}) = 0$ のとき，$\boldsymbol{u}$ と $\boldsymbol{v}$ は**直交**するという．$(c_1\boldsymbol{u}, c_2\boldsymbol{v}) = c_1c_2(\boldsymbol{u}, \boldsymbol{v})$ なので，$\boldsymbol{u}$ と $\boldsymbol{v}$ が直交するならば $c_1\boldsymbol{u}$ と $c_2\boldsymbol{v}$ も直交する．

n 次元内積空間における基底 $\{\boldsymbol{u}_1, \boldsymbol{u}_2, \ldots, \boldsymbol{u}_n\}$ が**正規直交基底**であるとは，正規直交性

$$(\boldsymbol{u}_j, \boldsymbol{u}_k) = \delta_{jk} \qquad (j, k \in \{1, 2, \ldots, n\}) \tag{28.4}$$

が成り立つということである．$\mathbb{R}^3$ のときと同様に，

$$\boldsymbol{v} = c_1\boldsymbol{u}_1 + c_2\boldsymbol{u}_2 + \cdots + c_n\boldsymbol{u}_n$$

---

[1] 正式な定義ではないが，本書を読むにはこれで十分である．

ならば

$$c_j = (\boldsymbol{v}, \boldsymbol{u}_j) \qquad (j = 1, 2, \ldots, n)$$

であり（✍），

$$\|\boldsymbol{v}\|^2 = c_1^2 + c_2^2 + \cdots + c_n^2 \tag{28.5}$$

が成り立つ（✍）．

28・3　多項式の空間と連続関数の空間の内積

n 次**以下**の実係数多項式全体の集合を $\mathbb{R}[x]_n$ と表すことにする．和と実数倍があるので，$\mathbb{R}[x]_n$ は線形空間である[2)]．

$P = P(x),\ Q = Q(x) \in \mathbb{R}[x]_n$ に対して

$$(P, Q) = \int_{-1}^{1} P(x)Q(x)\,dx$$

と定義すると，(,) は内積である[3)]ことを確かめよう．

まず，

$$\begin{aligned}(P_1 + P_2, Q) &= \int_{-1}^{1} \{P_1(x) + P_2(x)\}Q(x)\,dx \\ &= \int_{-1}^{1} \{P_1(x)Q(x) + P_2(x)Q(x)\}\,dx \\ &= \int_{-1}^{1} P_1(x)Q(x)\,dx + \int_{-1}^{1} P_2(x)Q(x)\,dx \\ &= (P_1, Q) + (P_2, Q),\end{aligned}$$

---

2)　［藤岡 3］p.131, p.136, pp.148–149 にも説明がある．なお，「ちょうど n 次」の多項式の集合では和が定義できない．例えば $x^n + (-x^n + 5) = 5$ のように和の次数が下がることがあるからである．「n 次**以下**」とすれば和も実数倍も無事に定義できる．

3)　［藤岡 3］p.231 問 22.1 でも示している．なお，積分区間は -1 から 1 までなくてもどんな有界区間でもよい．ここでは直交多項式に関する習慣にあわせた．［BW］などを参照せよ．

$$(cP, Q) = \int_{-1}^{1} cP(x)Q(x)\,dx = c\int_{-1}^{1} P(x)Q(x)\,dx = c(P, Q),$$
$$(P, Q) = \int_{-1}^{1} P(x)Q(x)\,dx = \int_{-1}^{1} Q(x)P(x)\,dx = (Q, P)$$

である．最後に，$P(x)^2 \geq 0$ であり，$P \neq 0$（「恒等的に 0」ではない）とすると，高々有限個の点以外では $P(x)^2 > 0$ となるから

$$(P, P) > 0$$

である．

ノルムと距離を

$$\|P\| = \sqrt{(P, P)} = \int_{-1}^{1} P(x)^2\,dx,$$
$$\|P - Q\| = \sqrt{(P - Q, P - Q)} = \left[\int_{-1}^{1} \{P(x) - Q(x)\}^2\,dx\right]^{1/2}$$

で定義する．**2 つの多項式の距離を積分で測る**のである．

今度は $-\pi \leq x \leq \pi$ の実数値連続関数全体の集合を $C^0([-\pi, \pi])$ と表し，

$$(f, g) = \int_{-\pi}^{\pi} f(x)g(x)\,dx$$

で内積を定義しよう．$\cos nx$ と $\cos mx$ は $n \neq m$ のとき直交すること，$\cos nx$ と $\sin mx$ も直交することはすでによく知っている．

2 つの関数の距離は次のように定義する．

$$\|f - g\| = \sqrt{(f - g, f - g)} = \left[\int_{-\pi}^{\pi} \{f(x) - g(x)\}^2\,dx\right]^{1/2}.$$

28・4 フーリエ係数の正体とパーセヴァルの等式

$-\pi < x \leq \pi$ の実数値関数 $f(x)$ で $\displaystyle\int_{-\pi}^{\pi} f(x)^2\,dx < \infty$ をみたすものたち全体のなす線形空間を L^2 と表す．内積とノルムを

$$(f,g) = \int_{-\pi}^{\pi} f(x)g(x)\,dx, \qquad \|f\|_2 = \sqrt{\int_{-\pi}^{\pi} f(x)^2\,dx}$$

で定義する[4]．$\cos nx$, $\sin nx$ たちは互いに直交するが，ノルムが $\sqrt{\pi}$ なので少し考えにくい（$1 = \cos 0x$ のノルムは $\sqrt{2\pi}$ である）．そこで，

$$\varphi_0(x) = \frac{1}{\sqrt{2\pi}}, \quad \varphi_n(x) = \frac{1}{\sqrt{\pi}}\cos nx\ (n \geq 1), \quad \psi_n(x) = \frac{1}{\sqrt{\pi}}\sin nx\ (n \geq 1)$$

とおけば正規直交性をもつ（✍）．任意の $f \in L^2$ が

$$f = A_0\varphi_0 + \sum_{n=1}^{\infty}(A_n\varphi_n + B_n\psi_n) \tag{28.6}$$

と無限和で表せることが知られている[5]．このことがパーセヴァルの等式の核心であるが，証明は難しいので省略する．このことを認めれば，有限和のときと同様に

$$A_n = (f,\varphi_n), \qquad B_n = (f,\psi_n), \tag{28.7}$$

$$\int_{-\pi}^{\pi} f(x)^2\,dx = \|f\|_2^2 = A_0^2 + \sum_{n=1}^{\infty}\left(A_n^2 + B_n^2\right) \tag{28.8}$$

である．(22.2), (22.3) と (28.7) を比べると

$$\boxed{a_0(f) = \sqrt{\frac{2}{\pi}}A_0, \quad a_n(f) = \frac{1}{\sqrt{\pi}}A_n\ (n \geq 1), \quad b_n(f) = \frac{1}{\sqrt{\pi}}B_n\ (n \geq 1)}$$

がわかる．これが**フーリエ係数の正体**である．また，(28.8) はパーセヴァルの等式（定理 23.2）に他ならない（✍）．

---

4) 14・1 では $\mathbb{R}$ 上の複素数値関数を考えた．内積とノルムの記号が重複するが，混同のおそれはないだろう．

5) $\{\varphi_n\,(n \geq 0),\ \psi_n\,(n \geq 1)\}$ は**完全正規直交系**であるという．

任意の $f \in L^2$ が (28.6) の形に表せるというのは，右辺の級数が各点 x で収束して左辺に一致するという意味**ではない**．(28.6) は

$$\lim_{N \to \infty} \left\| f - a_0\varphi_0 - \sum_{n=1}^{N} (a_n\varphi_n + b_n\psi_n) \right\|_2 = 0$$

という意味である．つまり，f とそれを近似する $a_0\varphi_0 + \sum_{n=1}^{N} (a_n\varphi_n + b_n\psi_n)$ との距離を L^2 のノルムで測るとき，その距離が 0 に収束するという意味である．各点での値に注目していないので，$f(x)$ ではなく f のように書いた．例えば例 22.1 でも (28.6) が成り立つが，不連続点 $x = 0$ ではフーリエ級数は元の関数の値に収束しないのだった．

§28 の問題

確認問題

問 28.1　(28.6) から (28.8) を導け．

□□□ [⇨ 28・4]

基本問題

問 28.2　$\boldsymbol{u}_1 = \dfrac{1}{\sqrt{2}} \begin{pmatrix} 1 \\ 0 \\ 1 \end{pmatrix}$, $\boldsymbol{u}_2 = \dfrac{1}{3} \begin{pmatrix} -2 \\ 1 \\ 2 \end{pmatrix}$, $\boldsymbol{u}_3 = \dfrac{1}{3\sqrt{2}} \begin{pmatrix} -1 \\ -4 \\ 1 \end{pmatrix}$ とおく．

このとき，次の問に答えよ．

(1)　$\{\boldsymbol{u}_1, \boldsymbol{u}_2, \boldsymbol{u}_3\}$ が $\mathbb{R}^3$ の正規直交基底であることを示せ．

(2)　$\boldsymbol{a} = \begin{pmatrix} 1 \\ 2 \\ 3 \end{pmatrix}$ を $\boldsymbol{a} = c_1\boldsymbol{u}_1 + c_2\boldsymbol{u}_2 + c_3\boldsymbol{u}_3$ と表すとき，c_1, c_2, c_3 を求めよ．

また，$c_1^2 + c_2^2 + c_3^2$ を求めよ．

□□□ [⇨ 28・1]

第6章のまとめ

フーリエ級数

周期 2π をもつ関数 $f(x)$ について

- **フーリエ係数**：

$$a_n = \frac{1}{\pi}\int_{-\pi}^{\pi} f(x)\cos nx\,dx, \qquad b_n = \frac{1}{\pi}\int_{-\pi}^{\pi} f(x)\sin nx\,dx.$$

- **フーリエ級数**：

$$f(x) \sim \frac{a_0}{2} + \sum_{n=1}^{\infty}(a_n\cos nx + b_n\sin nx).$$

- $f(x)$ が**区分的に滑らか**ならばフーリエ級数は各点 x で収束して $\frac{1}{2}\bigl\{f(x+0)+f(x-0)\bigr\}$ に収束する．

- $f(x)$ が偶関数ならば $b_n = 0,\ a_n = \dfrac{2}{\pi}\displaystyle\int_0^{\pi} f(x)\cos nx\,dx.$

  $f(x)$ が奇関数ならば $a_n = 0,\ b_n = \dfrac{2}{\pi}\displaystyle\int_0^{\pi} f(x)\sin nx\,dx.$

- **パーセヴァルの等式**：

$$\frac{1}{2\pi}\int_{-\pi}^{\pi} f(x)^2\,dx = \left(\frac{a_0}{2}\right)^2 + \frac{1}{2}\sum_{n=1}^{\infty}\left(a_n^2 + b_n^2\right).$$

- フーリエ級数を用いて $\displaystyle\sum_{k=1}^{\infty}\frac{(-1)^{k-1}}{2k-1} = \frac{\pi}{4}$（**ライプニッツの級数**），

  $\displaystyle\sum_{n=0}^{\infty}\frac{1}{n^2} = \frac{\pi^2}{6}$（**バーゼル問題**）などを証明できる．

フーリエ余弦・正弦級数

- $0 < x \leq \pi$ の関数を周期 2π の偶関数に拡張すれば**フーリエ余弦級数**が得られる．
- $0 < x \leq \pi$ の関数を周期 2π の奇関数に拡張すれば**フーリエ正弦級数**が得られる．

複素型フーリエ級数

- $c_n = \dfrac{1}{2\pi}\displaystyle\int_{-\pi}^{\pi} f(x)e^{-inx}\,dx,$

$$f(x) \sim \sum_{n=-\infty}^{\infty} c_n e^{inx} = \lim_{N\to\infty}\sum_{n=-N}^{N} c_n e^{inx}.$$

- **複素型のパーセヴァルの等式**：

$$\frac{1}{2\pi}\int_{-\pi}^{\pi} f(x)^2\,dx = \sum_{n=-\infty}^{\infty} |c_n|^2.$$

一般の周期の場合

- 周期 $2L$ の場合

$$a_n = \frac{1}{L}\int_{-L}^{L} f(x)\cos\frac{n\pi x}{L}\,dx, \qquad b_n = \frac{1}{L}\int_{-L}^{L} f(x)\sin\frac{n\pi x}{L}\,dx.$$

- $f(x) \sim \dfrac{a_0}{2} + \displaystyle\sum_{n=1}^{\infty}\Big(a_n\cos\frac{n\pi x}{L} + b_n\sin\frac{n\pi x}{L}\Big).$

線形代数との関係

フーリエ級数の理論の背景には線形代数の内積と正規直交基底がある.

偏微分方程式（その2）

§ 29 波動方程式（その 2）

§ 29 のポイント

- 弦の振動を表す**波動方程式**を解く.
- **変数分離法**を用いる.

29・1 重ね合わせの原理と変数分離法

弦の振動を考える. **フーリエ正弦級数**［⇨ **定理 25.1**］を使う計算がしやすいように,（必要ならば単位を取り替えて）弦の長さは π としよう（2π ではない）. **弦の両端を固定**したとき, 弦上の点の, 左端から測った距離を x とする. 弦は上下にのみ振動し, 手前や奥には振動しないとする. 位置 x における t 秒後の変位を $u(x,t)$ とする. このとき（時間変数をうまくとれば）, **波動方程式**

$$u_{tt} = u_{xx} \quad \text{すなわち} \quad \frac{\partial^2 u}{\partial t^2} = \frac{\partial^2 u}{\partial x^2} \tag{29.1}$$

が成り立つ［⇨ 20・1］.

両端を固定するという条件は**境界条件**

$$u(0,t) = u(\pi,t) = 0 \tag{29.2}$$

である．また，**初期条件**

$$u(x,0) = u_0(x), \quad u_t(x,0) = u_1(x) \tag{29.3}$$

を課す．**初期値** $u_0(x)$, $u_1(x)$ はあたえられた関数である[1]．初期条件と境界条件が両立するように

$$u_0(0) = u_0(\pi) = 0, \qquad u_1(0) = u_1(\pi) = 0 \tag{29.4}$$

を仮定する．(29.1), (29.2), (29.3) をあわせて波動方程式の**初期値境界値問題**という．**フーリエ正弦級数**を用いてこの問題を解こう．

まず，初期条件の考察は後回しにして，波動方程式 (29.1) と境界条件 (29.2) をみたす簡単な関数をたくさん見つけよう．三角関数には

$$f'' = -a^2 f \qquad (f(\theta) = \cos a\theta \text{ または } \sin a\theta)$$

という性質がある．これは単振動の方程式である．

$$F_n^{(1)}(x,t) = \sin nx \cos nt \tag{29.5}$$

とおくと，これは境界条件 (29.2) をみたし，また，

$$\left.\begin{aligned} \frac{\partial^2 F_n^{(1)}}{\partial t^2}(x,t) &= \sin nx (\cos nt)_{tt} = -n^2 \sin nx \cos nt \\ \frac{\partial^2 F_n^{(1)}}{\partial x^2}(x,t) &= (\sin nx)_{xx} \cos nt = -n^2 \sin nx \cos nt \end{aligned}\right\} \text{一致！}$$

が成り立つので $F_n^{(1)}(x,t)$ は波動方程式 (29.1) の解である．さらに，

$$F_n^{(2)}(x,t) = \sin nx \sin nt \tag{29.6}$$

も同様に境界条件 (29.2) をみたし，波動方程式 (29.1) の解である．

(29.5), (29.6) では境界条件 (29.2) にあわせて $\sin nx$ を使った．t の方は $\cos nt$ でも $\sin nt$ でもよいので両方を使う．

$F_n^{(1)}(x,t)$, $F_n^{(2)}(x,t)$ は x の関数かける t の関数の形をしていて（変数が分離されていて）考えやすい．これらを (29.1) の**変数分離解**という．変数分離解を

---

[1] 初期値にはある程度の滑らかさの条件を課すべきだが，本書では細かい議論はしない [⇨ 注意 29.1].

活用して偏微分方程式を解く方法を**変数分離法**という．

ところで，波動方程式は

- 解と解の和はやはり解
- 解のスカラー倍はやはり解

という性質をもっている（斉次常微分方程式が同じ性質をもっていることを思い出してほしい［⇨ 8・1］）．このことを**重ね合わせの原理**という．証明は簡単で，$u_{tt} = u_{xx}$, $v_{tt} = v_{xx}$ ならば辺々加えて $(u+v)_{tt} = (u+v)_{xx}$ となるし，$u_{tt} = u_{xx}$ ならば両辺を α 倍して $(\alpha u)_{tt} = (\alpha u)_{xx}$ となる．

$\sin nx \cos nt$, $\sin nx \sin nt$ が解であることと重ね合わせの原理より

$$\begin{aligned} u(x,t) &= \sum_{n=1}^{\infty} (C_n \sin nx \cos nt + D_n \sin nx \sin nt) \\ &= \sum_{n=1}^{\infty} (C_n \cos nt + D_n \sin nt) \sin nx \qquad (29.7) \end{aligned}$$

は波動方程式 (29.1) の解である．さらに，境界条件 (29.2)

$$u(0,t) = u(\pi,t) = 0$$

がみたされる（✍）．また，

$$u_0(x) = u(x,0) = \sum_{n=1}^{\infty} C_n \sin nx, \qquad (29.8)$$

$$u_1(x) = u_t(x,0) = \sum_{n=1}^{\infty} \underbrace{nD_n}_{\text{要注意}} \sin nx \qquad (29.9)$$

が成り立つ（✍）．定理 25.1 の式と比べればわかるように**これはフーリエ正弦級数に他ならない．** C_n と nD_n が定理 25.1 の b_n にあたる．(29.9) の D_n の前の n に注意しなければならない．

以上をまとめて次の定理を得る．

定理 29.1（波動方程式の初期値境界値問題の解）

波動方程式の初期値境界値問題

波動方程式：　$u_{tt} = u_{xx} \quad (t > 0,\ 0 < x < \pi)$,

初期条件：　$u(x, 0) = u_0(x), \quad u_t(x, 0) = u_1(x)$,

境界条件：　$u(0, t) = u(\pi, t) = 0$

を考える．このとき，

$$u_0(x) = \sum_{n=1}^{\infty} C_n \sin nx, \text{つまり } C_n = \frac{2}{\pi}\int_0^{\pi} u_0(x) \sin nx\, dx, \tag{29.10}$$

$$u_1(x) = \sum_{n=1}^{\infty} \underbrace{nD_n}_{\text{要注意}} \sin nx, \text{つまり } D_n = \underbrace{\frac{2}{n\pi}}_{\text{要注意}} \int_0^{\pi} u_1(x) \sin nx\, dx \tag{29.11}$$

によって初期値 $u_0(x)$, $u_1(x)$ から C_n, D_n を決めれば，求める解は

$$u(x, t) = \sum_{n=1}^{\infty} (C_n \cos nt + D_n \sin nt) \sin nx \tag{29.12}$$

と表せる．解は t について周期 2π をもつ：$u(x, t + 2\pi) = u(x, t)$.

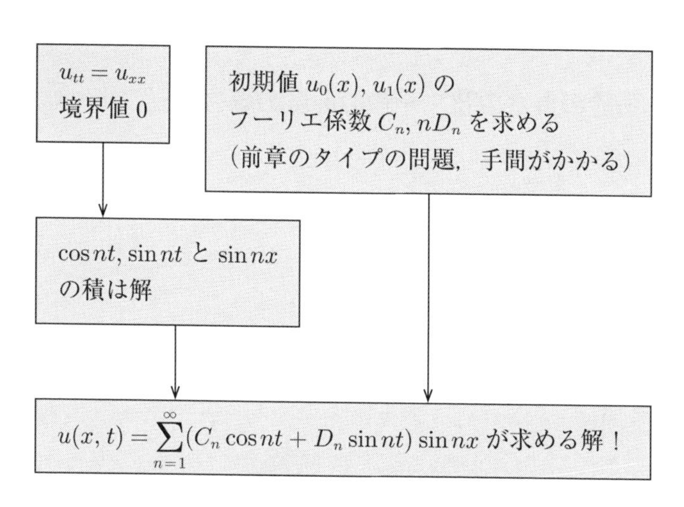

図 29.1　波動方程式の初期値境界値問題の解法の流れ

例 29.1　定理 29.1 の初期値境界値問題において，

$$u_0(x) = u(x,0) = 3\sin 5x, \qquad u_1(x) = u_t(x,0) = 16\sin 8x \tag{29.13}$$

とする．初期値がはじめからフーリエ正弦展開されている．(29.13) と (29.10) の第 1 式，(29.11) の第 1 式とで係数を比較すれば C_n, D_n の値がわかる．まず，$C_5 = 3$, $C_n = 0$ $(n \neq 5)$ である．D_n は間違えやすいから要注意である．$8D_8 = 16$ より $D_8 = 2$ である．また，$D_n = 0$ $(n \neq 8)$ である．以上より，(29.12) を使って

$$\begin{aligned} u(x,t) &= (C_5\cos 5t + D_5\sin 5t)\sin 5x + (C_8\cos 8t + D_8\sin 8t)\sin 8x \\ &= 3\cos 5t\sin 5x + 2\sin 8t\sin 8x. \end{aligned}$$

◆

注意 29.1　(29.12) の級数が本当に C^2 級で $u_{tt} = u_{xx}$ をみたすのかというのは難しい問題であり，本書では（多くの類書でも）詳しく論じない．［谷島 1］p.226 では 1 つの十分条件があたえられている．なお，超関数論を用いれば，C^2 級の本当の（素朴な意味での）解ではなくても，「広義の解」であることは証明できる．［金子］pp.298–299 には広義の解の例がある．

例 29.1 では (29.12) の級数が有限和なので，滑らかさに関する心配はない．

29・2　一般の長さの弦，一般の速度の場合

一般化して，弦の長さを L，波動の速度を $c > 0$ として初期値境界値問題

$$u_{tt} = c^2 u_{xx},$$

$$u(x,0) = u_0(x),\ u_t(x,0) = u_1(x),$$

$$u(0,t) = u(L,t) = 0$$

を解こう［⇨ 20・3］．$0 \leq x \leq L$ における**フーリエ正弦展開**にあわせて $\sin\dfrac{n\pi x}{L}$ を使う．$u = \sin\dfrac{n\pi x}{L}\cos\dfrac{n\pi ct}{L}$ あるいは $u = \sin\dfrac{n\pi x}{L}\sin\dfrac{n\pi ct}{L}$ とおけば $u_{tt} = c^2 u_{xx}$ がみたされる．すなわち，これらは 29・1 における $F_n^{(1)}(x,t)$, $F_n^{(2)}(x,t)$ に対応する．そこで，

$$u(x,t)=\sum_{n=1}^{\infty}\left(C_n\sin\frac{n\pi x}{L}\cos\frac{n\pi ct}{L}+D_n\sin\frac{n\pi x}{L}\sin\frac{n\pi ct}{L}\right)$$

の形の解を探す．この $u(x,t)$ について

$$u_0(x)=u(x,0)=\sum_{n=1}^{\infty}C_n\sin\frac{n\pi x}{L},\quad u_1(x)=u_t(x,0)=\sum_{n=1}^{\infty}\frac{n\pi c}{L}D_n\sin\frac{n\pi x}{L}$$

である（✍）．以上より次の定理を得る．

定理 29.2（波動方程式の初期値境界値問題の解： 一般の場合）

初期値境界値問題

波動方程式：　$u_{tt}=c^2u_{xx}\quad(t>0,\ 0<x<L)$

初期条件：　$u(x,0)=u_0(x),\ u_t(x,0)=u_1(x),$

境界条件：　$u(0,t)=u(L,t)=0$

を考える．

$$u_0(x)=\sum_{n=1}^{\infty}C_n\sin\frac{n\pi x}{L}\tag{29.14}$$

つまり $C_n=\dfrac{2}{L}\displaystyle\int_0^L u_0(x)\sin\frac{n\pi x}{L}\,dx,$　(29.15)

$$u_1(x)=\sum_{n=1}^{\infty}\frac{n\pi c}{L}D_n\sin\frac{n\pi x}{L}\tag{29.16}$$

つまり $D_n=\dfrac{2}{n\pi c}\displaystyle\int_0^L u_1(x)\sin\frac{n\pi x}{L}\,dx$　(29.17)

のとき，求める解は

$$u(x,t)=\sum_{n=1}^{\infty}\left(C_n\sin\frac{n\pi x}{L}\cos\frac{n\pi ct}{L}+D_n\sin\frac{n\pi x}{L}\sin\frac{n\pi ct}{L}\right).\tag{29.18}$$

例題 29.1　定理 29.2 の初期値境界値問題を初期値が次の関数の場合に解け．

(1) $u_0(x) = \sin\dfrac{\pi x}{L},\ u_1(x) = 0$

(2) $u_0(x) = 5\sin\dfrac{2\pi x}{L},\ u_1(x) = 3\sin\dfrac{2\pi x}{L}$

解　(1)　$u_0(x)$ の表示はそれ自体がフーリエ正弦展開である．例 29.1 を真似る．(29.14), (29.16) より $C_n = \delta_{n1},\ D_n = 0$（✍）であり，(29.18) より

$$u(x,t) = \sin\frac{\pi x}{L}\cos\frac{\pi ct}{L}.$$

(2)　$C_2 = 5,\ \dfrac{2\pi c}{L}D_2 = 3$ より，解は

$$u(x,t) = 5\sin\frac{2\pi x}{L}\cos\frac{2\pi ct}{L} + \frac{3L}{2\pi c}\sin\frac{2\pi x}{L}\sin\frac{2\pi ct}{L}.$$

(**検算**することを勧める．得られた解 $u(x,t)$ に $t=0$ を代入して $u_0(x)$ にあうか，t で微分してから $t=0$ を代入して $u_1(x)$ にあうかをチェックしよう.）◇

29・3　変数分離解の見つけ方

$c=1,\ L=\pi$ の場合［⇨ 29・1］，$\sin nx\cos nt$ と $\sin nx\sin nt$ が $u_{tt} = u_{xx}$ をみたし，$x = 0,\pi$ では 0 になるという事実がカギになるのだった．どうやって $\sin nx\cos nt$ と $\sin nx\sin nt$ を見つけたのだろうか．

$$u(x,t) = X(x)T(t) \tag{29.19}$$

の形で波動方程式 $u_{tt} = u_{xx}$ をみたし，$x = 0,\ \pi$ で 0 になる $u(x,t)$ を探す．なお，**自明な解** $u(x,t) \equiv 0$[2]が出てきても，わかりきっているので無視する．$X(x) \equiv 0$ のとき $u(x,t) \equiv X(x)T(t) \equiv 0$ なので，$X(x) \equiv 0$ は無視する．

---

2)　≡ は恒等的に等しいという意味である．

(29.19) より $u_{tt} = X(x)T''(t)$, $u_{xx} = X''(x)T(t)$ なので，$u_{tt} = u_{xx}$ は $X(x)T''(t) = X''(x)T(t)$ と書ける．これを $\dfrac{T''(t)}{T(t)} = \dfrac{X''(x)}{X(x)}$ と書き直す．左辺は x に依存せず，右辺は t に依存しない．左辺と右辺は等しいから，結局，これらは x にも t にもよらない**定数**である．そこで

$$\frac{T''(t)}{T(t)} = \frac{X''(x)}{X(x)} = \alpha \text{（定数）}$$

とおくと

$$T''(t) = \alpha T(t), \qquad X''(x) = \alpha X(x)$$

である．$\alpha = -\lambda^2 < 0$ ならば $X(x)$ は $\cos\lambda x$ と $\sin\lambda x$ で書ける．

$$X(x) = a\cos\lambda x + b\sin\lambda x \qquad (a,\ b \text{ は定数})$$

とおく．$u(0,t) = u(\pi,t) = 0$ すなわち $X(0) = X(\pi) = 0$ になってほしい．まず $X(0) = 0$ より $a = 0$ である．次に $X(\pi) = 0$ より $b\sin\pi\lambda = 0$ である．$b = 0$ なら $X(x) \equiv 0$, $u(x,t) \equiv 0$ であり，これは自明な解なので無視する．よって $b \neq 0$, $\sin\pi\lambda = 0$ なので λ は整数である．$\lambda = 0$ のときは $X(x) \equiv 0$, $u(x,t) \equiv 0$ なので無視する．$\sin(-n)x = -\sin nx$ なので $\lambda = n = 1, 2, 3, \ldots$ すなわち

$$X(x) = b\sin nx \qquad (n = 1, 2, 3, \ldots)$$

の場合だけを考えればよい（✍）．このとき $T''(t) = -n^2 T(t)$ より

$$T(t) = p\cos nt + q\sin nt \qquad (p,\ q \text{ は定数}),$$

$$u(x,t) = X(x)T(t) = bp\cos nt\sin nx + bq\sin nt\sin nx.$$

これで変数分離解 $\sin nx\cos nt$ と $\sin nx\sin nt$ は見つかったのだが，念のために $\alpha \geq 0$ の場合についても調べておこう（実は徒労に終わる）．

まず $\alpha > 0$ のとき $X''(x) = \alpha X(x)$ より $X(x) = ae^{\sqrt{\alpha}x} + be^{-\sqrt{\alpha}x}$ と表せる．$X(0) = X(\pi) = 0$ より $a = b = 0$ となり，結局 $X(x) \equiv 0$, $u(x,t) \equiv 0$ となってしまうから $\alpha > 0$ は不適である．最後に $\alpha = 0$ のとき $X''(x) = 0$ より $X(x)$ は1次式で，$X(0) = X(\pi) = 0$ より $X(x) \equiv 0$, $u(x,t) \equiv 0$ となってしまうから $\alpha = 0$ も不適である．

なお，この小節の計算まで含めて変数分離法とよぶこともある．

29・4 波動の速さと解のグラフ

波動の速さと解のグラフについて考察しよう［⇨ 20・3］. 以下では $c=1$, $L=\pi$, $u_1(x)\equiv 0$ とする.

$u_0(x)=\displaystyle\sum_{n=1}^{\infty} C_n \sin nx$, $u(x,t)=\displaystyle\sum_{n=1}^{\infty} C_n \cos nt \sin nx$ である. 三角関数の積和公式を使うと,

$$u(x,t)=\sum_{n=1}^{\infty}\frac{C_n}{2}\{\sin n(x+t)+\sin n(x-t)\}=\frac{1}{2}\{u_0(x+t)+u_0(x-t)\}$$

である（✍）. t を固定するとき, $y=u_0(x)$ のグラフを元にして $y=u(x,t)$ のグラフを作図できる. $y=u_0(x)$（周期 2π の奇関数として拡張する）のグラフを左右に t ずつ平行移動してから加え, 高さを半分にすればよい.

図 29.2 は $y=u_0(x)=\dfrac{4}{\pi}\displaystyle\sum_{j=1}^{5}\frac{(-1)^{j-1}}{(2j-1)^2}\sin(2j-1)x$ のグラフである. この関数は, 例題 26.1 (26.1) の和を $j=5$ で打ち切った部分和で $L=\pi$ としたものである. これを左右に 1 ずつ平行移動したものが**図 29.3** であり, 和の高さを半分にしたものが**図 29.4** である. すなわち, $u_0(x)$ がこの関数で $u_1(x)\equiv 0$ のとき, 定理 29.1 の解は $t=1$ のとき図 29.4 のようになる.

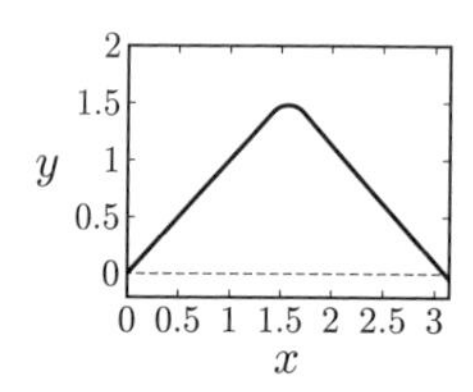

図 29.2　元の曲線

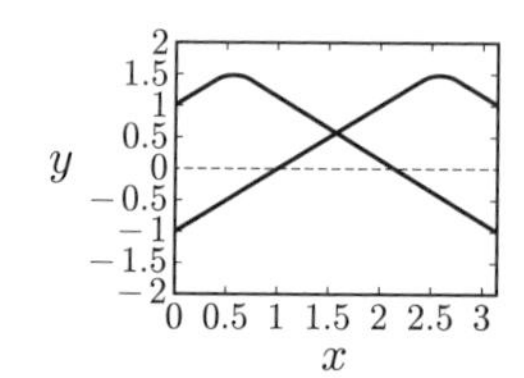

図 29.3　平行移動

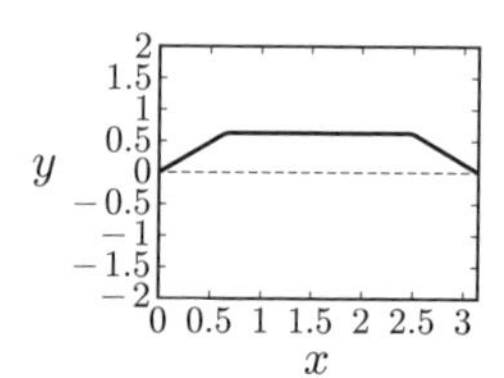

図 29.4　和の半分

§29 の問題

確認問題

問 29.1　$u(x,t) = T(t)\sin nx$ が $u_{tt} = u_{xx}$ をみたすとき，$T(t)$ はどのような常微分方程式をみたすか．

□□□ [⇨ 29・3]

基本問題

問 29.2　定理 29.2 の初期値境界値問題を初期値が次の関数の場合に解け．

(1)　$u_0(x) = 3\sin\dfrac{2\pi x}{L},\ u_1(x) = 0$

(2)　$u_0(x) = 7\sin\dfrac{8\pi x}{L},\ u_1(x) = -4\sin\dfrac{5\pi x}{L}$

(3)　$u_0(x) = \begin{cases} x & (0 \leq x < L/2) \\ L - x & (L/2 \leq x \leq L) \end{cases},\ u_1(x) = 0$ [⇨ 例題 26.1]

□□□ [⇨ 29・1 29・2]

§30 熱伝導方程式（その2）

§30のポイント

- 針金の熱分布を表す**熱伝導方程式**を解く．
- **変数分離法**を用いる．
- 解の性質は**物理的直観**に合う．

30・1 両端の温度が0の場合（フーリエ正弦級数による解法）

長さがπの針金の温度について考える．針金の左端から測った距離をx，位置xにおけるt秒後の温度を$u(x,t)$とする．このとき，**熱伝導方程式**

$$u_t - u_{xx} = 0 \tag{30.1}$$

が成り立つ［⇨ §17］．本当は$u_t - ku_{xx} = 0$ $(k > 0)$の形だが，$kt = \tau$とおけば$u_\tau - u_{xx} = 0$と書き直せるのではじめから$k = 1$としておく．

両端の温度が0で一定という**境界条件**

$$u(0,t) = u(\pi,t) = 0 \tag{30.2}$$

を課すことにしよう．さらに，**初期条件**

$$u(x,0) = u_0(x) \tag{30.3}$$

を課す．初期条件と境界条件が両立するように

$$u_0(0) = u_0(\pi) = 0$$

とする．(30.1), (30.2), (30.3) をあわせて熱伝導方程式の**初期値境界値問題**という．

変数分離法で熱伝導方程式の初期値境界値問題を解こう．指数関数には

$$g' = bg \qquad (g(t) = e^{bt})$$

という性質がある．この事実と，三角関数が$f'' = -a^2 f$をみたすことを使う．xに関しては境界条件とフーリエ正弦級数にあわせて$\sin nx$を使う．関数

$u_n(x,t)=e^{-n^2t}\sin nx$ は $u_t=u_{xx}$ の解である（✍）．初期値境界値問題の

$$u(x,t)=\sum_{n=1}^{\infty}C_ne^{-n^2t}\sin nx \tag{30.4}$$

の形の解を探そう．

$$u_0(x)=u(x,0)=\sum_{n=1}^{\infty}C_n\sin nx \tag{30.5}$$

はフーリエ正弦級数［⇨ **定理 25.1**］であり，$C_n=\dfrac{2}{\pi}\displaystyle\int_0^{\pi}u_0(x)\sin nx\,dx$ である．

$t>0$ ならば $e^{-n^2t}\to 0$ $(n\to\infty)$ なので (30.4) は (30.5) より速く収束し，$\lim_{t\to\infty}e^{-n^2t}=0$ より $\lim_{t\to\infty}u(x,t)=0$ である．しかし，$t<0$ ならば $e^{-n^2t}\to\infty$ $(n\to\infty)$ なので (30.4) は収束しにくく，$t<0$ で熱伝導方程式を解くことは難しい［⇨ **17・2**］．

定理 30.1（両端の温度が 0 の場合）

初期値境界値問題

熱伝導方程式： $u_t=u_{xx}$ $(t>0,\ 0<x<\pi)$,

初期条件： $u(x,0)=u_0(x)$,

境界条件： $u(0,t)=u(\pi,t)=0$

を考える．このとき，

$$u_0(x)=\sum_{n=1}^{\infty}C_n\sin nx \quad \text{つまり} \quad C_n=\frac{2}{\pi}\int_0^{\pi}u_0(x)\sin nx\,dx \tag{30.6}$$

によって初期値 $u_0(x)$ から C_n を決めれば，求める解は

$$u(x,t)=\sum_{n=1}^{\infty}C_ne^{-n^2t}\sin nx \tag{30.7}$$

と表され，$\lim_{t\to\infty}u(x,t)=0$ が成り立つ[1]．

---

1) 両端の温度を 0 に保っているから，時間が経ったとき $(t\to\infty)$ に針金全体の温度も 0 に近づくのは直観的に予想できる．

例題 30.1　定理 30.1 の初期値境界値問題を次の初期値に対して解け．

(1) $u_0(x) = \sin x$　　(2) $u_0(x) = 3\sin 2x + 7\sin 5x$

(3) $u_0(x) = x(\pi - x)$　[⇨ **例題 25.1**]

解　(1)　例 29.1 を真似る．$u_0(x)$ の表示はそれ自体がフーリエ正弦級数で，(30.6) の第 1 式と比べれば $C_n = \delta_{n1}$ がわかる．(30.7) より $u(x,t) = e^{-t}\sin x$．

(2)　(30.6) の第 1 式と比較して $C_2 = 3$, $C_5 = 7$, $C_n = 0$ $(n \neq 2, 5)$ である．(30.7) より $u(x,t) = 3e^{-4t}\sin 2x + 7e^{-25t}\sin 5x$．

(3)　(30.6) の第 1 式と例題 25.1 より $C_{2k-1} = \dfrac{8}{\pi(2k-1)^3}$ である．したがって，(30.7) より $u(x,t) = \displaystyle\sum_{k=1}^{\infty} \frac{8}{\pi(2k-1)^3} e^{-(2k-1)^2 t}\sin(2k-1)x$．

（$t > 0$ では指数関数が k について速く減少し，この級数の和は C^∞ 級で熱伝導方程式をみたす．この点で波動方程式と熱伝導方程式は異なる．）◇

30・2　熱の出入りがない場合（フーリエ余弦級数による解法）

今度は，針金の両端で熱の出入りがない（熱を伝えにくい材質の留め具で固定している）という境界条件をつけてみよう．初期値境界値問題

$$u_t = u_{xx},$$

$$u(x,0) = u_0(x),$$

$$u_x(0,t) = u_x(\pi,t) = 0$$

を考える[2]．この場合は，初期値を**フーリエ余弦級数**で表せばうまくいく．$f_n(x) = \cos nx$ について $f_n'(0) = f_n'(\pi) = 0$ となって境界条件にうまく合うからである．$\exp(-n^2 t)\cos nx$ は熱伝導方程式をみたす（✍）．そこで

[2]　熱は熱いところから冷たいところに伝わる．$u_x(a,t) = 0$ ならば $x = a$ で熱は右にも左にも伝わらない．

$$u(x,t)=\frac{C_0}{2}+\sum_{n=1}^{\infty}C_n\exp(-n^2t)\cos nx \tag{30.8}$$

の形の解を探す．この $u(x,t)$ について

$$u_0(x)=u(x,0)=\frac{C_0}{2}+\sum_{n=1}^{\infty}C_n\cos nx$$

となる．$u_0(x)$ を**フーリエ余弦級数**［⇨ **定理 25.1**］で表せば C_n がわかり，解が得られる．

熱の出入りがないから，針金全体が同じ温度に近づくと予想できる．その温度は初期値の平均値 $\frac{1}{\pi}\int_0^{\pi}u_0(x)\,dx$（積分を積分区間の幅で割る）であろう．これは $C_0/2$ に等しい．そして，(30.8) において $t\to\infty$ のとき $n\geq 1$ の項は 0 に近づき，予想通り $C_0/2$ だけが残る．以上より次の定理を得る．

定理 30.2（熱の出入りがない場合）

初期値境界値問題

熱伝導方程式：　$u_t=u_{xx}\quad (t>0,\ 0<x<\pi)$,

初期条件：　$u(x,0)=u_0(x)$,

境界条件：　$u_x(0,t)=u_x(\pi,t)=0$

を考える．

$$u_0(x)=\frac{C_0}{2}+\sum_{n=1}^{\infty}C_n\cos nx \tag{30.9}$$

つまり $C_n=\frac{2}{\pi}\int_0^{\pi}u_0(x)\cos nx\,dx\ \ (n\geq 0)$　(30.10)

のとき，求める解は

$$u(x,t)=\frac{C_0}{2}+\sum_{n=1}^{\infty}C_n\exp\left(-n^2t\right)\cos nx \tag{30.11}$$

であり，$\lim_{t\to\infty}u(x,t)=\frac{C_0}{2}=\frac{1}{\pi}\int_0^{\pi}u_0(x)\,dx$（初期値の平均値）が成り立つ．

例題 30.2　定理 30.2 の初期値境界値問題を初期値が次の関数の場合に解け．

(1) $u_0(x) = \cos x$　　(2) $u_0(x) = 3\cos 2x + 7\cos 5x$

(3) $u_0(x) = \sin^2 x$ [⇨ 問 25.3]　□□□

解　(1)　(30.9) と比較すると $C_1 = 1,\ C_n = 0\ (n \neq 1)$ であることがわかる．(30.11) より $u(x,t) = \exp(-t)\cos x$.

(2)　(30.9) と比較して $C_2 = 3,\ C_5 = 7,\ C_n = 0\ (n \neq 2, 5)$ である．(30.11) より $u(x,t) = 3\exp(-4t)\cos 2x + 7\exp(-25t)\cos 5x$.

(3)　$u_0(x) = \dfrac{1}{2} - \dfrac{1}{2}\cos 2x$ である．(30.9) と比較して $\dfrac{C_0}{2} = \dfrac{1}{2},\ C_2 = -\dfrac{1}{2},\ C_n = 0\ (n \neq 0, 2)$ である．(30.11) より $u(x,t) = \dfrac{1}{2} - \dfrac{1}{2}\exp(-4t)\cos 2x$.　◇

30・3　一般の長さで両端の温度が 0 の場合

30・1 を一般化して，針金の長さが L のとき，初期値境界値問題

$$u_t = ku_{xx} \quad (t > 0,\ 0 < x < L),$$

$$u(x, 0) = u_0(x),$$

$$u(0,t) = u(L,t) = 0$$

を解こう．k は正定数である．$e^{-a_n t}\sin\dfrac{n\pi x}{L}$ が $u_t = ku_{xx}$ をみたすための条件は $-a_n = -k\left(\dfrac{n\pi}{L}\right)^2$ すなわち $a_n = \left(\dfrac{n\pi}{L}\right)^2 k$ である．そこで，

$$u(x,t) = \sum_{n=1}^{\infty} C_n \exp\left(-\left(\frac{n\pi}{L}\right)^2 kt\right)\sin\frac{n\pi x}{L}$$

とすると $u_0(x) = u(x,0) = \displaystyle\sum_{n=1}^{\infty} C_n \sin\frac{n\pi x}{L}$ である．以上より次の定理を得る．

定理 30.3（両端の温度が 0 の場合の一般化）

初期値境界値問題

熱伝導方程式：　$u_t = ku_{xx} \quad (t > 0,\ 0 < x < L),$

初期条件：　$u(x, 0) = u_0(x),$

境界条件：　$u(0, t) = u(L, t) = 0$

を考える．ここで，k は正定数である．

$$u_0(x) = \sum_{n=1}^{\infty} C_n \sin \frac{n\pi x}{L} \quad \text{つまり} \quad C_n = \frac{2}{L}\int_0^L u_0(x) \sin \frac{n\pi x}{L}\, dx \tag{30.12}$$

のとき，求める解は

$$u(x, t) = \sum_{n=1}^{\infty} C_n \exp\left(-\left(\frac{n\pi}{L}\right)^2 kt\right) \sin \frac{n\pi x}{L} \tag{30.13}$$

と表せて $\lim_{t\to\infty} u(x, t) = 0$ が成り立つ．

例題 30.3　定理 30.3 の初期値境界値問題を次の初期値に対して解け．

(1) $u_0(x) = \sin \frac{\pi x}{L}$　　(2) $u_0(x) = 3\sin \frac{2\pi x}{L} + 7\sin \frac{5\pi x}{L}$

(3) $u_0(x) = \begin{cases} x & (0 \leq x < L/2) \\ L - x & (L/2 \leq x \leq L) \end{cases}$　[⇨ 例題 26.1] □□□

解　(1)　(30.12) の第 1 式と比較すれば $C_n = \delta_{n1}$ である．(30.13) より

$$u(x, t) = \exp\left(-\left(\frac{\pi}{L}\right)^2 kt\right) \sin \frac{\pi x}{L}.$$

(2)　(30.12) の第 1 式と比較すれば $C_2 = 3,\ C_5 = 7,\ C_n = 0\ (n \neq 2, 5)$ である．(30.13) より

$$u(x, t) = 3\exp\left(-\left(\frac{2\pi}{L}\right)^2 kt\right) \sin \frac{2\pi x}{L} + 7\exp\left(-\left(\frac{5\pi}{L}\right)^2 kt\right) \sin \frac{5\pi x}{L}.$$

(3)　例題 26.1 より $u_0(x)=\dfrac{4L}{\pi^2}\displaystyle\sum_{j=1}^{\infty}\frac{(-1)^{j-1}}{(2j-1)^2}\sin\frac{(2j-1)\pi x}{L}$ なので

$$u(x,t)=\frac{4L}{\pi^2}\sum_{j=1}^{\infty}\frac{(-1)^{j-1}}{(2j-1)^2}\exp\left(-\left(\frac{(2j-1)\pi}{L}\right)^2 kt\right)\sin\frac{(2j-1)\pi x}{L}.$$

（$t>0$ では指数関数が j について速く減少し，和は C^{∞} 級で熱伝導方程式をみたす．初期値は $x=L/2$ で微分不可能なのに，$t>0$ で解は C^{∞} 級である.）◇

§30 の問題

確認問題

問 30.1　$u(x,t)=T(t)\sin nx$ が $u_t=u_{xx}$ をみたすとき，$T(t)$ はどのような常微分方程式をみたすか.

□□□ [⇨ 30・1]

基本問題

問 30.2　定理 30.1 の初期値境界値問題を初期値が次の関数の場合に解け.

(1) $u_0(x)=\sin 100x$　(2) $u_0(x)=\begin{cases} x & \left(0\leq x\leq \dfrac{\pi}{2}\right) \\ \dfrac{\pi}{2}-x & \left(\dfrac{\pi}{2}\leq x\leq \pi\right) \end{cases}$ [⇨ 例題 30.3]

□□□ [⇨ 30・1]

問 30.3　定理 30.2 の初期値境界値問題を初期値が次の関数の場合に解け.

(1) $3\cos 4x$　　(2) $8\cos 5x-5\cos 9x$

□□□ [⇨ 30・2]

問 30.4　定理 30.3 の初期値境界値問題を初期値が次の関数の場合に解け.

(1) $u_0(x)=-3\sin\dfrac{5\pi x}{L}$

(2) $u_0(x)=5\sin\dfrac{3\pi x}{L}-2\sin\dfrac{9\pi x}{L}$

(3) $u_0(x)=x(L-x)$ $(0\leq x\leq L)$ [⇨ 例題 25.1]

□□□ [⇨ 30・3]

§31 シュレーディンガー方程式（その2）

§31のポイント

- **シュレーディンガー方程式**を解く．
- **変数分離法**を用いる．

31・1 変数分離法

量子力学に現れるシュレーディンガー方程式［⇨ §19］

$$iu_t + u_{xx} = 0 \quad \text{つまり} \quad \left(i\frac{\partial}{\partial t} + \frac{\partial^2}{\partial x^2}\right)u(x,t) = 0 \tag{31.1}$$

を解こう．粒子は高い壁[1]に遮られていて常に $0 < x < \pi$ にあり，その外には決して逃げないとする．すなわち，$\displaystyle\int_{-\infty}^{0} \left|u(x,t)\right|^2 dx = \int_{\pi}^{\infty} \left|u(x,t)\right|^2 dx = 0$ とする．そこで，$u(x,t)$ は境界条件

$$u(0,t) = u(\pi,t) = 0 \tag{31.2}$$

をみたすと仮定する．さらに，初期条件

$$u(x,0) = u_0(x) \tag{31.3}$$

を課す．初期値境界値問題の設定がととのった．

$u_n(x,t) = e^{-in^2 t}\sin nx$ は $iu_t + u_{xx} = 0$ の解である．そこで，初期値境界値問題 (31.1), (31.2), (31.3) の解を

$$u(x,t) = \sum_{n=1}^{\infty} C_n e^{-in^2 t}\sin nx$$

の形で探す．$t = 0$ を代入するとフーリエ正弦級数になって

$$u_0(x) = u(x,0) = \sum_{n=1}^{\infty} C_n \sin nx, \qquad C_n = \frac{2}{\pi}\int_0^{\pi} u_0(x)\sin nx\, dx$$

---

[1] きちんと述べるにはポテンシャルの話が必要になる［⇨ 参考文献［GS］］.

である．$\displaystyle\int_0^\pi \sin mx \sin nx\,dx = \frac{\pi}{2}\delta_{mn}$ と $e^{-in^2t}\overline{\left(e^{-in^2t}\right)} = \left|e^{-in^2t}\right|^2 = 1$ より

$$\begin{aligned}
\int_0^\pi \left|u(x,t)\right|^2 dx &= \int_0^\pi u(x,t)\overline{u(x,t)}\,dx \\
&= \int_0^\pi \left(\sum_{m=1}^\infty C_m e^{-im^2t}\sin mx\right)\left(\sum_{n=1}^\infty \overline{C_n e^{-in^2t}}\sin nx\right)dx \\
&= \sum_{n=1}^\infty |C_n|^2 \int_0^\pi \sin^2 nx\,dx = \frac{\pi}{2}\sum_{n=1}^\infty |C_n|^2 \quad (t\text{ によらない}) \qquad (31.4)
\end{aligned}$$

がわかる．$\displaystyle\int_0^\pi \left|u(x,t)\right|^2 dx$ が t によらないことがわかったので，

$$\int_0^\pi \left|u(x,t)\right|^2 dx = \int_0^\pi \left|u(x,0)\right|^2 dx \qquad (31.5)$$

が成り立つ．これは注意 19.2 の有界区間版である．

以上をまとめて次の定理を得る．最後の部分が熱伝導方程式 $\left(\displaystyle\lim_{t\to\infty} u = 0\right)$ と対照的である．e^{-n^2t} と e^{-in^2t} の性質の差がそこに現れる．

定理 31.1（シュレーディンガー方程式の初期値境界値問題）

初期値境界値問題

シュレーディンガー方程式：　$iu_t + u_{xx} = 0,$

初期条件：　$u(x,0) = u_0(x),$

境界条件：　$u(0,t) = u(\pi,t) = 0$

を考える．このとき，

$$u_0(x) = \sum_{n=1}^\infty C_n \sin nx \quad \text{つまり} \quad C_n = \frac{2}{\pi}\int_0^\pi u_0(x)\sin nx\,dx \qquad (31.6)$$

によって初期値 $u_0(x)$ から C_n を決めると，求める解は

$$u(x,t) = \sum_{n=1}^\infty C_n e^{-in^2t}\sin nx \qquad (31.7)$$

と表せて，$\displaystyle\int_0^\pi \left|u(x,t)\right|^2 dx$ は t によらない定数である．

注意 31.1（全確率の保存と正規化） (31.5) より，$\displaystyle\int_0^\pi \left|u(x,0)\right|^2 dx = 1$ ならば，任意の時刻 t で $\displaystyle\int_0^\pi \left|u(x,t)\right|^2 dx = 1$ である（**全確率の保存**）[⇨ 注意 19.2].

もし $\displaystyle\int_0^\pi \left|u(x,0)\right|^2 dx = C \neq 1$ でも次の要領で 1 に直せる（**正規化**できる）. $u(x,t)$ が x について恒等的に 0 の場合を除けば[2] $C > 0$ である．C は t によらないことが (31.5) によってわかっている．そこで，$v(x,t) = C^{-1}u(x,t)$ とおけば，$v(x,t)$ もシュレーディンガー方程式 (31.1) の解であり，境界条件 (31.2) をみたす．さらに，

$$\int_0^\pi \left|v(x,t)\right|^2 dx = \int_0^\pi \left|v(x,0)\right|^2 dx = 1 \tag{31.8}$$

が成り立つ．$a \leq x \leq b$ で粒子が見つかる確率は $\displaystyle\int_a^b \left|v(x,t)\right|^2 dx$ である.

注意 31.2（パーセヴァルの等式） (31.4) の計算をする代わりにパーセヴァルの等式（定理 23.2）を引用しても実質的に同じである．ただし，パーセヴァルの等式（定理 23.2）は実数値関数に関する結果として述べたので，言い換える必要がある.

$0 \leq x \leq \pi$ の複素数値関数 $f(x)$ の実部 $g(x)$ と虚部 $h(x)$ をフーリエ正弦級数で表して $\displaystyle g(x) = \sum_{n=1}^\infty \alpha_n \sin nx$, $\displaystyle h(x) = \sum_{n=1}^\infty \beta_n \sin nx$ となったとする．このとき，$\displaystyle f(x) = \sum_{n=1}^\infty (\alpha_n + i\beta_n) \sin nx$ であり，$|\alpha_n + i\beta_n|^2 = \alpha_n^2 + \beta_n^2$ を用いて，$\displaystyle\int_0^\pi \left|f(x)\right|^2 dx = \frac{\pi}{2} \sum_{n=1}^\infty (\alpha_n^2 + \beta_n^2)$．これが複素数値関数に関するパーセヴァルの等式である．ただの 2 乗 $f(x)^2$ ではなく絶対値の 2 乗 $\left|f(x)\right|^2$ を用いている.

---

[2] ある時刻 t_0 で $u(x,t_0)$ が x について恒等的に 0 ならば $\displaystyle\int_0^\pi \left|u(x,t_0)\right|^2 dx = 0$ であり，(31.5) よりどの時刻 t でも $u(x,t)$ は x について恒等的に 0 である．したがって，任意の x, t について $u(x,t) = 0$ である．これは自明な解なので，考察の対象としない.

31・2　一般の場合

一般化して，初期値境界値問題

$$
\begin{aligned}
&i\hbar\frac{\partial\psi}{\partial t} = -\frac{\hbar^2}{2m}\frac{\partial^2\psi}{\partial x^2} \qquad (t > 0,\ 0 < x < L),\\
&\psi(x,0) = \psi_0(x) \quad (0 \le x \le L),\\
&\psi(0,t) = \psi(L,t) = 0
\end{aligned}
$$

を解こう．m は粒子の質量で，$\hbar$ は**換算プランク定数**（**ディラック定数**）とよばれる定数である．両辺を $\hbar$ で割れば式が簡単になるが，より一般の場合（他の項がある）にあわせて放置している．$\psi(x,t) = \displaystyle\sum_{n=1}^{\infty} C_n \exp\left(-\frac{in^2\pi^2\hbar t}{2mL^2}\right)\sin\frac{n\pi x}{L}$ の形の解を探す（✍）．この形の $\psi(x,t)$ について $\psi(x,0) = \displaystyle\sum_{n=1}^{\infty} C_n \sin\frac{n\pi x}{L}$ である．以上より次の定理を得る．

定理 31.2（シュレーディンガー方程式の初期値境界値問題）

初期値境界値問題

シュレーディンガー方程式：	$i\hbar\dfrac{\partial\psi}{\partial t} = -\dfrac{\hbar^2}{2m}\dfrac{\partial^2\psi}{\partial x^2} \quad (t > 0,\ 0 < x < L)$,
初期条件：	$\psi(x,0) = \psi_0(x) \quad (0 \le x \le L)$,
境界条件：	$\psi(0,t) = \psi(L,t) = 0$

を考える．

$$
\psi(x,0) = \sum_{n=1}^{\infty} C_n \sin\frac{n\pi x}{L} \quad \text{つまり} \quad C_n = \frac{2}{L}\int_0^L \psi_0(x)\sin\frac{n\pi x}{L}\,dx \tag{31.9}
$$

とおくと，求める解は

$$
\psi(x,t) = \sum_{n=1}^{\infty} C_n \exp\left(-\frac{in^2\pi^2\hbar t}{2mL^2}\right)\sin\frac{n\pi x}{L}. \tag{31.10}
$$

例題 31.1 初期値が $\psi_0(x) = \sqrt{\dfrac{30}{L^5}}x(L-x)$ の場合に定理 31.2 の初期値境界値問題を解け．この係数は $\displaystyle\int_0^L \left|\psi_0(x)\right|^2 dx = 1$ となるように選んでいる．［⇨ **例題 25.1**］ □□□

解 $I_n = \displaystyle\int_0^\pi y(\pi - y)\sin ny\,dy$ とおく．$x = \dfrac{Ly}{\pi}$ と置換すると

$$C_n = \frac{2}{L}\sqrt{\frac{30}{L^5}}\int_0^L x(L-x)\sin\frac{n\pi x}{L}\,dx = \sqrt{\frac{30}{L}}\frac{2}{\pi^3}I_n$$

である（✍）．例題 25.1 より

$$I_n = \begin{cases} 0 & (n : \text{偶数}) \\ 4/n^3 & (n : \text{奇数}) \end{cases}$$

なので

$$C_n = \begin{cases} 0 & (n : \text{偶数}) \\ \sqrt{\dfrac{30}{L}}\dfrac{8}{n^3\pi^3} & (n : \text{奇数}) \end{cases}$$

である[3)]．$n = 2k-1$ $(k = 1, 2, \ldots)$ とおいて

$$\psi(x,t) = \sqrt{\frac{30}{L}}\frac{8}{\pi^3}\sum_{k=1}^{\infty}\frac{1}{(2k-1)^3}\exp\left(-\frac{i(2k-1)^2\pi^2\hbar t}{2mL^2}\right)\sin\frac{(2k-1)\pi x}{L}. \quad \diamondsuit$$

注意 31.3 上の例題に補足する．量子力学によれば，測定によって粒子が $x_1 \leq x \leq x_2$ に見つかる確率は $\displaystyle\int_{x_1}^{x_2}\left|\psi(x,t)\right|^2 dx$ である．$\dfrac{1}{(2k-1)^3}$ は速く減少するので，この確率は $k=1$ の項でかなり良く近似される．また，エネルギーの期待値を $\langle H \rangle$ と表すと，

---

3) C_n は $n \to \infty$ で速く減少するので，$\psi_0(x)$ は $C_1 \sin\dfrac{\pi x}{L}$ でかなり良く近似できる．グラフを描けばよくわかるだろう．

$$\langle H\rangle = \int_0^L \overline{\psi}\left(-\frac{\hbar^2}{2m}\frac{\partial^2\psi}{\partial x^2}\right)dx \overset{\because \text{部分積分}}{=} \frac{\hbar^2}{2m}\int_0^L \frac{\partial\overline{\psi}}{\partial x}\frac{\partial\psi}{\partial x}\,dx$$

であることが知られている．$\dfrac{\partial\overline{\psi}}{\partial x}$ は $\dfrac{\partial\psi}{\partial x}$ の複素共役であり，

$$\frac{\partial\psi}{\partial x}(x,t) = \sqrt{\frac{30}{L}}\frac{8}{\pi^2 L}\sum_{k=1}^{\infty}\frac{1}{(2k-1)^2}\exp\left(-\frac{i(2k-1)^2\pi^2\hbar t}{2mL^2}\right)\cos\frac{(2k-1)\pi x}{L}$$

なので，(31.4) と同様の計算と例題 24.1 より

$$\langle H\rangle = \frac{\hbar^2}{2m}\frac{30}{L}\frac{2^6}{\pi^4 L^2}\sum_{k=1}^{\infty}\frac{1}{(2k-1)^4}\frac{L}{2} = \frac{30\cdot 2^4\hbar^2}{\pi^4 mL^2}\sum_{k=1}^{\infty}\frac{1}{(2k-1)^4} = \frac{5\hbar^2}{mL^2}.$$

これも $k=1$ の項でかなり良く近似される．

§ 31 の問題

確認問題

問 31.1　初期値が $\psi_0(x) = \begin{cases} \dfrac{2\sqrt{3}}{L^{3/2}}x & (0 \leq x \leq L/2) \\ \dfrac{2\sqrt{3}}{L^{3/2}}(L-x) & (L/2 \leq x \leq L) \end{cases}$ の場合に定理 31.2 の初期値境界値問題を解け［⇨ **例題 26.1**］．　□□□［⇨ **31・2**］

第 7 章のまとめ

変数分離法

- **波動方程式**：$u_{tt} - u_{xx} = 0$.
  - 境界値が 0 の場合，$\sin nx \cos nt$ と $\sin nx \sin nt$ の重ね合わせで解を求める.
  - 初期値をフーリエ正弦級数で表す.
- **熱伝導方程式**： $u_t - u_{xx} = 0$.
  - 針金の両端の温度を 0 に保つ場合，初期値をフーリエ正弦級数で表し，$e^{-n^2 t} \sin nx$ の重ね合わせで解を求める.
  - 熱の出入りがない場合，初期値をフーリエ余弦級数で表して，$e^{-n^2 t} \cos nx$ の重ね合わせで解を求める.
- **シュレーディンガー方程式**： $iu_t + u_{xx} = 0$.
  - 境界値が 0 の場合，$e^{-in^2 t} \sin nx$ の重ね合わせで解を求める.

付録

§ 32 複素数の指数関数

§ 32 のポイント

- $e^{i\theta} = \cos\theta + i\sin\theta$ により，指数関数と三角関数が関係づけられる．
- 任意の複素数 z について e^z が定義される．
- e^z を用いると，積分と常微分方程式に関する計算が簡単になる．

32・1 定義と基本的な性質

複素数の指数関数を導入しよう．まずは指数が純虚数（実数の i 倍）の場合について述べる．$\theta \in \mathbb{R}$ のとき

$$e^{i\theta} = \exp(i\theta) = \cos\theta + i\sin\theta \tag{32.1}$$

と定義する[1]．

任意の $\theta \in \mathbb{R}$ に対して

$$\left|e^{i\theta}\right| = 1$$

である．

---

1) 本によっては e^z をなんらかの方法で定義して，その結果として (32.1) を導いている．その場合は (32.1) は定義式ではなく公式であり，**オイラーの公式**とよばれる．

$e^{i\theta}$ は周期 2π をもつ： $e^{i(\theta+2n\pi)} = e^{i\theta}$ $(n \in \mathbb{Z})$.

例 32.1

$$e^{\frac{\pi}{2}i} = \cos\frac{\pi}{2} + i\sin\frac{\pi}{2} = i,$$
$$e^{\frac{5\pi}{2}i} = e^{\frac{\pi}{2}i} = i,$$
$$e^{\pi i} = \cos\pi + i\sin\pi = -1,$$
$$e^{\frac{\pi}{6}i} = \cos\frac{\pi}{6} + i\sin\frac{\pi}{6} = \frac{\sqrt{3}}{2} + \frac{i}{2},$$
$$e^{-\frac{\pi}{4}i} = \cos\left(-\frac{\pi}{4}\right) + i\sin\left(-\frac{\pi}{4}\right) = \frac{\sqrt{2}}{2} - \frac{\sqrt{2}}{2}i.$$

◆

$e^{i\theta}$ はたしかに**指数関数らしい性質**をもっていることを確かめよう．

（実数の）指数関数がもつ印象的な性質は

（ア） $e^0 = 1$

（イ） $\dfrac{d}{dt}e^{at} = ae^{at}$　（$a \in \mathbb{R}$ は定数）

（ウ） $e^t e^{t'} = e^{t+t'}$　（指数法則）

である．同じことが複素数でも成り立つことが期待される．（イ）について述べるには**複素数値関数の微分**を定義しなければならないが，それは簡単で，$f(t)$, $g(t)$ が実数値関数のとき

$$\{f(t) + ig(t)\}' = \frac{d}{dt}\{f(t) + ig(t)\} = \frac{d}{dt}f(t) + i\frac{d}{dt}g(t)$$

と定義する．**実部と虚部をそれぞれ微分するだけ**である．例えば $(t^2 + 3it^5)' = 2t + 15it^4$ である．

$\varphi(t) = f_1(t) + ig_1(t)$, $\psi(t) = f_2(t) + ig_2(t)$ に対して，積の微分法の公式

$$\{\varphi(t)\psi(t)\}' = \varphi'(t)\psi(t) + \varphi(t)\psi'(t)$$

が成り立つ．これは

$$\varphi\psi = (f_1 + ig_1)(f_2 + ig_2) = (f_1 f_2 - g_1 g_2) + i(f_1 g_2 + f_2 g_1)$$

と展開してから実部・虚部に実数値関数の場合の積の微分法の公式を適用すればよい（✍）．商の微分法の公式

$$\left(\frac{\varphi}{\psi}\right)' = \frac{\varphi'\psi - \varphi\psi'}{\psi^2}$$

も成り立つ（✍）.

微分と同様に，積分も実部と虚部を別々に行えばよく，

$$\int_a^b \{f(t) + ig(t)\}\,dt = \int_a^b f(t)\,dt + i\int_a^b g(t)\,dt$$

と定義する．複素数値関数でも積の微分法の公式が成り立つから，部分積分法の公式も成り立つ．

本題に戻り，$e^{i\theta}$ が上の（ア），（イ），（ウ）に似た性質をもつことを確かめよう．（ア）は簡単で，$\theta = 0$ を代入することを $|_{\theta=0}$ で表すと，

$$e^{i\theta}\Big|_{\theta=0} = \cos 0 + i\sin 0 = 1$$

である．次に（イ）の a を純虚数 ib $(b \in \mathbb{R})$ に置き換えた式

$$\frac{d}{d\theta}e^{ib\theta} = ibe^{ib\theta} \tag{32.2}$$

が成り立つことは

$$\begin{aligned}\frac{d}{d\theta}e^{ib\theta} &= \frac{d}{d\theta}(\cos b\theta + i\sin b\theta) = -b\sin b\theta + ib\cos b\theta\\ &= ib(\cos b\theta + i\sin b\theta) = ibe^{ib\theta}\end{aligned}$$

からわかる．最後に（ウ）に似た式

$$e^{i\theta}e^{i\varphi} = e^{i(\theta+\varphi)} \tag{32.3}$$

は三角関数の加法定理から導かれる．実際，

$$\begin{aligned}e^{i\theta}e^{i\varphi} &= (\cos\theta + i\sin\theta)(\cos\varphi + i\sin\varphi)\\ &= (\cos\theta\cos\varphi - \sin\theta\sin\varphi) + i(\cos\theta\sin\varphi + \sin\theta\cos\varphi)\\ &= \cos(\theta+\varphi) + i\sin(\theta+\varphi) = e^{i(\theta+\varphi)}\end{aligned}$$

である．これで（ア），（イ），（ウ）の純虚数版が確認できた．

次に，一般の複素数 $w = p + iq$ $(p, q \in \mathbb{R})$ に対して

$$e^w = e^{p+iq} = e^p e^{iq} = e^p(\cos q + i\sin q)$$

と定義する．これを $\exp w$ とも書く．$e^w\big|_{w=0} = \exp 0 = 1$ である．

例 32.2 $\exp\left(2+\dfrac{\pi i}{4}\right) = e^{2+\frac{\pi i}{4}} = e^2\left(\cos\dfrac{\pi}{4} + i\sin\dfrac{\pi}{4}\right) = \dfrac{e^2}{\sqrt{2}}(1+i).$ ◆

定理 32.1（複素数の指数関数の性質）

(1) $e^w e^{w'} = e^{w+w'}$ $(w, w' \in \mathbb{C})$.

(2) $\alpha \in \mathbb{C}$ について $\dfrac{d}{dt}e^{\alpha t} = \alpha e^{\alpha t}$，$\alpha \neq 0$ ならば $\displaystyle\int e^{\alpha t}\,dt = \frac{e^{\alpha t}}{\alpha} + C$.

(3) $\left|e^w\right| = e^{\mathrm{Re}\,w}$ であり，$\mathrm{Re}\,\alpha < 0$ ならば $\displaystyle\lim_{t\to\infty} e^{\alpha t} = 0$.

証明 (1)　$w = p + iq, w' = p' + iq'$ $(p, q, p', q' \in \mathbb{R})$ とすると，

$$e^w e^{w'} = e^p e^{iq} e^{p'} e^{iq'} \overset{\because (32.3)}{=} e^{p+p'} e^{i(q+q')} = e^{w+w'}.$$

(2)　$\alpha = a + ib$ $(a, b \in \mathbb{R})$ とおくとき，

$$\begin{aligned}\frac{d}{dt}e^{\alpha t} &= \frac{d}{dt}(e^{at}e^{ibt}) = (e^{at})'e^{ibt} + e^{at}(e^{ibt})' \\ &\overset{\because (32.2)}{=} ae^{at}e^{ibt} + ibe^{at}e^{ibt} = (a+ib)e^{(a+ib)t} = \alpha e^{\alpha t}.\end{aligned}$$

微分がわかれば積分もわかる．

(3)　$w = p + iq$ $(p, q \in \mathbb{R})$ に対して，$\left|e^w\right| = \left|e^p e^{iq}\right| = \left|e^p\right|\left|e^{iq}\right| = e^p$ である．$t \in \mathbb{R}$ のとき $\left|e^{\alpha t}\right| = e^{\mathrm{Re}\,(\alpha t)} = e^{t(\mathrm{Re}\,\alpha)}$ より $\mathrm{Re}\,\alpha < 0$ ならば $\displaystyle\lim_{t\to\infty} e^{\alpha t} = 0$. ◇

$e^{i\theta} = \cos\theta + i\sin\theta$ なので $e^{-i\theta} = \cos(-\theta) + i\sin(-\theta) = \cos\theta - i\sin\theta$ である．辺々足し引きすると $e^{i\theta} + e^{-i\theta} = 2\cos\theta$, $e^{i\theta} - e^{-i\theta} = 2i\sin\theta$ なので

$$\cos\theta = \frac{e^{i\theta} + e^{-i\theta}}{2}, \qquad \sin\theta = \frac{e^{i\theta} - e^{-i\theta}}{2i} \tag{32.4}$$

が成り立つ（✍）．これを少し一般化しよう．$\theta = q$ とし，両辺に e^p をかけて

$$e^p\cos q = \frac{e^{p+iq} + e^{p-iq}}{2}, \qquad e^p\sin q = \frac{e^{p+iq} - e^{p-iq}}{2i} \tag{32.5}$$

を得る．ここで q は実数だが，p は一般の複素数としてよい．

定理 32.2（三角関数を指数関数で表す）

$\theta \in \mathbb{R}$ のとき

$$\cos\theta = \frac{e^{i\theta}+e^{-i\theta}}{2}, \qquad \sin\theta = \frac{e^{i\theta}-e^{-i\theta}}{2i} \tag{32.6}$$

である．また，$p \in \mathbb{C}$, $q \in \mathbb{R}$ のとき

$$e^p\cos q = \frac{e^{p+iq}+e^{p-iq}}{2}, \qquad e^p\sin q = \frac{e^{p+iq}-e^{p-iq}}{2i}. \tag{32.7}$$

32・2 積分計算への応用

$e^{at}\cos bt$, $e^{at}\sin bt$ の積分について調べよう．定理 32.1 (2) より

$$\int e^{(a+ib)t}\,dt = \frac{1}{a+ib}e^{(a+ib)t}+C = \frac{a-ib}{a^2+b^2}e^{(a+ib)t}+C, \tag{32.8}$$

つまり $\displaystyle\int(e^{at}\cos bt + ie^{at}\sin bt)\,dt = \frac{a-ib}{a^2+b^2}(e^{at}\cos bt + ie^{at}\sin bt)+C$ である（✍）．$a, b \in \mathbb{R}$ ならば，実部・虚部をとって

$$\int e^{at}\cos bt\,dt = \frac{e^{at}}{a^2+b^2}(a\cos bt + b\sin bt)+C, \tag{32.9}$$

$$\int e^{at}\sin bt\,dt = \frac{e^{at}}{a^2+b^2}(-b\cos bt + a\sin bt)+C. \tag{32.10}$$

$a \in \mathbb{C}$, $b \in \mathbb{R}$ の場合は実部・虚部をとるという論法が使えないので少し違う方法を使う（結果は同じである）．(32.8) の b を $\pm b$ で置き換えて

$$\int e^{(a\pm ib)t}\,dt = \frac{a\mp ib}{a^2+b^2}e^{(a\pm ib)t}+C \tag{32.11}$$

である．(32.7) と (32.11) より

$$\begin{aligned}\int e^{at}\cos bt\,dt &\overset{\because(32.7)}{=} \frac{1}{2}\int(e^{(a+ib)t}+e^{(a-ib)t})\,dt \\ &\overset{\because(32.11)}{=} \frac{1}{2}\left(\frac{a-ib}{a^2+b^2}e^{(a+ib)t}+\frac{a+ib}{a^2+b^2}e^{(a-ib)t}\right)+C\end{aligned}$$

となり，(32.9) が得られる．(32.10) も同様に導ける（✍）．

32・3　常微分方程式

定理 32.3（1 階斉次常微分方程式の一般解）

任意の複素数 a について，常微分方程式

$$y' - ay = 0 \tag{32.12}$$

の一般解は $y = Ce^{at}$（C は定数）である．

証明　$\dfrac{d}{dt}e^{at} = ae^{at}$ より $y = Ce^{at}$ は解である．これ以外に解がないことを示したい．y が (32.12) の解のとき，$z = e^{-at}y$ とおけば z が定数であることを示せばよい．そのためには $z' = 0$ を示せばよい．積の微分法と (32.12) より

$$z' = (e^{-at})'y + e^{-at}y' = -ae^{-at}y + e^{-at} \cdot ay = 0.$$

◇

例 32.3　$y' - (2 + \sqrt{3}i)y = 0$ の一般解は

$$y = C\exp\left((2 + \sqrt{3}i)t\right) = Ce^{2t}\left(\cos\sqrt{3}t + i\sin\sqrt{3}t\right).$$

なお，この場合 $|y| = |C|e^{2t}$ が成り立つ．◆

定理 32.4（1 階斉次常微分方程式の一般解： 変数係数の場合）

任意の実数値関数 $a(t)$ について，常微分方程式

$$y' - a(t)y = 0 \tag{32.13}$$

の一般解は $y = Ce^{A(t)}$（C は定数）である．ただし，$A'(t) = a(t)$ とする．

証明　$(Ce^{A(t)})' = Ce^{A(t)}A'(t) = a(t)(Ce^{A(t)})$ より $y = Ce^{A(t)}$ は解である．これ以外に解がないことを示したい．y が (32.13) の解のとき，$z = e^{-A(t)}y$ とおけば z が定数であることを示せばよい．積の微分法と (32.13) より

$$z' = (e^{-A(t)})'y + e^{-A(t)}y' = -a(t)e^{-A(t)}y + e^{-A(t)} \cdot a(t)y = 0$$

なので，z はたしかに定数である．◇

例 32.4　$y' + ty = 0$ の一般解は $y = C\exp(-t^2/2)$ である．◆

定理 32.5（2階斉次常微分方程式の一般解）

a, b は定数とする（複素数でもよい）．2階斉次常微分方程式

$$y'' + ay' + by = 0 \tag{32.14}$$

に対して，2次方程式

$$\lambda^2 + a\lambda + b = 0 \tag{32.15}$$

を (32.14) の**特性方程式**とよぶ．(32.14) は次のような一般解をもつ．

(i) (32.15) が異なる2つの解 λ_1, λ_2 をもつとき

$$y = C_1 e^{\lambda_1 t} + C_2\, e^{\lambda_2 t} \qquad (C_1, C_2 \text{ は定数}).$$

(ii) (32.15) が重解 λ_0 をもつとき

$$y = C_1 e^{\lambda_0 t} + C_2\, te^{\lambda_0 t} \qquad (C_1, C_2 \text{ は定数}).$$

証明　$j = 0, 1, 2$ のとき，$y = e^{\lambda_j t}$ を (32.14) の左辺に代入すると，

$$(e^{\lambda_j t})'' + a(e^{\lambda_j t})' + be^{\lambda_j t} = (\lambda_j^2 + a\lambda_j + b)e^{\lambda_j t} \overset{\because (32.15)}{=} 0.$$

よって，$y = e^{\lambda_j t}$ は (32.14) の解である．

重解の場合は恒等式 $\lambda^2 + a\lambda + b = (\lambda - \lambda_0)^2$ より $a = -2\lambda_0, b = \lambda_0^2$ で

$$\begin{aligned}&(te^{\lambda_0 t})'' + a(te^{\lambda_0 t})' + bte^{\lambda_0 t}\\&= (2\lambda_0 e^{\lambda_0 t} + \lambda_0^2 te^{\lambda_0 t}) + a(e^{\lambda_0 t} + \lambda_0 te^{\lambda_0 t}) + bte^{\lambda_0 t}\\&= (2\lambda_0 + a)e^{\lambda_0 t} + (\lambda_0^2 + a\lambda_0 + b)te^{\lambda_0 t} = 0\end{aligned}$$

なので，$y = te^{\lambda_0 t}$ は (32.14) の解である．

y_1, y_2 が (32.14) の解ならば，$C_1 y_1 + C_2 y_2$ も解である．なぜならば

$$\begin{aligned}&(C_1y_1 + C_2y_2)'' + a(C_1y_1 + C_2y_2)' + b(C_1y_1 + C_2y_2)\\&= C_1y_1'' + C_2y_2'' + a(C_1y_1' + C_2y_2') + b(C_1y_1 + C_2y_2)\\&= C_1(y_1'' + ay_1' + by_1) + C_2(y_2'' + ay_2' + by_2) \overset{\because (32.14)}{=} C_1 \cdot 0 + C_2 \cdot 0 = 0\end{aligned}$$

だからである．

以上より，$y = C_1 e^{\lambda_1 t} + C_2\, e^{\lambda_2 t}$ あるいは $y = C_1 e^{\lambda_0 t} + C_2\, te^{\lambda_0 t}$ が (32.14) の解であることがわかった．他に解がないことの証明は省略する．　◇

例 32.5　$y'' - 5y' + 6y = 0$ の一般解は $y = C_1 e^{2t} + C_2 e^{3t}$ である．また，$y'' - 6y' + 9y = 0$ の一般解は $y = C_1 e^{3t} + C_2\, te^{3t}$ である．◆

a, b が実数で λ_1, λ_2 が (32.15) の異なる 2 つの虚数解のとき，これらは複素共役である．$\lambda_1 = \lambda_+ = p + iq$, $\lambda_2 = \lambda_- = p - iq$ $(p, q \in \mathbb{R},\ q \neq 0)$ とおくと，

$$e^{\lambda_\pm t} = e^{(p \pm iq)t} = e^{pt} e^{\pm iqt} = e^{pt}(\cos qt \pm i \sin qt)$$

である．(32.14) の一般解は

$$y = C_1 e^{\lambda_+ t} + C_2 e^{\lambda_- t} = C_1' e^{pt} \cos qt + C_2' e^{pt} \sin qt$$

である（✍）．ここで，$C_1' = C_1 + C_2$, $C_2' = i(C_1 - C_2)$ である．

定理 32.6（特性方程式の判別式の値が負の場合）

> a, b は実数とし，特性方程式 (32.15) の判別式の値は負，すなわち $a^2 - 4b < 0$ とする．このとき，(32.15) の 2 つの解を $p \pm iq$ $(p, q \in \mathbb{R},\ q \neq 0)$ とすると，(32.14) の一般解は $y = C_1' e^{pt} \cos qt + C_2' e^{pt} \sin qt$ である．

例 32.6　$y'' - 4y' + 20y = 0$ の一般解は $y = C_1' e^{2t} \cos 4t + C_2' e^{2t} \sin 4t$. ◆

§32の問題

問 32.1　$e^{\frac{\pi}{4} i}$, $e^{\frac{3\pi}{2} i}$, $e^{-\frac{2\pi}{3} i}$, $\exp\left(5 + \dfrac{2\pi}{3} i\right)$ を $x + iy$ $(x, y \in \mathbb{R})$ の形で表せ．

問 32.2　$\displaystyle\int e^{2t} \cos 3t\, dt$, $\displaystyle\int e^{2t} \sin 3t\, dt$ を求めよ．　□□□ [⇨ 32・2]

問 32.3　次の各常微分方程式の一般解を求めよ．

(1) $y' = 5y$　(2) $y'' + 5y' - 14y = 0$　(3) $y'' - 6y' + 34y = 0$

□□□ [⇨ 32・3]

§33 常微分方程式の解と検算

§33のポイント

- **常微分方程式の解の検算**にはコツがある．

33・1 非斉次常微分方程式の特解と一般解

定理 33.1（1階非斉次常微分方程式の特解と一般解）

y_0 は非斉次常微分方程式

$$y' - ay = f(t) \tag{33.1}$$

の特解（たくさんある解の1つ）とする．このとき，(33.1) の一般解は

$$y = y_0 + Ce^{at}. \tag{33.2}$$

証明 仮定より y_0 は非斉次1階常微分方程式 (33.1) の特解なので，

$$y_0' - ay_0 = f(t) \tag{33.3}$$

である．$y = y_0 + Ce^{at}$ とすると

$$\begin{aligned} y' - ay &= (y_0 + Ce^{at})' - a(y_0 + Ce^{at}) = (y_0' - ay_0) + C\left\{(e^{at})' - ae^{at}\right\} \\ &= y_0' - ay_0 + C \cdot 0 = f(t) \end{aligned}$$

であるから，(33.2) は (33.1) の解である．次に，(33.1) の任意の解が (33.2) の形に書けることを示そう．(33.1) と (33.3) を辺々引くと，

$$(y - y_0)' - a(y - y_0) = f(t) - f(t) = 0.$$

すなわち，$y - y_0$ は (32.12) の解である．したがって，定理 32.3 より $y - y_0$ は $y - y_0 = Ce^{at}$ の形をしている．すなわち，$y = y_0 + Ce^{at}$．　◇

例 33.1 $y' - 3y = -4e^t$ の一般解を求めてみたところ，$y = 2e^t + Ce^{3t}$ という解を得た．これが正しいか検算してみよう．Ce^{3t} は $y' - 3y = 0$ の一般解で

ある（✍）．あと調べるべきことは $2e^t$ が $y' - 3y = -4e^t$ の特解なのかどうかである．この方程式の左辺に $y = 2e^t$ を代入すると

$$(2e^t)' - 3(2e^t) = 2e^t - 6e^t = -4e^t$$

なので，たしかに $2e^t$ は $y' - 3y = -4e^t$ の特解である．

以上より，たしかに $y = 2e^t + Ce^{3t}$ は $y' - 3y = -4e^t$ の一般解である．◆

例 33.2 初期値問題 $y' - 3y = -4e^t$, $y(0) = 6$ を解いてみたら $y = 2e^t + 4e^{3t}$ という解を得た．これが正しいか検算してみよう．$4e^{3t}$ という項は $y' - 3y = 0$ の解である．あと確かめるべきことは

- $2e^t$ が $y' - 3y = -4e^t$ の特解であること
- $y = 2e^t + 4e^{3t}$ が初期条件 $y(0) = 6$ をみたすこと

の 2 つである（✍）．

1 つめは例 33.1 ですでに確かめた．2 つめも $2e^0 + 4e^{3\cdot 0} = 2 + 4 = 6$ より成り立つ．ゆえに，$y = 2e^t + 4e^{3t}$ は正しい解である［⇨ 例題 7.1］．◆

定理 33.2（2 階非斉次常微分方程式の特解と一般解）

y_0 は非斉次方程式

$$y'' + ay' + by = f(t) \tag{33.4}$$

の特解とする．このとき，(33.4) の一般解は

(i) 特性方程式 (32.15) が相異なる 2 つの解 λ_1, λ_2 をもつとき

$$y = y_0 + C_1 e^{\lambda_1 t} + C_2 e^{\lambda_2 t} \quad (C_1, C_2 \text{ は定数}). \tag{33.5}$$

(ii) 特性方程式 (32.15) が重解 λ_0 をもつとき

$$y = y_0 + C_1 e^{\lambda_0 t} + C_2 te^{\lambda_0 t} \quad (C_1, C_2 \text{ は定数}). \tag{33.6}$$

証明 どちらでも証明はほぼ同じなので，(i) のみ示す．

$$y_0'' + ay_0' + by_0 = f(t) \tag{33.7}$$

である．$y = y_0 + C_1 e^{\lambda_1 x} + C_2 e^{\lambda_2 x}$ とすると

$$
\begin{aligned}
& y'' + ay' + by \\
&= (y_0 + C_1 e^{\lambda_1 t} + C_2 e^{\lambda_2 t})'' \\
&\qquad + a(y_0 + C_1 e^{\lambda_1 t} + C_2 e^{\lambda_2 t})' + b(y_0 + C_1 e^{\lambda_1 t} + C_2 e^{\lambda_2 t}) \\
&= (y_0'' + ay_0' + by_0) + \sum_{j=1,2} C_j \left\{ (e^{\lambda_j t})'' + a(e^{\lambda_j t})' + be^{\lambda_j t} \right\} = f(t) \quad (33.8)
\end{aligned}
$$

であるから，(33.5) は (33.4) の解である．次に，(33.4) の任意の解が (33.5) の形に書けることを示そう．(33.4) と (33.7) を辺々引くと，

$$
(y - y_0)'' + a(y - y_0)' + b(y - y_0) = f(t) - f(t) = 0.
$$

よって $y - y_0$ は (32.14) の解で，定理 32.5 (i) より $y - y_0 = C_1 e^{\lambda_1 t} + C_2 e^{\lambda_2 t}$.

◇

例 33.3　$y'' + 2y' - 8y = 18e^{-t}$ の一般解が

$$
y = -2e^{-t} + C_1 e^{-4t} + C_2 e^{2t} \tag{33.9}
$$

で正しいか検算する．特性方程式 $\lambda^2 + 2\lambda - 8 = 0$ の解は $\lambda = -4, 2$ なので，(33.9) の $C_1 e^{-4t} + C_2 e^{2t}$ は正しい．$-2e^{-t}$ は特解だろうか．あたえられた常微分方程式の左辺に代入すると

$$
(-2e^{-t})'' + 2(-2e^{-t})' - 8(-2e^{-t}) = -2e^{-t} + 4e^{-t} + 16e^{-t} = 18e^{-t}
$$

となって右辺に合う（✍）．よって (33.9) は正しい答えである．◆

例 33.4　初期値問題 $y'' + y = 2e^{-t}$, $y(0) = 2$, $y'(0) = 4$ の解を求めたところ，$y = \cos t + 5\sin t + e^{-t}$ という解を得た．これが正しいか検算しよう．

まず，$\cos t + 5\sin t$ は $y'' + y = 0$ の解である．あと確かめるべきことは，

- e^{-t} が $y'' + y = 2e^{-t}$ の特解であること
- $y = \cos t + 5\sin t + e^{-t}$ が初期条件をみたすこと

の2つである（✍）．1つめは $(e^{-t})'' + e^{-t} = e^{-t} + e^{-t} = 2e^{-t}$ より確かめられる．2つめのうち $y(0) = 2$ は明らかで，$y' = -\sin t + 5\cos t - e^{-t}$ より $y'(0) = 4$ もみたされる．以上より $y = \cos t + 5\sin t + e^{-t}$ は正しい [⇨ 例題 7.8]．◆

§33 の問題

基本問題

問 33.1　「$y' + 5y = -25t$ の一般解を求めよ」という問題を 4 人の学生が解いたところ，$y = 1 \pm 5t + Ce^{\pm 5t}$ という 4 通りの意見が出た．この中に正しい答えがあるか調べよ．　□□□ [⇨ 33・3]

問 33.2　初期値問題 $y' + 2y = e^{-2t}$，$y(0) = -2$ の解を求めてみたところ $y = te^{-2t} - 2e^{-2t}$ となった．これが正しいか検算せよ．　□□□ [⇨ 33・3]

問 33.3　$y'' - 2y' + y = e^{2t}\cos t$ の一般解を求めてみたところ，$y = e^{2t}\sin t + C_1e^t + C_2te^t$ という答えを得た．これが正しいか検算せよ．もし間違っているならば正しい答えを見つけよ．　□□□ [⇨ 33・3]

問 33.4　初期値問題 $y'' - 2y' + 17y = 34e^{2t}$, $y(0) = 4$, $y'(0) = 10$ の解を求めてみたところ，$y = 2e^{2t} + e^t(2\cos 4t + \sin 4t)$ という答えを得た．これが正しいか検算せよ [⇨ 例題 7.10]．　□□□ [⇨ 33・3]

§ 34 微分・積分・極限の順序交換

§ 34 のポイント

- 微分，積分，極限の順序交換に関するとても便利な定理がある．

$\lim_{n\to\infty}\int_I f_n(t)\,dt = \int_I \lim_{n\to\infty} f_n(t)\,dt$ のような極限の順序交換に関する**ルベーグ積分の定理を，仮定を強めてわかりやすくした上で述べる．**

本書においては，1 変数関数としては各有界区間上で高々有限個の点を除いて連続な関数のみを考える． 例えば，$x = n$ $(n = 1, 2, \ldots)$ で不連続でもよいが，$x = 1/n$ $(n = 1, 2, \ldots)$ で不連続なものは考えない．

関数 $f(x)$ が区間（開区間，閉区間，無限開区間，無限閉区間のどれでもよい）I で**可積分**であるとは，$\int_I |f(x)|\,dx < \infty$ ということとする [⇨ **10・2**]．$|f(x)| \leq g(x)$ で $g(x)$ が I で可積分ならば，$f(x)$ もそうである．

定理 34.1（ルベーグの収束定理）

区間 I 上の可積分関数列 $\{f_n(t)\}_n$ と，各有界区間上で高々有限個の点を除いて連続な I 上の関数 $f(t)$ について，$\lim_{n\to\infty} f_n(t) = f(t)$ $(t \in I)$ が成り立つとする．さらに，n によらない I 上の可積分関数 $g(t)$ が存在して

$$|f_n(t)| \leq g(t) \qquad (t \in I,\ n = 1, 2, \ldots)$$

が成り立つとする．このとき，$f(t)$ は可積分で

$$\lim_{n\to\infty}\int_I f_n(t)\,dt = \int_I \lim_{n\to\infty} f_n(t)\,dt = \int_I f(t)\,dt.$$

連続パラメータ s をもつ関数 $f_s(t)$ の $s \to \infty$ や $s \to 0$ などの極限についても同様である．

例 34.1 $t \geq 0$ で $|f(t)| \leq e^t$ とすると，$s \geq 2$ で $|e^{-st}f(t)| \leq e^{-(s-1)t} \leq e^{-t}$

（可積分）だから $\displaystyle\lim_{s\to\infty}\int_0^\infty e^{-st}f(t)\,dt=\int_0^\infty \lim_{s\to\infty} e^{-st}f(t)\,dt=\int_0^\infty 0\,dt=0.$

◆

定理 34.2（ルベーグの収束定理の系）

I は区間とする．$I\times[a,b]$ の関数 $f(t,s)$ が以下の条件 (i), (ii) をみたすとする．

(i) $t\in I$ を任意に固定すれば，$f(t,s)$ は s について連続である．

(ii) I で可積分な関数 $g(t)$（s によらない）が存在して，

$$\big|f(t,s)\big|\le g(t)\qquad (s\in[a,b]).$$

このとき，$J(s)=\displaystyle\int_I f(t,s)\,dt$ とおくと，$J(s)$ は $[a,b]$ で連続である．

例 34.2（定理 2.5 の証明の詳細）

$J(s)=\mathcal{L}\left[\dfrac{\sin t}{t}\right](s)\overset{\because\text{定義 }1.1}{=}\displaystyle\int_0^\infty e^{-st}\frac{\sin t}{t}\,dt$ が $s\ge 0$ で連続であることを示そう．

$g(t)=\dfrac{1}{t^2}(1-\cos t)$ とおく．$g(t)$ は $t\ge 0$ で連続なので $0\le t\le 1$ で可積分である．また，$0<\displaystyle\int_1^\infty g(t)\,dt<\int_1^\infty \frac{2}{t^2}\,dt<\infty$ である．よって，$g(t)$ は $t\ge 0$ で可積分である．

$\sin t=(1-\cos t)'$ として部分積分すると（✍）

$$J(s)=\int_0^\infty \frac{e^{-st}}{t^2}(1-\cos t)\,dt+\int_0^\infty \frac{e^{-st}s}{t}(1-\cos t)\,dt\quad (s\ge 0).$$

右辺第 1 項を $J_1(s)$，第 2 項を $J_2(s)$ とおき，$s\ge 0$ で連続であることを示そう．

$s\ge 0$ とすると $t\ge 0$ において $e^{-st}\le 1$ だから，$g(t)$ が可積分であることと定理 34.2 より $J_1(s)$ は $s\ge 0$ で連続である．

$X\ge 0$ のとき $e^{-X}X<1$（✍）なので，$\dfrac{e^{-st}s}{t}=\dfrac{e^{-st}st}{t^2}<\dfrac{1}{t^2}$ となり，$g(t)$ が可積分であることと定理 34.2 より，$J_2(s)$ も $s\ge 0$ で連続である．◆

定理 34.3（微分と積分の順序交換，あるいは積分記号下の微分）

J は開区間とする．I はどんな区間でもよい．

$(t,s) \in I \times J$ の関数 $f(t,s)$ が以下の条件 (i)–(iii) をみたすとする．

(i)　s を固定するとき，$f(t,s)$ は I 上可積分．

(ii)　$f(t,s)$ は s で偏微分可能で，$\dfrac{\partial}{\partial s} f(t,s)$ は s について連続．

(iii)　s によらず t だけで値が決まる可積分関数 $g(t)$ が存在して，任意の $t \in I$ と任意の $s \in J$ について $\left|\dfrac{\partial}{\partial s} f(t,s)\right| \leq g(t)$.

以上の仮定のもとで，$\displaystyle\int_I f(t,s)\,dt$ は s について微分可能で

$$\frac{d}{ds}\int_I f(t,s)\,dt = \int_I \frac{\partial}{\partial s} f(t,s)\,dt.$$

注意 34.1　$f(t,s)$ が複素数 s の正則関数の場合は，J を複素平面の領域，d/ds を複素微分に置き換えれば，上と同様の定理が成り立つ．

例 34.3　$f(t,s) = t^s$ $(t > 0, s > 0)$ について考える．$\dfrac{\partial}{\partial s} x^s = x^s \log x$ であり，

$$\left|x^s \log x\right| \leq \left|\log x\right| \qquad (0 < x \leq 1)$$

が成り立つ．$\displaystyle\int \log x\,dx = x\log x - x + C$ より $\left|\log x\right|$ は $0 < x \leq 1$ で可積分だから定理 34.3 が適用できて

$$\int_0^1 x^s \log x\,dx = \int_0^1 \frac{\partial}{\partial s} x^s\,dx$$

$$\overset{\because\text{定理 }34.3}{=} \frac{\partial}{\partial s}\int_0^1 x^s\,dx = \frac{\partial}{\partial s}\frac{1}{s+1} = -\frac{1}{(s+1)^2}.$$

同様の計算を繰り返して

$$\int_0^1 x^s (\log x)^n\,dx = \frac{(-1)^n n!}{(s+1)^{n+1}} \qquad (s > 0,\ n = 1, 2, \ldots).$$

◆

$f_1(x)$, $f_2(x)$ は各有界区間上で高々有限個の点を除いて連続な関数とする．2 変数関数 $F(x,y)$ としては，$F(x,y)=f_1(x)f_2(y)$, $f_1(x)f_2(x\pm y)$ あるいはこれらの形の関数に 2 変数連続関数をかけたもののみを考える．本書において，I,J は区間とするとき，このような関数 $F(x,y)$ が $I\times J$ で**可積分**であるとは，$\displaystyle\int_{I\times J}\bigl|F(x,y)\bigr|\,dxdy<\infty$ ということとする．$\bigl|F(x,y)\bigr|\leq G(x,y)$ で $G(x,y)$ が $I\times J$ で可積分ならば，$F(x,y)$ もそうである．

定理 34.4（積分順序の交換，フビニの定理）

区間 I,J と $(x,y)\in I\times J$ の関数 $F(x,y)$ について次が成り立つ．

(1) $F(x,y)$ が可積分ならば，

$$\int_{I\times J}F(x,y)\,dxdy=\int_I dx\int_J F(x,y)\,dy=\int_J dy\int_I F(x,y)\,dx.$$

(2) $\displaystyle\int_I dx\int_J\bigl|F(x,y)\bigr|\,dy$ か $\displaystyle\int_J dy\int_I\bigl|F(x,y)\bigr|\,dx$ の少なくとも 1 つが有限ならば，$F(x,y)$ は可積分であり，(1) の等式が成り立つ．

例 34.4（フルラニ積分）　$f(x)$ は $x\geq 0$ で連続かつ可積分であり，また，$x\geq 0$ で C^1 級とする．さらに，$f'(x)$ も $x\geq 0$ で可積分と仮定する．このとき，正定数 a,b に対して

$$\int_0^\infty\frac{f(ax)-f(bx)}{x}\,dx=\bigl\{f(\infty)-f(0)\bigr\}\log\frac{a}{b} \tag{34.1}$$

が成り立つ．この積分を**フルラニ積分**という．

まず (34.1) の左辺の積分が存在することを確認しよう[1)]．アダマールの補題より，連続関数 $g(x)$ を用いて $f(x)=f(0)+xg(x)$ と書けて，$\bigl\{f(ax)-f(bx)\bigr\}/x$ すなわち $ag(ax)-bg(bx)$ は $0\leq x\leq 1$ で可積分である．次に，$x\geq 1$ では

$$\left|\frac{f(ax)-f(bx)}{x}\right|\leq\bigl|f(ax)-f(bx)\bigr|\leq\bigl|f(ax)\bigr|+\bigl|f(bx)\bigr|$$

---

1)　後述するように，このことは $f'(x)$ の可積分性とフビニの定理からもしたがうので実は $f(x)$ の可積分性は仮定しなくてもよい．

なので $\dfrac{f(ax)-f(bx)}{x}$ は可積分である．

(34.1) を証明しよう．$f(\infty)=f(0)+\displaystyle\int_0^\infty f'(x)\,dx$ が存在し，

$$\int_0^\infty \frac{f(ax)-f(bx)}{x}\,dx = \int_0^\infty \left\{\int_b^a f'(xy)\,dy\right\}dx$$
$$\overset{\because\text{フビニの定理}}{=} \int_b^a \left\{\int_0^\infty f'(xy)\,dx\right\}dy = \int_b^a \left\{\left[\frac{f(xy)}{y}\right]_{x=0}^{\infty}\right\}dy$$
$$= \int_b^a \{f(\infty)-f(0)\}\frac{dy}{y} = \{f(\infty)-f(0)\}\log\frac{a}{b}.$$

フビニの定理を使うところでは，$\displaystyle\int_0^\infty \left|f'(z)\right|dz = M$ とおいて

$$\int_0^\infty \left|f'(xy)\right|dx = \frac{1}{y}\int_0^\infty \left|f'(xy)\right|d(yx) \leq \frac{M}{y}, \qquad \int_a^b \frac{M}{y}\,dy < \infty$$

とすればよい．これで (34.1) の証明が終わった．(34.1) の例としては

$$\int_0^\infty \frac{e^{-\lambda ax}\cos^n ax - e^{-\lambda bx}\cos^n bx}{x} = -\log\frac{a}{b} = \log\frac{b}{a}, \tag{34.2}$$

$$\int_0^\infty \frac{e^{-a^2x^2}-e^{-b^2x^2}}{x}\,dx = -\log\frac{a}{b} = \log\frac{b}{a} \tag{34.3}$$

などがある．ここで，a, b, λ は正定数で，n は負でない整数である．(34.2) は問 2.5 を含む．◆

§34 の問題

基本問題

問 34.1　$s>1$ のとき $\displaystyle\int_0^{2\pi}\frac{dt}{s+\cos t} = \frac{2\pi}{\sqrt{s^2-1}}$ である[2)]．両辺を s で微分し，定理 34.3 を用いて $\displaystyle\int_0^{2\pi}\frac{dt}{(s+\cos t)^2}$ を求めよ．　□□□ [⇨ **34・2**]

---

2) 例えば複素解析の留数解析を用いて示せる．

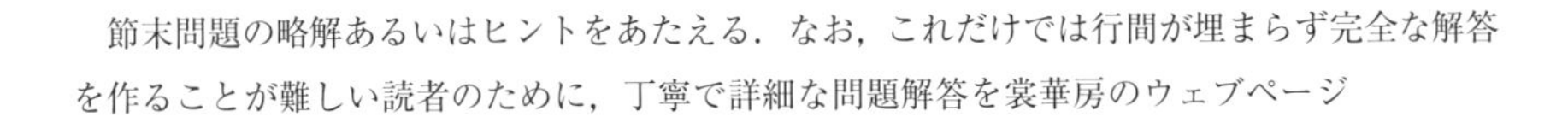

問題解答とヒント

節末問題の略解あるいはヒントをあたえる．なお，これだけでは行間が埋まらず完全な解答を作ることが難しい読者のために，丁寧で詳細な問題解答を裳華房のウェブページ

https://www.shokabo.co.jp/author/1594/1594answer.pdf

から無料でダウンロードできるようにした．自習学習に役立ててほしい．読者が手を動かして繰り返し問題を解き，理解を完全なものにすることを願っている．また，本文中の「✍」の記号の「行間埋め」の具体的なやり方については，

https://www.shokabo.co.jp/author/1594/1594support.pdf

に別冊で公開した．読者の健闘と成功を祈る．

§1 の問題解答

解 1.1 定義は略．

(1) $\dfrac{1}{s+4}$ (2) $\dfrac{s}{s^2+9}$ (3) $\dfrac{3}{s^2+9}$ (4) $\dfrac{120}{s^6}$

§2 の問題解答

解 2.1 (1) $\dfrac{1}{6(s+2)}$ (2) $\dfrac{1}{s^2+b^2}$ (3) $\dfrac{1}{s^{n+1}}$ (4) $\dfrac{1}{s-2}+\dfrac{3}{s-4}$

(5) $\dfrac{7s}{s^2+25}+\dfrac{2}{s^2+36}$ (6) $\dfrac{5}{s}+\dfrac{24}{s^4}$

(7) $\mathcal{L}\left[\dfrac{1}{2}(\cos 6t+1)\right](s)=\dfrac{1}{2}\left(\dfrac{s}{s^2+36}+\dfrac{1}{s}\right)$

(8) $\mathcal{L}[e^{4t}+2e^{5t}+e^{6t}](s)=\dfrac{1}{s-4}+\dfrac{2}{s-5}+\dfrac{1}{s-6}$

解 2.2 略．

解 2.3 (1) $\mathcal{L}[t^n](s)=\dfrac{n!}{s^{n+1}}$ と像の移動法則より $\dfrac{1}{(s-a)^2}$, $\dfrac{2}{(s-a)^3}$

(2) $\mathcal{L}[te^{at}](s) = -\frac{d}{ds}\frac{1}{s-a} = \frac{1}{(s-a)^2}$, $\mathcal{L}[t^2e^{at}](s) = \left(-\frac{d}{ds}\right)^2 \frac{1}{s-a} = \frac{2}{(s-a)^3}$

(3) $\mathcal{L}[te^{at}](s) = \frac{\partial}{\partial a}\frac{1}{s-a} = \frac{1}{(s-a)^2}$, $\mathcal{L}[t^2e^{at}](s) = \frac{\partial^2}{\partial a^2}\frac{1}{s-a} = \frac{2}{(s-a)^3}$

(4) $\frac{2s(s^2-3b^2)}{(s^2+b^2)^3}$

(5) 結論は (4) と同じ.

解 2.4　第 1 章のまとめ参照.

解 2.5　$\log\frac{b}{a}$

§3 の問題解答

解 3.1　(1) e^{-5t}　(2) $\cos 4t$　(3) $\frac{1}{7}\sin 7t$　(4) $7\cos 5t + 3\sin 5t$　(5) $\frac{t^5}{5!}\left(=\frac{t^5}{120}\right)$

§4 の問題解答

解 4.1　略.

解 4.2　第 2 章のまとめ参照.

解 4.3　(1) $\cos 3t$, $\frac{1}{3}\sin 3t$　(2) $e^{at}\cos bt$, $\frac{1}{b}e^{at}\sin bt$, $2e^{-3t}\cos 4t - 3e^{-3t}\sin 4t$

(3) $\frac{1}{6}t\sin 3t$　(4) $\frac{1}{2b^3}(\sin bt - bt\cos bt)$, $\frac{e^{at}}{2b^3}(\sin bt - bt\cos bt)$

(5) $\frac{1}{2b}t\sin bt$　(6) $\frac{1}{40}\{2 - e^{-2t}(\sin 4t + 2\cos 4t)\}$

§5 の問題解答

解 5.1　$\frac{1}{(s-1)(s-3)} = \frac{-1/2}{s-1} + \frac{1/2}{s-3}$, $\mathcal{L}^{-1}\left[\frac{1}{(s-1)(s-3)}\right](t) = -\frac{1}{2}e^t + \frac{1}{2}e^{3t}$,

$\frac{1}{s^2+4} = \frac{1}{4i}\frac{1}{s-2i} - \frac{1}{4i}\frac{1}{s+2i}$, $\mathcal{L}^{-1}\left[\frac{1}{s^2+4}\right](t) = \frac{1}{4i}e^{2it} - \frac{1}{4i}e^{-2it} = \frac{1}{2}\sin 2t$

解 5.2　分母の次数と同じなので 100 個.

解 5.3　(1) $F_1(s) = \frac{3}{s-4} - \frac{5}{s+2}$, $\mathcal{L}^{-1}[F_1(s)](t) = 3e^{4t} - 5e^{-2t}$

(2) $F_2(s) = \frac{2}{s+3} + \frac{-1}{(s+3)^2}$, $\mathcal{L}^{-1}[F_2(s)](t) = 2e^{-3t} - te^{-3t}$

(3) $F_3(s) = \frac{2}{s-3} - \frac{2}{(s-3)^2} - \frac{1}{s+1}$, $\mathcal{L}^{-1}[F_3(s)](t) = 2e^{3t} - 2te^{3t} - e^{-t}$

(4) $F_4(s)=\dfrac{2}{s}+\dfrac{3}{s^2}-\dfrac{5}{s-2}+\dfrac{4}{(s-2)^2}$, $\mathcal{L}^{-1}\big[F_4(s)\big](t)=2+3t-5e^{2t}+4te^{2t}$

(5) $F_5(s)=\dfrac{1}{s+1}+\dfrac{2s-6}{s^2+9}$, $\mathcal{L}^{-1}\big[F_5(s)\big](t)=e^{-t}+2\cos 3t-2\sin 3t$

(6) $F_6(s)=\dfrac{1}{32i}\left(\dfrac{1}{s-2i}-\dfrac{1}{s+2i}\right)-\dfrac{1}{16}\left(\dfrac{1}{(s-2i)^2}+\dfrac{1}{(s+2i)^2}\right)$,

$\mathcal{L}^{-1}\big[F_6(s)\big](t)=\dfrac{1}{16}\sin 2t-\dfrac{1}{8}t\cos 2t$

解 5.4 $\dfrac{1}{(s^2+b^2)^2}=\dfrac{1}{4ib^3}\left(\dfrac{1}{s-ib}-\dfrac{1}{s+ib}\right)-\dfrac{1}{4b^2}\left(\dfrac{1}{(s-ib)^2}+\dfrac{1}{(s+ib)^2}\right)$,

$\mathcal{L}^{-1}\left[\dfrac{1}{(s^2+b^2)^2}\right](t)=\dfrac{1}{2b^3}\sin bt-\dfrac{1}{2b^2}t\cos bt$,

$\dfrac{s}{(s^2+b^2)^2}=\dfrac{1}{4ib}\left(\dfrac{1}{(s-ib)^2}-\dfrac{1}{(s+ib)^2}\right)$,

$\mathcal{L}^{-1}\left[\dfrac{s}{(s^2+b^2)^2}\right](t)=\dfrac{1}{4ib}\left(te^{ibt}-te^{-ibt}\right)=\dfrac{1}{2b}t\sin bt.$

§ 6 の問題解答

解 6.1 略.

解 6.2 略.

§ 7 の問題解答

解 7.1 (1) $Y=\dfrac{p+F}{s+A}$　(2) $Y=\dfrac{ps+q+Ap+F}{s^2+As+B}$

解 7.2 (1) $y=5e^{3t}-e^{2t}$　(2) $y=e^{-t}+te^{-t}$　(3) $y=2e^{-t}+t^3$

(4) $y=e^{-t}+e^{-3t}-e^{-2t}$　(5) $y=e^{2t}-te^{2t}+t^3e^{2t}$

(6) $y=-\sin t+\dfrac{1}{2}t\sin t$　(7) $y=1+e^{-4t}\left(-\cos 3t-\dfrac{4}{3}\sin 3t\right)$

§ 8 の問題解答

解 8.1 (1) $y=C_1e^{2t}+C_2e^{-t}$　(2) $y=C_1e^t+C_2\,te^t$

(3) $y=C_1e^{(1+2i)t}+C_2e^{(1-2i)t}$ あるいは $y=C_1'e^t\cos 2t+C_2'e^t\sin 2t$

解 8.2 (1) $y=2e^{3t}+C_1e^{2t}+C_2e^{-t}$　(2) $\dfrac{2}{5}\cos 2t-\dfrac{3}{10}\sin 2t+C_1e^t+C_2\,te^t$

§10 の問題解答

解 10.1　略.

解 10.2　$\dfrac{1}{\sqrt{2\pi}}\dfrac{1-e^{-2i\xi}}{i\xi}$

解 10.3　$\dfrac{1}{\sqrt{2\pi}}\dfrac{1}{1+i\xi}$

解 10.4　$i\sqrt{\dfrac{2}{\pi}}\dfrac{\xi\cos\xi-\sin\xi}{\xi^2}$

解 10.5　$f(x)$ が偶関数ならば $f(x)\cos\xi x$ は x の偶関数，$f(x)\sin\xi x$ は x の奇関数である．ゆえに $\hat{f}(\xi)=\dfrac{1}{\sqrt{2\pi}}\displaystyle\int_{-\infty}^{\infty}f(x)(\cos\xi x-i\sin\xi x)\,dx=\dfrac{2}{\sqrt{2\pi}}\int_0^{\infty}f(x)\cos\xi x\,dx$ であり，$\cos\xi x$ が ξ の偶関数だから $\hat{f}(\xi)$ も ξ の偶関数である．$f(x)$ が奇関数の場合は省略する．

解 10.6　定理 10.6 (2) の ε に $2/\varepsilon$ を代入すればよい．

解 10.7

$f(x)$ の例　$|x|\leq 1$ で $f(x)=1$，$|x|>1$ で $f(x)=\dfrac{1}{x}$.

$g(x)$ の例　正整数 n に対して関数 $g_n(x)$ を $|x-n|\geq\dfrac{1}{n^3}$ で 0, $n-\dfrac{1}{n^3}<x<n$ では 1 次式, $g_n(n)=n$, $n<x<n+\dfrac{1}{n^3}$ では 1 次式となるように定義する．式で書くよりもグラフの方がわかりやすい．底辺の長さが $\dfrac{2}{n^3}$ で高さが n の二等辺三角形ができる．$\displaystyle\int_{|x-n|\leq 1/n^3}g_n(x)\,dx=\dfrac{1}{n^2}$ である．$g(x)=\displaystyle\sum_{n=1}^{\infty}g_n(x)$ と定義すればよい．見かけは無限和だが，x を固定するとほとんどの n については $g_n(x)=0$ であり，例外はあっても高々 1 個である．

$\displaystyle\int_{-\infty}^{\infty}g(x)\,dx=\sum_{n=1}^{\infty}\frac{1}{n^2}$ で，これは有限である（実は値は $\dfrac{\pi^2}{6}$ [⇨ §24]).

$g_n(n)=n$ より $\displaystyle\lim_{x\to\infty}g(x)$ は発散する．∞ に発散する訳ではなく, 振動する．$g_n\left(n+\dfrac{1}{2}\right)=0$ だからである．

$\displaystyle\lim_{x\to-\infty}g(x)=0$ であるが, $x\to-\infty$ でも発散する例は容易に作れる．例えば $\tilde{g}(x)=g(x)+g(-x)$ とおけばよい．

§11 の問題解答

解 11.1　$\check{\varphi}(-x)=\dfrac{1}{\sqrt{2\pi}}\displaystyle\int_{-\infty}^{\infty}e^{i(-x)\xi}\varphi(\xi)\,d\xi$ より明らか．

解 11.2　定理 10.1 より $\mathcal{F}[e^{-|x|}](\xi)=\sqrt{2\pi}P_1(\xi)=\sqrt{\dfrac{2}{\pi}}\dfrac{1}{\xi^2+1}$（可積分な偶関数）．フー

リエの反転公式と偶関数の性質（問 10.5 をフーリエ逆変換の話に言い換える）より

$$\frac{2}{\sqrt{2\pi}}\int_0^\infty \sqrt{\frac{2}{\pi}}\frac{\cos x\xi}{\xi^2+1}\,d\xi = e^{-|x|}.$$

解 11.3　$f(x) = \pm e^{-|x|}$ $(\pm x > 0)$, $f(0) = 0$ とおくと $f(x)$ は奇関数である．問 10.5 より，$\hat{f}(\xi) = \dfrac{-2i}{\sqrt{2\pi}}\displaystyle\int_0^\infty f(x)\sin\xi x\,dx = \dfrac{-2i}{\sqrt{2\pi}}\dfrac{\xi}{1+\xi^2}$（可積分でない奇関数）である．

$\displaystyle\int_{-p}^p e^{ix\xi}\hat{f}(\xi)\,d\xi = 2i\int_0^p \hat{f}(\xi)\sin x\xi\,d\xi$ であり，フーリエの積分公式から $x > 0$（ここで $f(x)$ は連続）のとき $\displaystyle\lim_{p\to\infty}\frac{2i}{\sqrt{2\pi}}\int_0^p \frac{-2i}{\sqrt{2\pi}}\frac{\xi}{1+\xi^2}\sin x\xi\,d\xi = f(x) = e^{-x}$.

解 11.4　$f(x) = \pm e^{-|x|}\cos x$ $(\pm x > 0)$, $f(0) = 0$ とおくと，$f(x)$ は可積分な奇関数で，$\hat{f}(\xi) = \dfrac{-i}{\sqrt{2\pi}}\dfrac{2\xi^3}{\xi^4+4}$（可積分でない奇関数）．$\dfrac{1}{\sqrt{2\pi}}\displaystyle\int_{-p}^p \hat{f}(\xi)e^{ix\xi}\,d\xi = \frac{2}{\pi}\int_0^p \frac{\xi^3\sin x\xi}{\xi^4+4}\,d\xi$ である．フーリエの積分公式より，$x > 0$ のとき $\displaystyle\lim_{p\to\infty}\frac{2}{\pi}\int_0^p \frac{\xi^3\sin x\xi}{\xi^4+4}\,d\xi = f(x) = e^{-x}\cos x$.

§ 12 の問題解答

解 12.1　(1) $\hat{f}(\xi)^2 = e^{-\xi^2}$, $f * f(x) = \sqrt{\pi}e^{-\frac{x^2}{4}}$

(2) $\hat{f}(\xi)^2 = \dfrac{e^{-2\varepsilon|\xi|}}{2\pi}$, $f * f(x) = P_{2\varepsilon}(x) = \dfrac{1}{\pi}\dfrac{2\varepsilon}{x^2+4\varepsilon^2}$

§ 13 の問題解答

解 13.1　(1) $D_n(x) = \dfrac{\sin\left(n+\frac{1}{2}\right)x}{2\sin\frac{x}{2}}$ の分子に加法定理を適用．

(2) $D_n(x) = \dfrac{1}{2} + (\cos x + \cos 2x + \cdots + \cos nx)$ の両辺を 0 から π まで積分すると cos たちの積分は消える．

(3) (1) の式の両辺を積分すると (2) より $\displaystyle\int_0^\pi \frac{1}{2}\left(\cos nx + \sin nx\cot\frac{x}{2}\right)dx = \frac{\pi}{2}$ であり，$n \to \infty$ とすれば $\cos nx$ の項は消える．

(4) $y = \dfrac{x}{2}$ とおいて $\displaystyle\lim_{y\to 0}\frac{1}{y}(1 - y\cot y) = \lim_{y\to 0}\frac{\sin y - y\cos y}{y\sin y}$ が収束することを示せばよい．ロピタルの定理でもできるが，マクローリン展開を使う方が見通しがよい．

(5) (4) とリーマン－ルベーグの定理より $\displaystyle\lim_{n\to\infty}\int_0^\pi \frac{\sin nx}{x}\left(1 - \frac{x}{2}\cot\frac{x}{2}\right)dx = 0$ である．したがって (3) より $\displaystyle\lim_{n\to\infty}\int_0^\pi \frac{\sin nx}{x}\,dx = \lim_{n\to\infty}\int_0^\pi \frac{\sin nx}{x}\frac{x}{2}\cot\frac{x}{2}\,dx = \frac{\pi}{2}$.

(6) (5) の式で $t = nx$ と置換する．

(7) $n\pi \le A < (n+1)\pi$ のとき $n\pi \le t \le A$ において $\left|\dfrac{\sin t}{t}\right| \le \dfrac{1}{n\pi}$ なので $\left|\displaystyle\int_{n\pi}^{A} \dfrac{\sin t}{t}\,dt\right| \le \dfrac{1}{n}$ である．$A \to \infty$, $n \to \infty$ のとき左辺は 0 に収束する．

§ 14 の問題解答

解 14.1 略.

解 14.2 $\displaystyle\int_{-\infty}^{\infty} e^{-x^2}\,dx = \sqrt{\pi}$ と $\hat{g}_\varepsilon(\xi)^2 = \dfrac{1}{2\pi}\exp\left(-\dfrac{1}{2}\varepsilon^2\xi^2\right)$ を用いる.

解 14.3 $e^{-|x|}$ のフーリエ変換は $\sqrt{2\pi}P_1(\xi) = \sqrt{\dfrac{2}{\pi}}\dfrac{1}{1+\xi^2}$ なので $\displaystyle\int_{-\infty}^{\infty} \dfrac{1}{(1+\xi^2)^2}\,d\xi = \dfrac{\pi}{2}\int_{-\infty}^{\infty} e^{-2|x|}\,dx = \dfrac{\pi}{2}$.

§ 15 の問題解答

解 15.1 $\delta(x) = \begin{cases} 0 & (x \ne 0) \\ \infty & (x = 0) \end{cases}$, $\displaystyle\int_{-\infty}^{\infty} \delta(x)\,dx = 1$

解 15.2 略.

§ 16 の問題解答

解 16.1 例題 10.2 の $f(x)$ が例になっている.

§ 17 の問題解答

解 17.1 $u_t = u_{xx}$

解 17.2 $v(x,t) = t^{-1/2}\exp\left(-\dfrac{1}{4t}x^2\right)$ とおくと, v_t も v_{xx} も $-\dfrac{1}{2}t^{-3/2}\exp\left(-\dfrac{1}{4t}x^2\right) + \dfrac{t^{-1/2}x^2}{4t^2}\exp\left(-\dfrac{1}{4t}x^2\right)$ に等しいので, $v(x,t)$ は熱伝導方程式の解である.

解 17.3 $u(x,t) = \dfrac{1}{\sqrt{2t+1}}\exp\left(-\dfrac{x^2}{2(2t+1)}\right)$

§ 18 の問題解答

解 18.1 $u_{xx} + u_{yy} = 0$

解 18.2 略.

解 18.3　$u(x,y)=P_{\varepsilon+y}(x)$

§19 の問題解答

解 19.1　$iu_t+u_{xx}=0$

解 19.2　略.

解 19.3　$u(x,t)=\dfrac{1}{\sqrt{2it+1}}\exp\left(-\dfrac{x^2}{2(2it+1)}\right)$

§20 の問題解答

解 20.1　$u_{tt}-u_{xx}=0$

解 20.2　$u(x,t)=\cos x\cos t+xt$

§22 の問題解答

解 22.1

$$2\sin\alpha\sin\beta=\cos(\alpha-\beta)-\cos(\alpha+\beta),$$

$$2\cos\alpha\sin\beta=\sin(\alpha+\beta)-\sin(\alpha-\beta),$$

$$2\cos\alpha\cos\beta=\cos(\alpha+\beta)+\cos(\alpha-\beta)$$

を用いる．ちなみに第 1 式さえ導けば（覚えていれば）両辺を α で微分すれば第 2 式が出る．さらに β で微分すれば第 3 式が出る．

$n\neq m$ のとき

$$2\int_{-\pi}^{\pi}\cos nx\cos mx\,dx=\int_{-\pi}^{\pi}\cos(n+m)x\,dx+\int_{-\pi}^{\pi}\cos(n-m)x\,dx$$

$$=\left[\frac{\sin(n+m)x}{n+m}+\frac{\sin(n-m)x}{n-m}\right]_{-\pi}^{\pi}=0.$$

$n=m$ のとき

$$2\int_{-\pi}^{\pi}\cos^2 nx\,dx=\int_{-\pi}^{\pi}(\cos 2nx+1)\,dx=\left[\frac{\sin 2nx}{2n}+x\right]_{-\pi}^{\pi}=2\pi.$$

他も同様にできる．

複素数の指数関数を使うと，例えば $n\neq m$ のとき

$$4\int_{-\pi}^{\pi}\cos nx\cos mx\,dx=\int_{-\pi}^{\pi}(e^{inx}+e^{-inx})(e^{imx}+e^{-imx})\,dx$$

$$=\int_{-\pi}^{\pi}(e^{i(n+m)x}+e^{i(-n+m)x}+e^{i(n-m)x}+e^{i(-n-m)x})\,dx$$

$$= \left[\frac{e^{i(n+m)x}}{i(n+m)} + \frac{e^{i(-n+m)x}}{i(-n+m)} + \frac{e^{i(n-m)x}}{i(n-m)} + \frac{e^{i(-n-m)x}}{i(-n-m)} \right]_{-\pi}^{\pi} = 0.$$

$n = m$ のとき

$$4\int_{-\pi}^{\pi} \cos^2 nx\, dx = \int_{-\pi}^{\pi} (e^{inx} + e^{-inx})^2\, dx$$

$$= \int_{-\pi}^{\pi} (e^{2inx} + 2 + e^{-2inx})\, dx = \left[\frac{e^{2inx}}{2in} + 2x + \frac{e^{-2inx}}{-2in} \right]_{-\pi}^{\pi} = 4\pi.$$

他も同様にできる．

解 22.2　略．

解 22.3　**§24** を見よ．

§23 の問題解答

解 23.1　略．

解 23.2　$g(x) = \sum_{n=1}^{N} (a_n \cos nx + b_n \sin nx)$ とおく．$f(x) = \frac{a_0}{2} + g(x)$ より

$$f(x)^2 = \left(\frac{a_0}{2}\right)^2 + a_0 g(x) + g(x)^2 \tag{1}$$

である．ここで，

$$\int_{-\pi}^{\pi} \left(\frac{a_0}{2}\right)^2 dx = \frac{\pi}{2} a_0^2, \tag{2}$$

$$\int_{-\pi}^{\pi} g(x)\, dx = 0 \tag{3}$$

である．また，

$$g(x)^2 = \left\{ \sum_{n=1}^{N} (a_n \cos nx + b_n \sin nx) \right\}$$

$$\times \left\{ \sum_{m=1}^{N} (a_m \cos mx + b_m \sin mx) \right\}$$

$$= \sum_{n=1}^{N} \sum_{m=1}^{N} (a_n a_m \cos nx \cos mx + a_n b_m \cos nx \sin mx)$$

$$+ \sum_{n=1}^{N} \sum_{m=1}^{N} (b_n a_m \sin nx \cos mx + b_n b_m \sin nx \sin mx)$$

なので，三角関数の直交性より $n \neq m$ の項と cos と sin の積の項は消えて，

$$\int_{-\pi}^{\pi} g(x)^2\,dx = \sum_{n=1}^{N}(\pi a_n^2 + \pi b_n^2). \tag{4}$$

(1), (2), (3), (4) より $\displaystyle\int_{-\pi}^{\pi} f(x)^2\,dx = \frac{\pi}{2}a_0^2 + \pi\sum_{n=1}^{N}(a_n^2+b_n^2)$．後は両辺を 2π で割る．

§ 24 の問題解答

解 24.1 $\dfrac{\pi^2}{6}$

解 24.2 $\dfrac{\pi}{4a^3}\cot\pi a + \left(\dfrac{\pi}{2a\sin\pi a}\right)^2 - \dfrac{1}{2a^4}$

解 24.3 $\displaystyle f(x) \sim \cos x + \frac{8}{\pi}\sum_{k=1}^{\infty}\frac{k}{4k^2-1}\sin 2kx, \quad \sum_{k=1}^{\infty}\frac{k^2}{(4k^2-1)^2} = \frac{\pi^2}{64}$

§ 25 の問題解答

解 25.1 略.

解 25.2 $\sin x$ のフーリエ余弦級数は

$$\sin x = \frac{2}{\pi} - \frac{4}{\pi}\sum_{k=1}^{\infty}\frac{1}{(2k-1)(2k+1)}\cos 2kx \quad (0 \le x \le \pi).$$

$x = \dfrac{\pi}{2}$ を代入して，また，パーセヴァルの等式を用いて，$\displaystyle\sum_{k=1}^{\infty}\frac{(-1)^k}{(2k-1)(2k+1)} = -\frac{\pi}{4} + \frac{1}{2}$,
$\displaystyle\sum_{k=1}^{\infty}\frac{1}{(2k-1)^2(2k+1)^2} = \frac{\pi^2}{16} - \frac{1}{2}$.

解 25.3

$$\sin^2 x = \frac{-8}{\pi}\sum_{k=1}^{\infty}\frac{1}{(2k-3)(2k-1)(2k+1)}\sin(2k-1)x \quad (0 \le x \le \pi)$$

$x = \dfrac{\pi}{2}$ を代入して，また，パーセヴァルの等式を用いて，$\displaystyle\sum_{k=1}^{\infty}\frac{(-1)^k}{(2k-3)(2k-1)(2k+1)} = \frac{\pi}{8}$,
$\displaystyle\sum_{k=1}^{\infty}\frac{1}{(2k-3)^2(2k-1)^2(2k+1)^2} = \frac{3\pi^2}{256}$.

解 25.4 $\displaystyle f(x) \sim \sum_{n=-\infty}^{\infty}\frac{(-1)^n\sinh(\pi b)}{\pi(b+in)}e^{inx}$．$x = 0, \pi$ を代入すれば示したいはじめの 2 つの式が出る．ここで，$x = 0$ では $f(x)$ は連続だが $x = \pi$ では連続でないことに注意が必要

である．$b = ia$ を代入すれば，$\sinh(ix) = i \sin x$, $\coth ix = -i \cot x$ より (24.8), (24.9) が出る．

§ 26 の問題解答

解 26.1 略.

解 26.2 $x \sim \dfrac{L}{2} - \dfrac{4L}{\pi^2} \displaystyle\sum_{k=1}^{\infty} \frac{1}{(2k-1)^2} \cos \frac{(2k-1)\pi x}{L}, \quad x \sim \frac{2L}{\pi} \sum_{n=1}^{\infty} \frac{(-1)^{n-1}}{n} \sin \frac{n\pi x}{L}$

§ 27 の問題解答

解 27.1

$$\begin{aligned} D_n(x-y) &= \frac{1}{2} + \sum_{m=1}^{n} \cos[m(x-y)] \\ &= \frac{1}{2} + \sum_{m=1}^{n} (\cos mx \cos my + \sin mx \sin my) \end{aligned}$$

と a_n, b_n の定義を組み合わせればわかる．

$$\frac{1}{\pi}\int_{-\pi}^{\pi} \frac{1}{2} f(y)\, dy = \frac{1}{2} a_0,$$

$$\frac{1}{\pi}\int_{-\pi}^{\pi} f(y) \cos mx \cos my \, dy = \left\{ \frac{1}{\pi}\int_{-\pi}^{\pi} f(y) \cos my \, dy \right\} \cos mx$$

$$= a_m \cos mx \ (m \geq 1),$$

$$\frac{1}{\pi}\int_{-\pi}^{\pi} f(y) \sin mx \sin my \, dy = \left\{ \frac{1}{\pi}\int_{-\pi}^{\pi} f(y) \sin my \, dy \right\} \sin mx$$

$$= b_m \sin mx \ (m \geq 1)$$

なので

$$\frac{1}{\pi}\int_{-\pi}^{\pi} f(y) D_n(x-y)\, dy$$

$$= \frac{1}{\pi}\int_{-\pi}^{\pi} \frac{1}{2} f(y)\, dy + \frac{1}{\pi}\sum_{m=1}^{n} \left\{ \int_{-\pi}^{\pi} f(y) \cos mx \cos my \, dy + \int_{-\pi}^{\pi} f(y) \sin mx \sin my \, dy \right\}$$

$$= \frac{a_0}{2} + \sum_{m=1}^{n} (a_m \cos mx + b_m \sin mx).$$

解 27.2 $D_n(x) = \dfrac{1}{2} + (\cos x + \cos 2x + \cdots + \cos nx)$ より $\displaystyle\int_{-\pi}^{\pi} D_n(x)\, dx = \pi$.

ロピタルの定理より $\displaystyle\lim_{x \to 0} D_n(x) = \lim_{x \to 0} \frac{(n+1/2)\cos(n+1/2)x}{\cos \frac{x}{2}} = n + \frac{1}{2}$.

§28 の問題解答

解 28.1　$g = \sum_{n=1}^{\infty}(A_n\varphi_n + B_n\psi_n)$ とおけば $f = A_0\varphi_0 + g$ であり，$f^2 = A_0^2\varphi_0^2 + 2A_0\varphi_0 g + g^2$ だから

$$\int_{-\pi}^{\pi} f(x)^2\,dx = A_0^2\int_{-\pi}^{\pi}\varphi_0^2\,dx + 2A_0\int_{-\pi}^{\pi}\varphi_0(x)g(x)\,dx + \int_{-\pi}^{\pi} g(x)^2\,dx$$

である．右辺の第 1 項は A_0^2 である．第 2 項は 0 である．第 3 項が $\sum_{n=1}^{\infty}(A_n^2 + B_n^2)$ に等しいことを示せばよい．$g_\varphi = \sum_{n=1}^{\infty} A_n\varphi_n$, $g_\psi = \sum_{n=1}^{\infty} B_n\psi_n$ とおくと $g = g_\varphi + g_\psi$ であり，

$$\int_{-\pi}^{\pi} g(x)^2\,dx = \int_{-\pi}^{\pi} g_\varphi(x)^2\,dx + 2\int_{-\pi}^{\pi} g_\varphi(x)g_\psi(x)\,dx + \int_{-\pi}^{\pi} g_\psi(x)^2\,dx$$

である．右辺第 2 項は 0 である（$\varphi_n\psi_m$ の積分が 0 だから）．右辺第 1 項は

$$\int_{-\pi}^{\pi} g_\varphi(x)^2\,dx = \sum_{n=1}^{\infty}\sum_{m=1}^{\infty} A_nA_m\int_{-\pi}^{\pi}\varphi_n\varphi_m\,dx = \sum_{n=1}^{\infty} A_n^2$$

である．$\int_{-\pi}^{\pi} g_\psi(x)^2\,dx$ も同様に計算できる．

解 28.2　(1) 略．

(2) $c_1 = 2\sqrt{2}$, $c_2 = 2$, $c_3 = -\sqrt{2}$. $c_1^2 + c_2^2 + c_3^2 = 14$.

あるいは (28.5) より $c_1^2 + c_2^2 + c_3^2 = \|\boldsymbol{a}\|^2 = 1^2 + 2^2 + 3^2 = 14$.（$c_1^2 + c_2^2 + c_3^2 = \|\boldsymbol{a}\|^2$ であることをよく理解してもらうための問題なので，2 通りの方法で計算して結果を比べてほしい.）

§29 の問題解答

解 29.1　$T''(t)\sin nx = -n^2T(t)\sin nx$ より $T'' = -n^2T$.

解 29.2　(1) $u(x,t) = 3\sin\dfrac{2\pi x}{L}\cos\dfrac{2\pi ct}{L}$

(2) $u(x,t) = 7\sin\dfrac{8\pi x}{L}\cos\dfrac{8\pi ct}{L} - \dfrac{4L}{5\pi c}\sin\dfrac{5\pi x}{L}\sin\dfrac{5\pi ct}{L}$

(3) $u(x,t) = \dfrac{4L}{\pi^2}\sum_{j=1}^{\infty}\dfrac{(-1)^{j-1}}{(2j-1)^2}\sin\dfrac{(2j-1)\pi x}{L}\cos\dfrac{(2j-1)\pi ct}{L}$

なお, $u(x,t)$ は収束はするが, C^2 級ではなく（例えば m が整数のとき $u(x, 2mL/C) = u_0(x)$

は $x = L/2$ で微分可能でない)，したがって本当に波動方程式をみたしているわけではない．

級数の各項は本当に波動方程式をみたしているのだから，それらの無限和である $u(x,t)$ も広い意味では解になっている．このことは超関数論を用いれば厳密に議論することができる．読者は，超関数論による裏付けがあることを信じて安心してほしい．

§ 30 の問題解答

解 30.1 $T'(t)\sin nx = -n^2 T(t)\sin nx$ より $T' = -n^2 T$.

解 30.2 (1) $u(x,t) = e^{-10000t}\sin 100x$

(2) 例題 26.1 の $L = \pi$ の場合より $u(x,t) = \dfrac{4}{\pi}\displaystyle\sum_{j=1}^{\infty}\frac{(-1)^{j-1}}{(2j-1)^2}\exp\left(-(2j-1)^2 t\right)\sin(2j-1)x$.

解 30.3 (1) $3e^{-16t^2}\cos 4x$　(2) $8e^{-25t^2}\cos 5x - 5e^{-81t^2}\cos 9x$

解 30.4 (1) $u(x,t) = -3\exp\left(-\left(\dfrac{5\pi}{L}\right)^2 kt\right)\sin\dfrac{5\pi x}{L}$

(2) $u(x,t) = 5\exp\left(-\left(\dfrac{3\pi}{L}\right)^2 kt\right)\sin\dfrac{3\pi x}{L} - 2\exp\left(-\left(\dfrac{9\pi}{L}\right)^2 kt\right)\sin\dfrac{9\pi x}{L}$

(3) $u(x,t) = \dfrac{8L^2}{\pi^3}\displaystyle\sum_{j=1}^{\infty}\frac{1}{(2k-1)^3}\exp\left(-\frac{(2k-1)^2\pi^2}{L^2}kt\right)\sin\frac{(2k-1)\pi x}{L}$

§ 31 の問題解答

解 31.1 $\psi(x,t) = \dfrac{8\sqrt{3}}{\pi^2\sqrt{L}}\displaystyle\sum_{j=1}^{\infty}\frac{(-1)^{j-1}}{(2j-1)^2}\exp\left(-\frac{i(2j-1)^2\pi^2\hbar t}{2mL^2}\right)\sin\frac{(2j-1)\pi x}{L}$

§ 32 の問題解答

解 32.1 $e^{\frac{\pi}{4}i} = \dfrac{1}{\sqrt{2}} + \dfrac{1}{\sqrt{2}}i$,　$e^{\frac{3\pi}{2}i} = -i$,　$e^{-\frac{2\pi}{3}i} = -\dfrac{1}{2} - \dfrac{\sqrt{3}}{2}i$,

$\exp\left(5 + \dfrac{2\pi}{3}i\right) = e^5\left(-\dfrac{1}{2} + \dfrac{\sqrt{3}}{2}i\right)$

解 32.2 (32.9), (32.10) より $\displaystyle\int e^{2t}\cos 3t\,dt = \frac{e^{2t}}{13}(2\cos 3t + 3\sin 3t) + C$,

$\displaystyle\int e^{2t}\sin 3t\,dt = \frac{e^{2t}}{13}(-3\cos 3t + 2\sin 3t) + C$.

解 32.3 (1) $y = Ce^{5t}$　(2) $y = C_1 e^{-7t} + C_2 e^{2t}$　(3) $y = C_1' e^{3t}\cos 5t + C_2' e^{3t}\sin 5t$

§ 33 の問題解答

解 33.1 正しい一般解は $y = 1 - 5t + Ce^{-5t}$.

解 33.2 正しい.

解 33.3 $\dfrac{1}{2}e^{2t}\sin t + C_1e^t + C_2\,te^t$ が正しい答え.

解 33.4 正しい.

§ 34 の問題解答

解 34.1 $\displaystyle\int_0^{2\pi} \frac{dt}{(s+\cos t)^2} = \frac{2\pi s}{(s^2-1)^{3/2}}$

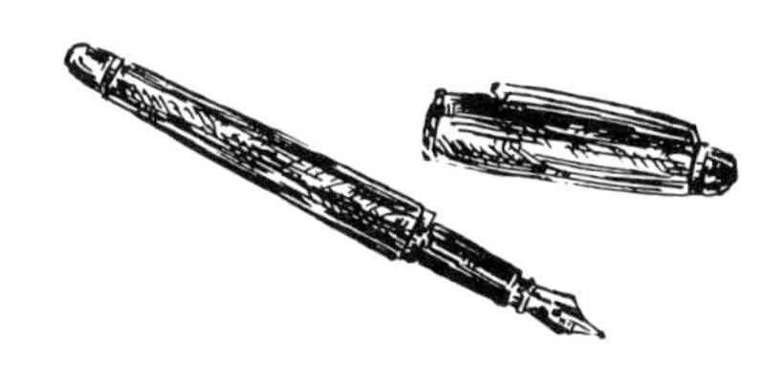

参考文献

微分積分：

［杉浦］杉浦光夫，『基礎数学 2, 3　解析入門 I, II』，東京大学出版会（1980 年，1985 年）

［難波］難波　誠，『数学シリーズ　微分積分学』，裳華房（1996 年）

［藤岡 1］藤岡　敦，『手を動かしてまなぶ　微分積分』，裳華房（2019 年）

［藤岡 2］藤岡　敦，『手を動かしてまなぶ　ε-δ 論法』，裳華房（2021 年）

ラプラス変換，フーリエ解析：

［フーリエ］ジョセフ・フーリエ，『熱の解析的理論』，大学教育出版（2005 年）

［Schiff］Schiff, J. L., *The Laplace Transform: Theory and Applications*, Springer, 1999

［SW］Stein, E. M. and Weiss, G., *Introduction to Fourier Analysis on Euclidean Spaces*, Princeton University Press, 1971

［SS］エリアス・M. スタイン，ラミ・シャカルチ，『プリンストン解析学講義 1　フーリエ解析入門』，日本評論社（2007 年）

［田代］田代嘉宏，『ラプラス変換とフーリエ解析要論』（第 2 版），森北出版（2014 年）

［加藤・求］加藤雄介・求幸年，『東京大学工学教程　フーリエ・ラプラス解析』，丸善出版（2017 年）

［山根］山根英司，『関数とはなんだろう』，講談社ブルーバックス（2008 年）

［Strichartz］Strichartz, R. S., *A Guide to Distribution Theory and Fourier Transforms*, World Scientific Publishing, 2003

偏微分方程式：

[加藤] 加藤義夫,『サイエンスライブラリ　現代数学への入門 11　偏微分方程式』(新訂版), サイエンス社 (2003 年)

[谷島 1] 谷島賢二,『基礎数学 11　数理物理入門』(改訂改題), 東京大学出版会 (2018 年)

[藤原・栄] 藤原毅夫・栄伸一郎,『理工系の数理　フーリエ解析 + 偏微分方程式』, 裳華房 (2007 年)

[金子] 金子　晃,『基礎数学 12　偏微分方程式入門』, 東京大学出版会 (1998 年)

量子力学：

[GS] Griffiths, D. J. and Schroeter, D. F., *Introduction to Quantum Mechanics*, 3rd ed., Cambridge University Press, 2018

[黒田] 黒田成俊,『量子物理の数理』(岩波オンデマンドブックス), 岩波書店 (2017 年)

複素解析：

[NYY] 長崎憲一・山根英司・横山利章,『明解　複素解析』, 培風館 (2002 年)

[AF] Ablowitz, M. J. and Fokas, A. S., *Complex Variables: Introduction and Applications*, 2nd ed., Cambridge University Press, 2003

[神保] 神保道夫,『現代数学への入門　複素関数入門』, 岩波書店 (2003 年)

特殊関数：

[BW] Beals, R. and Wong, R., *Special Functions and Orthogonal Polynomials*, Cambridge University Press, 2016

ルベーグ積分：

[溝畑] 溝畑　茂,『ルベーグ積分』, 岩波書店 (1966 年)

[谷島 2] 谷島賢二,『講座 数学の考え方 13　ルベーグ積分と関数解析』(新版), 朝倉書店 (2015 年)

線形代数：

[藤岡 3] 藤岡　敦,『手を動かしてまなぶ　線形代数』, 裳華房 (2015 年)

索 引

記号

$\hat{}$ 85
$\check{}$ 95
$(\, , \,)$ 187
$\langle \, , \, \rangle$ 110
$a_0(f)$ 190
a_n 151, 153
$a_n(f)$ 190
A_n 190
b_n 151, 153
$b_n(f)$ 190
B_n 190
c_n 176
deg 46
δ 13
$\hat{f}(\xi)$ 85
$\|f\|_2$ 110
(f, g) 110
$f * g(t)$ 27
$(f * g)(x)$ 104
$F(s)$ 8
$\mathcal{F}[f](\xi)$ 85
$\mathcal{F}^*[\varphi](x)$ 95
L^2 190
$\mathcal{L}[e^{at}](s)$ 9
$\mathcal{L}[f(t)](s)$ 8
$\mathcal{L}[\cos bt](s)$ 10
$\mathcal{L}[\sin bt](s)$ 10
$\mathcal{L}[t^n](s)$ 11
$\mathcal{L}^{-1}[F(s)](t)$ 33
$\mathcal{L}^{-1}\left[\frac{1}{s^{n+1}}\right](t)$ 34
$\mathcal{L}^{-1}\left[\frac{1}{s-a}\right](t)$ 34
$\mathcal{L}^{-1}\left[\frac{1}{s^2+b^2}\right](t)$ 34
$\mathcal{L}^{-1}\left[\frac{s}{s^2+b^2}\right](t)$ 34
$M(\mathbb{R})$ 124
$\mathbb{R}[x]_n$ 188
$\mathcal{S}(\mathbb{R})$ 125
$u_0(x)$ 195, 204
$u_1(x)$ 195
$\|\boldsymbol{u}\|$ 187
$\|\boldsymbol{u}-\boldsymbol{v}\|$ 187
$(\boldsymbol{u}_j, \boldsymbol{u}_k)$ 186
$\check{\varphi}(x)$ 95

あ

アダマールの補題　Hadamard's lemma 120
天下り　deus ex machina 134, 146

い

依存領域　domain of dependence 147
至るところ連続　continuous everywhere 163
1 階斉次常微分方程式の一般解　general solution of a first order homogeneous ordinary differential equation 223
1 階の初期値問題　first order initial value

problem 67
1階非斉次常微分方程式 first order nonhomogeneous ordinary differential equation 226
一般解 general solution xii, 79, 223, 224, 226, 227

え

影響領域 domain of influence 147
n 階の方程式 n-th order equation xii
エルミート多項式 Hermite polynomial 98

お

オイラーの公式 Euler's formula 218

か

解 solution xii, xiii
解析接続 analytic continuation 26
ガウス関数 Gaussian function 93, 96, 98, 112, 116
ガウス関数のフーリエ変換 Fourier transform of the Gaussian function 93
ガウス積分 Gaussian integral 93
可換 commutative 104
拡張 extension ix
重ね合わせの原理 principle of superposition 196
可積分 integrable 90, 104, 230, 233
cover-up method 56
加法定理 addition formula x
換算プランク定数 reduced Planck constant 214
完全正規直交系 complete orthonormal system 190

き

奇関数 odd function ix
急減少関数 rapidly decreasing function 125
境界条件 boundary condition 194, 204
極形式 polar form xi
虚部 imaginary part 9
距離 distance 187

く

偶関数 even function ix
区分的に滑らか piecewise smooth 160
区分的に連続 piecewise continuous 160
クロネッカーのデルタ Kronecker delta 154

け

検算 check 68, 200, 226

こ

コーシー–リーマンの方程式 Cauchy-Riemann equation 136

さ

三角関数の直交性 orthogonality of trigonometric functions 154
三角関数のラプラス変換 Laplace transform of trigonometric functions 10
三角多項式 trigonometric polynomial 162

し

指数位数 exponential order 13
指数関数のラプラス変換 Laplace transform of the exponential function 9
指数法則 law of exponents ix
実部 real part 9
自明な解 trivial solution 200
周期 period ix
シュレーディンガー方程式 Schrödinger equation 139, 211
循環論法 circular reasoning 99
常微分方程式 ordinary differential equation xii, 223
初期条件 initial condition xiii, 195, 204
初期値 initial value xiii, 66, 195
初期値境界値問題 initial-boundary value problem 195, 204, 212
初期値問題 initial value problem xiii, 131, 137, 139

せ

正規化 normalization 142, 213
正規直交基底 orthonormal basis 186, 187
正規直交性 orthonormality 186
積分記号下の微分 differentiation under the integral sign 232
積分順序の交換 change of order of integration 233
積和公式 product-to-sum identities x
絶対値 absolute value xi
全確率の保存 conservation of probablility 142, 213
線形空間 vector space 187
線形性 linearity 17, 35, 90, 156

そ

双曲線関数 hyperbolic function 19
双曲線関数のラプラス変換 Laplace transform of hyperbolic functions 19
相似法則 time scaling property 25
相似法則の逆 inverse of the time scaling property 40
像の移動法則 first shifting property 20
像の移動法則の逆 inverse of the first shifting property 36
像の微分法則 multiplication by t property 21
像の微分法則の逆 inverse of the multiplication by t property 38

た

代入法 substitution method 53
高々 at most 90
多項式の距離を積分で測る measure the distance between polynomials in terms of an integral 189
多項式のラプラス変換 Laplace transform of polynomials 11
たたみ込み convolution 27, 41, 104
ダランベールの公式 d'Alembert's formula 145, 147

ち

超関数 distribution 114

超関数論 theory of distributions 198
調和関数 harmonic function 136

つ

通分禁止 ban on reduction to a common denominator 69

て

定数係数 1 階斉次常微分方程式 first order homogeneous ordinary differential equation with constant coefficients xii
定数係数 1 階非斉次常微分方程式 first order nonhomogeneous ordinary differential equation with constant coefficients xii
定数係数 2 階斉次常微分方程式 second order homogeneous ordinary differential equation with constant coefficients xii, 79
定数係数 2 階非斉次常微分方程式 second order nonhomogeneous ordinary differential equation with constant coefficients xii
定数変化法 variation of constants 3
ディラック定数 Dirac constant 214
ディラックのデルタ関数 Dirac delta function 114
ディリクレ核 Dirichlet kernel 120, 183
ディリクレ積分 Dirichlet integral 22, 101, 109
ディリクレの積分公式 Dirichlet integral formula 126
停留位相の方法 method of stationary phase 143
デルタ関数 delta function 114

と

導関数のフーリエ変換 Fourier transform of the derivative of a function 91
導関数のラプラス変換 Laplace transform of the derivative of a function 64
特性方程式 characteristic equation 224
特解 particular equation xii, 226, 227

な

内積 inner product 110, 187
内積空間 inner product space 187
滑らか smooth 92

に

2 階斉次常微分方程式の一般解 general solution of a second order homogeneous ordinary differential equation 224
2 階の初期値問題 second order initial value problem 71
2 階非斉次常微分方程式 second order nonhomogeneous ordinary differential equation 227

ね

熱伝導方程式 heat equation 131, 204

の

ノルム norm 110, 187

は

パーセヴァルの等式 Parseval's identity

161, 176
パーセヴァル－プランシュレルの定理 Parseval-Plancherel theorem 111
バーゼル問題 Basel problem 165
掃き出し法 Gaussian elimination 50
波動関数 wave function 139
波動の速さ wave velocity 148
波動方程式 wave equation 144, 194
パラメータに関する微分法則 property of differentiation with respect to a parameter 23
パラメータに関する微分法則の逆 inverse of the property of differentiation with respect to a parameter 38

ひ

非斉次 nonhomogeneous 80
微分と積分の順序交換 interchange of differentiation and integration 232

ふ

フーリエ逆変換 inverse Fourier transform 95
フーリエ級数 Fourier series 151, 153, 155
フーリエ係数 Fourier coefficient 151, 153, 155
フーリエ係数の正体 meaning of the Fourier coefficients 190
フーリエ正弦級数 Fourier sine series 172
フーリエの積分公式 Fourier integral theorem 101
フーリエの反転公式 Fourier inversion theorem 96
フーリエ変換 Fourier transform 85
フーリエ余弦級数 Fourier cosine series 172
複素型のパーセヴァルの等式 complex version of Parseval identity 176
複素型フーリエ級数 complex Fourier series 176
複素共役 complex conjugate xi
複素数 complex number 58
複素数の指数関数 complex exponential function 218
複素数の範囲で部分分数分解 partial fraction decomposition in the complex domain 58
フビニの定理 Fubini's theorem 233
部分分数分解 partial fraction decomposition 35, 44, 168
部分分数分解のタネ seed for partial fraction decomposition 47, 58
部分分数分解のタネの個数 number of the seeds for partial fraction decomposition 48
フルラニ積分 Frullani integral 30, 233

へ

平行移動 translation 121
偏角 argument xi
変数分離解 product solution 195
変数分離法 separation of variables 196, 201, 204
偏微分方程式 partial differential equation

xiii

ほ

ポアソン核 Poisson kernel 89, 96, 97, 118
方形波 square wave 156
保存量 conserved quantity 142

み

未知関数 unknown function xii, xiii

も

モニック monic 45

ゆ

有界 bounded 15, 91
有理型関数の部分分数分解 partial fraction decomposition of a meromorphic function 169

ら

ライプニッツの級数 Leibnitz series 162
ラプラス積分 Laplace integral 103
ラプラス変換 Laplace transform 8
ラプラス変換表 table of Laplace transforms 32
ラプラス方程式 Laplace equation 136

り

リーマン–ルベーグの定理 Riemann-Lebesgue theorem 107
留数解析 residue calculus 234

る

ルベーグの収束定理 Lebesgue's dominated convergence theorem 230

れ

連立1次方程式 system of linear equations 49

著者略歴

山根 英司（やまね ひでし）

1966年生まれ．1989年東京大学理学部数学科卒業，1995年東京大学大学院数理科学研究科博士課程数理科学専攻修了，博士（数理科学）．現在，関西学院大学理学部数理科学科教授．専門は偏微分方程式論と数理物理学．著書に『高校生のための逆引き微分積分』，『関数とはなんだろう』（以上，講談社ブルーバックス），『実例で学ぶ微積分知恵袋』（日本評論社），『明解 複素解析』（共著，培風館）がある．

手を動かしてまなぶ **フーリエ解析・ラプラス変換**

2022年11月25日 第1版1刷発行
2023年 5 月25日 第2版1刷発行

検印省略

定価はカバーに表示してあります．

著作者 山 根 英 司
発行者 吉 野 和 浩
発行所 東京都千代田区四番町8-1
電 話 03-3262-9166（代）
郵便番号 102-0081
株式会社 裳 華 房
印刷所 三美印刷株式会社
製本所 牧製本印刷株式会社

一般社団法人
自然科学書協会会員

ISBN 978-4-7853-1594-8

アルファベットの一覧

数学記号としてよく用いられるアルファベットの筆記体と花文字をまとめた．ただし，小文字は除いた．

対応するローマ字	本書内の登場ページ
筆記体大文字	花文字大文字

◉ 筆記体と花文字

対応するローマ字	本書内の登場ページ	筆記体大文字	花文字大文字
A		$\mathcal{A}$	$\mathscr{A}$
B		$\mathcal{B}$	$\mathscr{B}$
C		$\mathcal{C}$	$\mathscr{C}$
D		$\mathcal{D}$	$\mathscr{D}$
E		$\mathcal{E}$	$\mathscr{E}$
F	p. 85	$\mathcal{F}$	$\mathscr{F}$
G		$\mathcal{G}$	$\mathscr{G}$
H		$\mathcal{H}$	$\mathscr{H}$
I		$\mathcal{I}$	$\mathscr{I}$
J		$\mathcal{J}$	$\mathscr{J}$
K		$\mathcal{K}$	$\mathscr{K}$
L	p. 1	$\mathcal{L}$	$\mathscr{L}$
M		$\mathcal{M}$	$\mathscr{M}$
N		$\mathcal{N}$	$\mathscr{N}$
O		$\mathcal{O}$	$\mathscr{O}$
P		$\mathcal{P}$	$\mathscr{P}$
Q		$\mathcal{Q}$	$\mathscr{Q}$
R		$\mathcal{R}$	$\mathscr{R}$
S	p. 125	$\mathcal{S}$	$\mathscr{S}$
T		$\mathcal{T}$	$\mathscr{T}$
U		$\mathcal{U}$	$\mathscr{U}$
V		$\mathcal{V}$	$\mathscr{V}$
W		$\mathcal{W}$	$\mathscr{W}$
X		$\mathcal{X}$	$\mathscr{X}$
Y		$\mathcal{Y}$	$\mathscr{Y}$
Z		$\mathcal{Z}$	$\mathscr{Z}$